コアシェル微粒子の設計・合成技術・応用の展開

Designs,Preparations and Applications of Core-Shell Particles

《普及版／Popular Edition》

監修 川口春馬

シーエムシー出版

序　文

　異なる複数の性質，特に相反する二つの性質を一つの物体に組み入れようとするとき，人はどのように答えを探すだろうか。ある単一成分が状況に応じて性質を変え，期待する複数の性質をスイッチングして提示してくれるのであれば，その単一成分を適当な物質に上手に組み入れることだけを考えればいい。環境応答性材料を使うケースがそれに当たる。ところが，複数の性質を同時に発現させたいとなると，そのような時間差をもった対応は使えない。異なる性質を示す複数の成分をひとつの物体にいかにして組み入れるかという命題に取り組むことになる。その物体が微小球であれば，それを合理的に複数のゾーンに分ける方法を考える。微小球体を二つのゾーンに分ける方法は，①二成分が共に表面に露出している形と，②一方だけが表面に露出して他方はその内側に収まっている形とに大別される。①の典型はヤヌス粒子であり，スノーマン型粒子や亜鈴型粒子もこれに属する。一方，②には海島構造からなる粒子やタマネギ状粒子などがあげられるが，最もシンプルな典型はコアシェル粒子である。複数の性質を示す微粒子を実用的機能材料として用いるときは，性質の発現法・作製プロセスの簡便さ・再現性・コストなどに照らして作製方法を選択する必要がある。ヤヌス粒子よりコアシェル粒子が長く広く実用されてきているのは，対称性の高い材料の方が作りやすいという簡単な理由で説明されそうに思える。

　ともあれ，昨今，コアシェル粒子があちこちで活躍している。期待する性質・機能の種類，およびその発現法，機能を活かすための微粒子構造のデザインとその具現法などについて，バラエティに富んだ研究開発が進められている。本書では，コアシェル粒子の概要を扱った後，種々の分野で活躍するコアシェル粒子を紹介する。いくつかはコラムでとりあげ，読者のインスピレーションを刺激することを目論んだ。奇想天外なコアシェル粒子の出現を期待したい。

　2010 年 6 月

川口春馬

普及版の刊行にあたって

　本書は2010年に『コアシェル微粒子の設計・合成技術・応用の展開』として刊行されました。普及版の刊行にあたり，内容は当時のままであり加筆・訂正などの手は加えておりませんので，ご了承ください。

　2016年 8 月

シーエムシー出版　編集部

執筆者一覧 （執筆順）

川 口 春 馬　神奈川大学　工学部　特任教授

石 川　　理　JSR㈱　機能高分子研究所　機能化学品開発室　室長

片 桐 清 文　名古屋大学　大学院工学研究科　化学・生物工学専攻　応用化学分野
　　　　　　助教

大 幸 裕 介　兵庫県立大学　工学部　物質系工学専攻　物質・エネルギー部門　助教

武 藤 浩 行　豊橋技術科学大学　大学院工学研究科　電気・電子情報工学系　准教授

田 中 眞 人　新潟大学　自然科学系　フェロー（客員教授）

長谷川 政 裕　山形大学　大学院理工学研究科　物質化学工学分野　教授

谷 口 竜 王　千葉大学大学院　工学研究科　共生応用化学専攻　准教授

飯 澤 孝 司　広島大学　大学院工学研究院　物質化学工学部門　准教授

西 迫 貴 志　東京工業大学　精密工学研究所　助教

藤 井 秀 司　大阪工業大学　工学部　応用化学科　高分子材料化学研究室

岡 田 正 弘　近畿大学　生物理工学部　医用工学科

古 薗　　勉　近畿大学　生物理工学部　医用工学科

福 本 真 也　大阪市立大学　大学院医学研究科　代謝内分泌病態内科学

永 岡 昭 二　熊本県産業技術センター　材料・地域資源室　室長

伊 原 博 隆　熊本大学　大学院自然科学研究科　教授

大 庭 英 樹　㈱産業技術総合研究所　生産計測技術研究センター　主任研究員

前 田　　寧　福井大学　大学院工学研究科　生物応用化学専攻　教授

中 村　　浩　㈱豊田中央研究所　研究推進部　副部長

荒 井 健 次　日本ゼオン㈱　総合開発センター　エラストマー C5 研究所　主任研究
　　　　　　員

村 上 義 彦　東京農工大学　大学院工学研究院　准教授

内 田 裕 介　東京農工大学　大学院工学府　応用化学専攻

諸 石 眸　東京農工大学　大学院工学府　応用化学専攻

畠 山 士　東京工業大学　ソリューション研究機構　特任講師

半 田 宏　東京工業大学　ソリューション研究機構　教授

原 田 敦 史　大阪府立大学　大学院工学研究科　物質・化学系専攻　応用化学分野
　　　　　　准教授

和 久 友 則　京都工芸繊維大学　大学院工芸科学研究科　生体分子工学部門　助教

松 本 匡 広　大阪大学　大学院工学研究科　応用化学専攻

松 崎 典 弥　大阪大学　大学院工学研究科　応用化学専攻　助教

明 石 満　大阪大学　大学院工学研究科　応用化学専攻　教授

吉 冨 徹　筑波大学大学院　数理物質科学研究科　物性・分子工学専攻；学際物質
　　　　　　科学研究センター　博士研究員

長 崎 幸 夫　筑波大学大学院　数理物質科学研究科　物性・分子工学専攻　教授；学
　　　　　　際物質科学研究センター；先端学際領域研究センター；人間総合科学研
　　　　　　究科　フロンティア医科学専攻；物質材料研究機構　国際ナノアーキテ
　　　　　　クトニクス研究拠点

岸 本 琢 治　日本ゼオン㈱　高機能材料第二研究所　所長

位 地 正 年　日本電気㈱　グリーンイノベーション研究所　主席研究員

鈴 木 登美子　㈱豊田中央研究所　先端研究センター　光エネルギー貯蔵プログラム
　　　　　　研究員

矢 野 一 久　㈱豊田中央研究所　無機材料研究室　主席研究員

中 村 良 幸　日本ゼオン㈱　総合開発センター　エラストマー C5 研究所　エラスト
　　　　　　マー研究 G　主任研究員

白 石 圭 助　日興リカ㈱　新事業推進本部

山 口 葉 子　㈱ナノエッグ　研究開発本部

執筆者の所属表記は，2010 年当時のものを使用しております。

目　　次

Ⅰ

【第Ⅱ編　デザインと合成に関する新展開】

第1章　交互積層法を利用したコアシェル粒子・中空カプセルの作製と機能材料への応用　片桐清文，大幸裕介，武藤浩行

第2章　界面反応法によるシェル層の構造制御　田中眞人

第3章　粉体存在下の重合反応を利用したポリマーコーティング微粒子の合成　長谷川政裕

第4章　グラフト重合によるコアシェル微粒子の調製　谷口竜王

第5章　高分子反応を利用したコアシェル粒子の合成　飯澤孝司

第6章　マイクロリアクターを利用するコアシェル粒子の設計と合成　西迫貴志

第7章　ピッカリングエマルション法によるコアシェル粒子の合成
藤井秀司, 岡田正弘, 古薗　勉, 福本真也

【第Ⅲ編　機能に関する新展開】

〈光学・色材・エレクトロニクス〉

第1章　セルロースからの三原色マイクロビーズの調製と
　　　　　その環境浄化色材への展開　　　　永岡昭二, 伊原博隆

第2章　蛍光性ナノ粒子のバイオセンシング・イメージングへの応用
　　　　　　　　　　　　　　　　　　　　　　　　　　大庭英樹

〈バイオ〉

第6章　コアシェル型微粒子を組み込んだゲル・シート状
　　　　バイオマテリアル　　　　　　村上義彦, 内田裕介, 諸石　眸

第7章　アフィニティ磁性微粒子とスクリーニング自動化システム
　　　　　　　　　　　　　　　　　　　　　畠山　士, 半田　宏

【Column 産業界の最新コアシェル微粒子】

第Ⅰ編
概　　論

第1章　コアシェル粒子の構造と合成法

川口春馬[*]

1　はじめに

コアは芯，シェルは殻を指し，芯と殻が異なる成分で構成されている複層構造粒子をコアシェル粒子と呼ぶ（図1中央）。大きさは特に限定されないが，機能材料として使われるのは主にサブミクロンから100ミクロン程度の範囲のものである。コアシェルの材質は，金属，酸化物，有機高分子のいずれでもよい。コアとシェルが組成の異なる高分子同士で構成される場合や，金属と酸化物の組み合わせである場合など，多種多様の複合構造体が有り得る。コア，シェルとも高分子である粒子を中心に，一般的なものから特徴のあるものまで図1に図示する。コアは，硬質の高分子とソフトな高分子とに大別され，後者のうちでは刺激応答性を活かした応用が期待されるものが少なくない。シェルは多様である。親媒性の非架橋鎖をコア粒子からはやしたヘア粒子[1]，そのヘアが密に生え揃っているブラシ粒子[2]，レイヤー・バイ・レイヤー法（LBL法）により高分子鎖が重ね合わせられたLBL粒子[3]などがある（個々の用語については追って説明する）。そのほか，変則的なコアシェル粒子として，シェルが薄い層からなるコア―スキン粒子またはコア―コロナ粒子，明確な多層構造をもつオニオン状粒子[4]などがある。コアは固体とは限らず，芯が空気であれば中空粒子[5]，液体であればカプセルと呼ばれる。以下では，芯・殻の少なくとも一方が高分子であるコアシェル粒子について述べる。中空粒子やカプセルは取り上げない。なお，コアシェル粒子の用途展開は次編で述べられるので，本章では主に構造と合成に焦点を絞ることとする。

2　コアシェル粒子の作製

コアとシェル双方が高分子からなるコアシェル粒子に重点を置き，その合成法を述べる。まず合成法を図2に

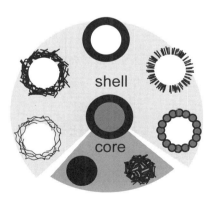

図1　コアシェル粒子におけるコアとシェルの構造

---

*　Haruma Kawaguchi　神奈川大学　工学部　特任教授

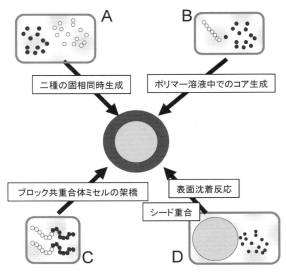

図2　コアシェル粒子の合成法

示すように4つに分類した。順に事例と特徴を概説していく。

2.1　コア，シェルともモノマーからスタートするコアシェル粒子の合成

　親水性モノマーと疎水性モノマーをソープフリー乳化共重合すると，疎水性モノマーユニットをコアに，親水性モノマーユニットをシェル層に多く含むコアシェル粒子が得られることが多い。例えば，アクリルアミドまたはその誘導体の水溶液にスチレンを加え，水溶性重合開始剤を添加して重合すると上述の構造をもった粒子ができあがる[6]。アクリルアミドのように親水性が強い場合は，一部のアクリルアミドは粒子形成に貢献せず水中にとどまる。アクリル酸やメタクリル酸をアクリル酸ブチルと乳化共重合したときのコア，シェル層の構成がPichotらによって調べられた[7]。

2.2　溶解したポリマーとモノマーの組み合わせによるコアシェル粒子の作製

　溶解したポリマーとモノマーを出発物質としてコアシェル粒子を作製する場合には，溶解したポリマーの分子集積を必要とする。溶解したポリマーが自動的にシェルを構築するなら，この方法でスムースにコアシェル粒子ができる。水溶性高分子の末端に開始点を持つマクロイニシエーターを疎水性モノマーのソープフリー乳化重合に用いるケースがそれに当たる。この系では，生成するポリマーが凝集してコアを形成するため，外側に水溶性高分子を配したコアシェル粒子が得られる。その応用として，いくつかのポリジメチルシロキサン（PDMS）ブロックの間にアゾ

基が挿入されている PDMS マクロイニシエーターのヘプタン溶液中でメタクリル酸メチルを分散重合する方法が挙げられる。ここでは，重合するだけで，シェルが PDMS，コアがポリメタクリル酸メチルからなるコアシェル粒子を作製できる[8]。

ポリマー溶液中から無機物コア／有機物シェル粒子を作製することもできる。先ず，カルボキシル基や水酸基をもつポリマーの水溶液に鉄イオンを添加する。鉄イオンはカルボキシル基や水酸基に親和性を示すのでポリマーと複合体を生成し，緩やかな凝集体を作る。この系をアルカリ性にすると鉄イオンがマグネタイトに変わり，これがコアとなる複合粒子が作製できる[9]。

2.3　ブロック共重合体からのコアシェル粒子の作製

ブロック共重合体でミセルを形成させ架橋することにより，コアシェル粒子を作製できる[10～12]。この方法は高分子複合粒子に限定される方法であるが，リビング重合により設計されたブロック共重合体の合成が可能になって以来，頻繁に利用される方法となった。

溶解状態のブロック共重合体分子をミセル化するためには，分子を集積する操作が必要である。集積しようとするブロックが poly(N-isopropylacrylamide)（PNIPAM）のように温度応答性ポリマーであれば，溶液をポリマーの下限臨界共溶温度（LCST）以上に加温すればよい。その他の場合は溶媒交換法がよく利用される。例えば PNIPAM-ブロック-poly(glycidyl methacrylate)（PGM）をミセル化しようとする場合，PNIPAM の側を凝集させる場合はすでに述べたように加温し，一方 PGM の側を凝集させる場合にはメタノール溶液系に非溶剤のテトラヒドロフランを加えていくとよい[13]。

ブロック共重合体をミセル化した後のコア部の架橋の工程は，安定なコアシェル粒子を得る上で必須の工程である。それにより安定なシェルがヘアのコアシェル粒子ができあがる。しかし，図3に示す方法によればコアを架橋しなくても粒子の形態が崩れることなく機能を発揮させ続けることができるとの報告がある[14]。図3の研究で使われたブロック共重合体は，リビングラジカル重合法で得られた polyvinylpyrrolidone(PVPON)-b-PNIPAM である。まず，ブロック共重合体の水溶液を高温にする。凝集した PNIPAM 部をコアとするミセルが得られる。この分散液をポリアクリル酸（PAAc）を塗布した基板上にあける。次に，PAAc，その次に再びコアシェル粒子と，LBL 法を使って積層する。ただし，LBL 法は，相互作用をする複数のポリマーを交互に積層していく方法を指す。ここでは，カチオン性粒子とアニオン性ポリマー鎖を重ね合わせている。こうして得られた粒子多層膜では，温度を下げ PNIPAM を膨潤させてもブロック共重合体はほぐれたり離散したりすることなく，粒子は膜中に留まる。

in situ で乳化剤を形成させ，連続的に乳化重合につなげる方法は実用化されている。水系リビングラジカル重合で，先ず親水性高分子鎖を得て，ここに疎水性モノマーをゆっくり加え疎水

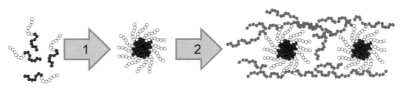

1: Collapse of PNIPAM chain
2. Layer-by-layer assembling with PMAc

PNIPAM-block-PVPON　　　　PMAc

図3　非架橋コアシェル粒子の保存

性高分子鎖を伸張させてミセル構造を作り出し，重合を進めてコアを成長させる方法であり，量産も可能で利用価値が高い[15]。

2.4　コア粒子存在下でシェル層を作ることによるコアシェル粒子の作製

　高分子からなるコア粒子上に異種高分子のシェル層を築く方法として，シード重合が頻繁に使われてきた。このとき，シェルとなる高分子はコアの高分子より親水性が大きいことが必要である。従って，本法はシェルがソフトなゲルであるコアシェル粒子を作るうってつけの方法である。

　疎水性高分子粒子をシードとし，NIPAMと少量の架橋剤をシード重合すると，温度応答性粒子ができる[16]。Ballauffらはシェルに銀ナノ粒子を固定し，触媒機能が特異な温度依存性を示す粒子を得た[17]。

　Ashidaらはシード重合で厚さを制御したPNIPAMシェルを構築し光学機能をもった粒子を得た。図4に示すように，コア粒子の外側にドナー分子を固定した後NIPAMのシード重合を行い数十ナノメートルの厚さのシェル層をつくった。その外側にアクセプター分子を配置させた[18]。この粒子では，PNIPAMの転移温度を挟んでシェルの厚さが変化するのでドナーアクセプター間距離を温度で可逆的に変化させることができるため，温度によって蛍光共鳴エネルギー移動（FRET）をオン／オフさせることができる。25℃ではドナーであるナフタレン誘導体の蛍光が強く現れているのに対して40℃ではそれが薄れアクセプターの蛍光が強まっている。

　シェルはもとよりコアも親水性のコアシェル粒子を作製できないこともない。アニオン性高分子コア／カチオン性高分子シェルなる親水性コアシェル粒子を創出したケースを紹介する[19]。その研究では，先ずポリブチルメタクリレートからなるコア粒子を作り，次いで，ポリジエチルアミノエチルメタクリレートシェル層を作った。ここまでは変哲のない疎水性コア／親水性シェルのコアシェル粒子である。この後，コアの高分子を加水分解しポリメタクリル酸に変え，ユニークな両性コアシェル粒子を調製できた。

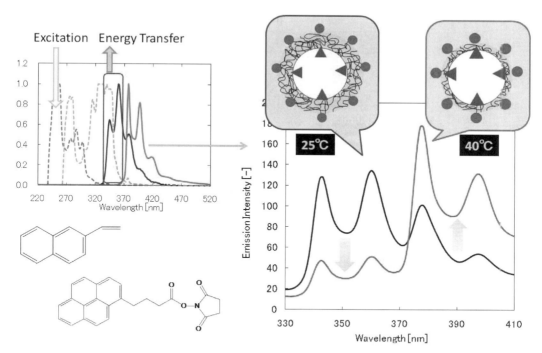

図4　温度応答性蛍光共鳴エネルギー移動提示粒子

　撥水性粒子としてフッ素系ポリマーからなる粒子が作られ使われているが，実は撥水性は粒子全体が係わる性質ではなく，粒子表面によって与えられる性質である。したがって，フッ素系ポリマーはコアにまで存在する必要はない。そこで，コア粒子生成のための重合がほぼ終了段階に差し掛かった時点でフッ素系モノマーを添加し，フッ素系ポリマーをシェルに偏在させたコアシェル粒子を得る方法が提案されている。これにより高価なフッ素系ポリマーを節約した粒子が得られる[20]。

　層構造形成がダイナミックな機構で起こることを利用すると二層に限らず多層粒子を作ることもできる[21]。多層粒子はブロック共重合体の相分離から誘発されることが解明され，リビングラジカル重合を利用して構造を制御された多層構造粒子がデザインされた[22]。高分子微粒子上にナノサイズのポリピロール粒子層を作るシード重合では，コアの種類や重合条件でポリピロール層の状態を制御できる[23]。コア粒子の存在下でアニリンを酸化重合する系では，ポリアニリンが水中で生じてコア粒子上に吸着される。このとき，コア粒子が疎水性のポリマー，例えばポリスチレンからなる場合，ポリアニリンは疎水性コア粒子上に速やかに吸着し，その結果シングルナノサイズのポリピロール粒子がコアを密封するように覆ったコアシェル粒子が得られる（図5左）。一方，親水性のポリマー粒子，例えばポリアクリルアミドゲル粒子をコア粒子として選ぶと，図

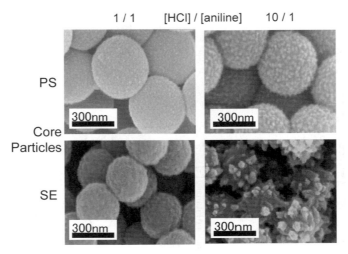

図5　ポリスチレン（PS）およびポリアクリルアミド誘導体粒子（SE）
へのポリアニリン微粒子の吸着

5左とは大きく異なるモルフォロジーのコアシェル粒子が得られる（図5右）。ポリアニリンの
コア粒子への吸着が起こりにくいため，ポリアニリンが水中で前者より一桁大きなポリアニリン
粒子にまで成長してからコア粒子に吸着したものが得られる[24]。ポリアニリンのような導電性ポ
リマーをシェルに，ポリメタクリル酸メチルのような絶縁性の高分子をコアとするコアシェル粒
子はエレクトロレオロジー流体として優れた特性を示すことが認められた[25]。

　コア粒子の表面からグラフト重合を行うとヘアをシェルとするコアシェル粒子が得られる。リ
ビングラジカルグラフト重合ではヘアの長さを制御でき，シェルの厚さを調整することができ
る。適度の厚さを持ったPNIPAMヘアをもつ粒子は界面活性を持ち界面に膨潤粒子の二次元重
点構造を作る。基板上でそれが乾燥すると，脱水したヘア層が粒子間に空隙を残す。これにより
二次元コロイド結晶が得られるが，二次元ながら意外にも構造色が観察される[26]。

　リビングラジカルグラフト重合を短時間行うことで，分子サイズレベルの超薄型シェル層をつ
くることができると考えられる。Ugajinn らはこの技術を粒子表面に限定した分子インプリン
ティングに利用した[27]。図6に示すように，まず程よく親水性の表面を持つ粒子を作製し，そこ
にタンパク質，ここではヘモグロビン，をソフトに吸着させた。この粒子表面上で，架橋剤存在
下リビング重合を行って，ナノメートルレベルの厚さのシェルを作った。その後タンパク質を除
去すると，効率よく外れて，タンパク質の形態・構造をインプリントした空隙が得られる。この
空隙はターゲットのタンパク質だけを取り込む識別機能をもつことが確認された。

　リビングラジカルグラフト重合のさらなる特徴の一つとして，制御されたブロック共重合体ヘ
アをもつ粒子を生成できることが挙げられる[28]。PNIPAM-block-poly（NIPAM-co-acrylic acid）

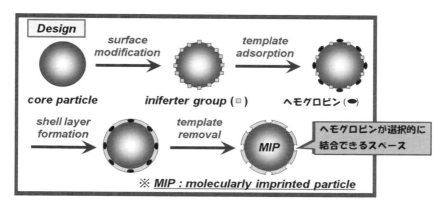

図6　粒子表面だけでの分子インプリント

をヘアとする粒子では，環境によってブロックの一方の性質だけを表すことが認められた。これまで述べたヘア粒子はヘアの表面密度が大きくなく，従って粒子表面でヘアがランダムコイル状に近いコンフォメーションをとるものである。これらがマッシュルーム型ヘア粒子と呼ばれるのに対し，ヘアが密集し横方向の広がりを制限され，いわば直立に近いコンフォメーションをとったブラシ型粒子と呼ばれるものがある。これは，コア粒子の表面に高密度にリビングラジカル重合開始点を設けて得られ，剛い外表面を特徴とする[2]。

　相互作用をする複数のポリマーを交互に積層していくLBL法をコア粒子表面に適用して得られるLBL粒子は，Carusoらによって広範に研究されている[3, 5, 29]。コアシェル粒子はしばしば中空粒子の前駆体としても用いられる。例えばポリマーコア粒子を作製した後，ポリアニオン，ポリカチオンをLBL法で積層し，その後，コアポリマーを溶かしだす方法で中空粒子が得られる[5]。また，コアに磁性体粒子を含有したポリマー，シェルに感温性ポリマーを配したコアシェル粒子が巧妙な吸着過程を経るシード重合で得られた[30]。

　コア粒子が高分子で後付けのシェルが無機物である例として，高分子微粒子のアルコール分散液にアルコキシシランを加えゾルゲル法を適用したケースがある。これによりシェルがシリカであるコアシェル粒子ができる。

　コア粒子はポリマーに限定されるわけではない。活性炭やシリカ[31~33]，チタニア，硫化亜鉛[34]，硫化カドミウム[35]などもコアに使われる。シリカをコアとするコアシェル粒子の多くは中空粒子の前駆体として調製され，熱分解法（燃焼法）や化学分解法によってシリカを除去して目的物とされる。これにより，コアとシェルの屈折率が大きく異なるコアシェル粒子が得られフォトニック結晶用に利用される[36]。

3　おわりに

　コアシェル粒子は奥が深い。粒子デザインとそれを具現するための技術，および技術を保証する科学的裏づけなど，挑戦すべき課題が多い。応用面では，先端テクノロジーを支える多機能ナノ材料として開発が進められると考えられる。

文　　　献

1)　S. Tsuji, H. Kawaguchi, *Langmuir*, **20**, 2449-2455（2004）

2)　K. H. Jayachandran, A. Takacs-Cox, D. E. Brooks, *Macromolecules*, **35**, 4247（2002）

3)　Z. Liang, A. Susha, F. Caruso, *Chem. Mat.*, 3176-3183（2003）

4)　M. Okubo, E. Takekoh, N. Saito., *Colloid Polym. Sci.*, **282**, 1192-1197（2003）

5)　F. Caruso, Nano-Surface Chem., 505-525, CRC Press（2001）

6)　Y. Otsuka, H. Kawaguchi, Y. Sugi, *J. Appl. Polym. Sci.*, **26**, 1637-1647（1981）

7)　Brouwer, *Colloids Surfaces*, **40**, 235（1989）

8)　K. Nakamura, K. Fujimoto and H. Kawaguchi, *Colloids and Surfeces A*, **153**, 195-201（1999）

9)　M. Yamagata, H. Kawaguchi, M. Abe, H. Handa, H. Kawaguchi, Macromolecular Symposia, 245/246, 363-370（2006）

10)　M. Oishi, T. Hayama, Y. Akiyama, S. Takae, A. Harada, Y. Yamasaki, F. Nagatsugi, S. Sakai, Y. Nagasaki, K. Kataoka, *Biomacromol.*, **6**, 2449-2454（2005）

11)　S. Chosh, K. Irvin, S. Thayumanavan, *Langmuir*, **23**, 7916-7919（2005）

12)　S. Fujii, Y. Cai, J. V. M. Weaver, S. P. Armes, *J. Am. Chem. Soc.*, **127**, 7304-7305（2005）

13)　T. Sato, S. Tsuji, H. Kawaguchi, *Ind. Eng. Chem. Res.*, **47**, 6358（2008）

14)　Z. Zhu, S. A. Sukhishvili, *ACSNANO*, **3**, 11, 3595-3605（2009）

15)　C. J. Ferguson, R. J. Hughes, B. T. T. Pharm, B. S. Hawkett, R. G. Gilbert, A. K. Serelis, C. H. Such, *Macromolecules*, **35**, 9243-9249（2002）

16)　H. Kawaguchi, Y. Isono, R. Sasabe, ACS Symp. Series 801, Washington, pp.307-322（2002）

17)　Y. Lu, Y. Mei, M. Ballauff, *J. Phys. Chem. B*, **110**, 3930-3937（2006）

18)　A. Ashida, S. Tsuji, D. Suzuki, H. Kawaguchi, Gel Sympo2009, Abstract p.83（2009）

19)　K. E. Christodoulakis, M. Vamvakaki, *Langmuir*, **26**, 639-647（2009）

20)　特開 2003-1716707（P2003-171607A）特願 2002-260412（P2002-260412）

21)　大久保政芳，未来材料，**3**, 26-33（2003）

22)　Y. Kitayama, Y. Kagawa, H. Minami, M. Okubo, *Langmuir*, **26**, 7029-7034（2010）

23)　Y. Lu, A. Pich, H. Alder, *Syn. Metals*, **135/136**, 37-38（2003）

24）石井，二瓶，川口，高分子論文集，**64**，1，56-61（2007）

25）M. S. Choi, Y. H. Cho, H. J. Cho, M. S. Jion, *Langmuir*, **19**, 5875-5881（2003）

26）S. Tsuji, H. Kawaguchi, *Langmuir*, **21**, 18, 8439-8442（2005）

27）H. Ugajin, A. Okamoto, T. Oka, H. Kawaguchi, 2nd International Symposium on Advanced Particles, Abstracts p.169（2010），特開 2009-530204

28）S. Tsuji, H. Kawaguchi, *Macromolecules*, **39**, 13, 4338-4344（2006）

29）A. Caruso, Colloids and Colloid Assemblies, Wiley-VCH, Weinheim（2004）

30）G. Pibre, L. Hakenholz, S. Braconnot, H. Mouaziz, A. Elaissari, *e-Polymer*, **139**, 1-15（2009）

31）D. Walsh, B. Lebeau, S. Mann, *Adv. Materials*, **11**, 4, 324-328（1999）

32）F. Caruso, R. A Caruso, H. Mohwald, *Science*, **282**, 1111-1114（1998）

33）O. D. Velev, T. A . Jede, *Nature*, **389**, 447-448（1997）

34）J. Yin, X. Qian, J. Yin, M. Shi, G. Zhou, *Materials Lett.*, **57**, 3859-3863（2003）

35）C. Song, G. Gu, Y. Lin, H. Wang, *Materials Research Bull.*, **38**, 917-924（2003）

36）H. Ishizu, *J. Appl. Polym. Sci.*, **112**, 4, 2351-2357（2009）

第2章 コアシェル微粒子の用途展開

石川　理*

1　はじめに

　産業用途において，有機／有機からなるコアシェル微粒子，有機／無機コアシェル微粒子や無機／無機コアシェル微粒子など，機能性粒子として盛んに研究，開発が行われている。コアシェル微粒子の産業的な利用，目的は，大別すると下記の様な事である。

① 均一な粒子では得ることが出来ない二律背反する二つの物性を両立させる微粒子，あるいは改質粒子

② 機能を発現する物質を内包し，環境応答性や目的に対応する微粒子，マイクロカプセルやナノカプセル

③ コアシェルのモルフォロジー構造やそのヘテロ界面そのものが機能，価値を発現する微粒子

　総説的な論文も多く提出されており，有機／無機からなるコアシェル微粒子による高機能化などの報告[1]があり，興味深い内容を紹介している。高分子材料だけでなく，金属粒子を有機材料でコアシェル化，複合化することで，更に性能が改善される，あるいは新たな機能を付与する事が可能としている。コアシェル化することで分散性，保存性が向上し，取り扱いも容易になる。特にシェル層の存在はコアシェル微粒子の修飾，変性を容易にすることから応用展開を広げる事ができる。そのために様々な用途展開を可能にするとして，温度応答性磁性粒子，pH応答性粒子，光応答性粒子やそれらの複合応答性粒子の合成方法や応用，用途展開が示されている。

　また，本書では割愛するが，無機／無機のコアシェル微粒子等の研究も盛んに行われている。一例として，燃料電池の触媒である白金の使用量削減目的にコアシェル微粒子が提案されている[2]。白金は希少金属であり，埋蔵量は現状の生産量で200年と推定されているが，燃料電池の普及次第では数十年で枯渇するとの試算もある。また，資源が偏在しているという現実もあり，供給制限や産出国の内需優先が政策的に行われることで価格の高騰が予想される。白金の使用量削減を目的に，白金粒子を微細化し小さくすることで表面積を増やすことが提案されているが，担体物質であるカーボンブラックの細孔に白金微細化粒子が入り込んでしまい，結果として反応

＊　Osamu Ishikawa　JSR㈱　機能高分子研究所　機能化学品開発室　室長

に寄与することが出来なくなってしまうという課題がある。そこで，コアは安価な材料にし，シェル部のみに燃料電池の触媒となる白金を設けた銀／白金のコアシェル微粒子が報告されている。

　今後，コアシェル微粒子，コアシェル化技術は広い応用が期待されており，かつ多くの可能性を持った材料であり，様々な応用が報告されている。そこで本章では，産業用途への展開の報告例，及びコアシェル微粒子の量産技術のポイントについて記述する。

2　有機／有機コアシェル粒子の応用例

2.1　難燃剤粒子

　スチレン系およびスチレン／アクリロニトリル共重合体系粒子をコアとして，シェル部をスルホン化したコアシェル微粒子難燃剤[3]が開発されている。この粒子をPC（ポリカーボネート）樹脂に混練りすると，内部のコア粒子部分が溶融し，混練り時のせん断力で難燃剤粒子から溶出する。残ったスルホン酸塩が密に導入された表層シェル部は細かく分散し，PC樹脂中に分散する。0.3％の添加で難燃性はV-2からV-0へと向上し，衝撃強度，耐熱性などの物性にはほとんど影響しない事が確認されている。合成方法は，コア粒子となるスチレン／アクリロニトリル系ポリマーを粉状にし，無水硫酸で直接スルホン化反応を行い，表面シェル層にスルホン化ポリマーを形成させる。

2.2　蓄熱材粒子

　蓄熱材を内包したマイクロカプセル微粒子が開発[4, 5]されている。内包されたパラフィン系蓄熱材はカプセル内部で，融点以下の冷却により凝固を，融点以上の加熱により，融解する。蓄熱材の融点付近に温度が達すると，加えられた熱エネルギーが融解の相変化に費やされるため温度変化しない領域が生じる。冷却時も同様の相変化が起こり，過熱，冷却を何回繰り返しても同じ現象が見られる。

　パラフィンは水になじみにくい性質を有するが，マイクロカプセル化する事で分散安定性の高い水性スラリーとして取り扱う事が出来る。この蓄熱剤マイクロカプセルは，0〜60℃の範囲で，5℃刻みで細かく蓄熱温度を設定する事が可能で，融解⇔凝固を繰り返しても安定である。このマイクロカプセル微粒子は，温度変化しにくい被服材料や，シーツ，ベッド，枕等の寝具への応用が可能で，温度安定性に優れた機能を与える。また，床，天井などの躯体中に建築蓄熱材カプセルを保持させる事で，夏は朝の冷気や冷房の冷熱を躯体が吸収し，日中の温度上昇を遅らせる事ができ，建材用途として省エネルギー効果の優れた材料となる。

2.3 微粒子発泡剤

微粒子発泡剤である熱膨張性マイクロカプセルの合成として，低沸点の炭化水素を内包し，外側をガスバリアー性のあるポリマーで覆ったコアシェル粒子の合成方法，発泡特性について報告されている[6,7]。合成時は，内包された発泡剤の蒸気圧，シェルポリマーへの拡散性，シェルポリマーの耐熱性，ガスバリアー性を最適化する必要がある。この様な熱膨張性マイクロカプセルは，平均粒子径が $10〜40\mu m$ の微粒子で，体積は $50〜100$ 倍に膨張する事が出来る。主たる応用分野は軽量化であり，他にも意匠性，遮音性，スリップ防止剤，断熱性，クッション性などの機能を付与する事が出来る。

2.4 樹脂改質材

テニスラケットの「喰らいつき感」をもたらす技術として，コアシェル微粒子の効果が報告[8]されている。この粒子は，100nm のゴム粒子コアを樹脂シェルに包んだコアシェル微粒子であり，ラケットに粘りをもたらす。ゴム粒子のみを樹脂粒子中に配合すると，ゴム粒子同士が凝集してしまい，樹脂の中で不均一な状態になる。ゴム粒子コア／樹脂シェル構造にする事で，ゴム同士の凝集が起こらず，樹脂中に均一に分散し，テニスラケットに求められる「喰らいつき感」と「粘りを」生み出す事に成功している。

同様にゴム粒子コアを樹脂シェルに包んだコアシェル微粒子はコア部のゴム状ポリマーが応力を緩和する効果を発現し，接着性，密着性が向上したり，耐衝撃性や折り曲げ加工性を得ることが出来る[9]。さらにこれら微粒子を樹脂に添加することで，成型時の収縮を低減させる効果もありと。コアシェル微粒子化することで分散が容易になり，塗料，エンジニアリングプラスチックの改質，成型樹脂等への応用が示唆されている。同様な取り組みは，バイオプラスチックの耐衝撃吸収性の向上などへの応用も検討されている[10]。

2.5 光学フィルム用粒子

フィルム用途にも微粒子が応用されている。例えば，フィルムに微小な凹凸を付与する目的に易滑材として粒子が用いられている。最近はフィルムの光学特性を向上させる目的に，コアシェル微粒子が報告されている[11~13]。粒子を形成するコア部，シェル部のそれぞれの屈折率を変える事で，目的とする光学特性，例えば反射性，吸収性，散乱性などの向上が期待される。アンチグレアフィルム，防眩フィルム用粒子として，粒子径 $0.8〜10\mu m$ で，コア部とシェル部の厚みや部数，屈折率や，コアとシェルの屈折率差，I/O 値等を制御する事で，防眩性，光散乱機能が良好なフィルムが得られるとのこと。また，一つのコアではなく，複数のコアを有するコアシェル微粒子で光散乱性はさらに向上すると報告されている[14]。

2.6　医療用カプセル粒子

　コアシェル構造の高分子ミセルは，コアに薬物などの生理活性物質を内包させ，患部選択的な運搬体（キャリアー）としての応用が開発され，臨床実験が進められている。効率的に機能を発現させるためのキャリアーとして，先進医療の多様化へも追従し，標識認識能，環境応答能など高度な機能が要求される。

　キャリアーとしては血中滞留性を長期化する事が重要である。このため，血中の消失経路である細網内皮系による認識を回避する目的に，シェル部分を親水性，柔軟性に富んだ PEG 鎖で高密度に覆い，立体反発効果に基づくたんぱく質や細胞などの生体成分との相互作用を抑制することが必須である。また，がん組織においては，正常細胞に比べて血管壁の透過性が亢進しており，数百ナノメーターの小孔を有する事が知られている[15]。コアシェル高分子ミセルはこの小孔を通過して受動的に固形がんに集積する事ができる[16]。また，環境応答性の付与により，標的組織内で内包薬物を活性化することで，標的に対する選択性を高める事が知られている。Doxorubicin（Dox）を内包した PEG-ポリアスパラギン酸の側鎖の 70～80％をヒドラジド基に置したコアシェル微粒子の高分子ミセルは生理的 pH7.0 においては安定であるが，エンドソーム／リボソーム内の酸性環境下（pH5.5～6.0）ではヒドラゾン結合が開裂し，Dox を放出する性質のあることが見出されている[16]。

2.7　紙塗工用ラテックス

　カルボキシ変性スチレンブタジエン（SB）ラテックスは紙塗工用バインダー，接着剤として広く使用されている[17～19]。紙塗工用の塗料はクレー，炭酸カルシウム等のピグメント，バインダーラテックス，粘度調整剤，その他機能性の薬剤から構成される。国内の塗工紙用ラテックスは SBR 系が主であり，モノマーとして，スチレン，ブタジエン，外にアクリロニトリル（AN）やメチルメタアクリレート（MMA）等が使用されている。また，必ず少量のカルボン酸モノマーや，場合によりアミド基や水酸基等の官能基モノマーが併用される。これらの官能基モノマーは，粒子保護層を形成し，粒子安定化に寄与する。

　ラテックスを設計する上で，最も重要な機能は接着力であり，接着強度が強い程，接着剤であるバインダーの量を低減する事が出来るため，省資源化，低コスト化を可能にする。接着剤であるラテックスバインダーは，ブタジエン含量が多く，Tg の低い程，接着強度は強くなるが，反面，その粘・接着能からバッキングロール汚れが発生し易くなり，塗工操業性は悪くなる。バッキングロール汚れは，高速化等に伴う乾燥条件の過酷化で問題になることが多い。図1に示す様に，第1コーターで塗工された塗工紙がある程度乾燥され，紙の温度が高い状態のまま，第2コーターに進む。第2コーターにおいて，紙面温度の高い第1塗工面がバッキングロール面に接

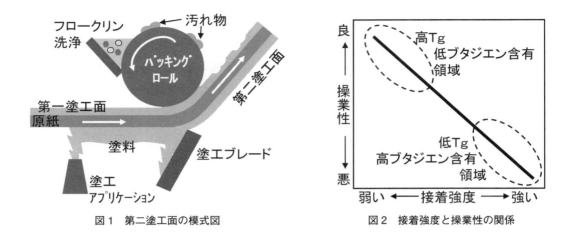

図1　第二塗工面の模式図　　　　　　　図2　接着強度と操業性の関係

触し，塗工面の一部がバッキングロールに移ることにより発生する。多くは塗工層がロールに付着した後，フロークリン水で洗浄されない場合に汚れが堆積し，塗工紙の表面を傷める事になる。

　図2の様に，バインダーの接着力と塗工操業性は二律背反の関係にあり，

　・バインダーとしての接着強度が強い

　・塗工操業性がよく，バッキングロール汚れがない

この二つの性能を両立するため，バインダーラテックスのコアシェル粒子化を提案し，設計・開発した[20~22]。

　印刷用紙に用いられる紙塗工用ラテックス（バインダー）はブタジエンを25%から60%含み，粒子径は100~200nm程度のゴム的な粒子である。塗工時の操業性に関しては，天然ゴムやEPDM等からなるバッキングロールへのバインダーの付着，汚れが原因であり，バインダーラテックスの粘着性が主因である。このため，塗工操業性を良好に保つために，Tgを高める目的にブタジエン含量を低減する事で，汚れを解消する方法がとられる。但し，ブタジエン量を低減させる事で，接着強度の低下は顕著に現れる。

　接着強度は，主にオフセット印刷時の紙むけに関係する。バインダーラテックスの接着強度が弱い場合，インキのタックにより塗工層表面のコート層から塗料が剥ぎ取られるピッキング現象が起こる。原紙部分が弱い場合は原紙部分を含めて剥ぎ取られる場合もある。この耐ピッキング性を接着強度として表現しているが，それはバインダーラテックスの粘・接着性的な性質だけでは改良が不十分であった。オフセット印刷の場合は毎時約10000枚，更に輪転式の場合は毎分数百mで印刷される。この速度で発生するピッキングは，瞬間的に塗工層が剥ぎ取られる現象であり，高速度での変形及び衝撃が加えられることにより発生する。高速度での変形及び衝撃が加えられた場合，ポリマーのTgが十分に低くないと，ガラスの様な状態を呈し，ポリマーが脆く

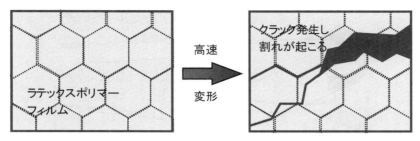

図3　高速変形によるピッキング現象
印刷時に発生するピックは，塗工層表面が瞬間的（衝撃的）に引き剥がされる（変形）
状態にある。高速変形時，Tg の高いポリマーはポリマーの粘性が，変形速度に追随
出来ず，脆くなり，割れが発生する

図4　粒子モルフォロジー制御

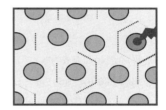

図5　粒子モルフォロジー制御
低 Tg のコア部分でクラックが
とまり，割れ（ピック）を防ぐ

なることから，ラテックス皮膜の割れ，ひび割れが発生し，結果としてピッキング現象が発生する（図3）。

　そこで，バインダーラテックスの設計としては，バッキングロールに直接触れるシェル部分は，操業に支障がない Tg に設定し，粒子内部に高速度での変形・衝撃に耐える様な衝撃吸収層を有する低 Tg のコアを設けた（図4）。低 Tg コア／高 Tg シェルのコアシェル型微粒子のバインダーラテックスとする事で，耐汚れ性（塗工操業性）と耐衝撃性（耐ピッキング性）の両立を可能にした（図5）。更に現在は，衝撃吸収層を増やす目的に，連続的に組成を変え，粒子内部のブタジエン含量を増やすことが可能な連続的に異組成したコアシェル微粒子へと進化している（図4）。それらの示差熱量分析（DSC）チャートを図6に示した。均一組成に近いラテックスの場合は，一つのピークを示し，単純なコアシェル構造の場合は，2つのピークを示す。そして，連続的に Tg を変化させた場合は，もはや明瞭なピークは示さずに幅広い吸熱ピークとなり，組成分布の広い粒子となっている事が示唆される。

　メチルメタクリレートとスチレンのコアシェル粒子の合成は容易であるが，ブタジエン含量が25～60％であり，Tg が低く，コア部とシェル部で使用する混合モノマーの組成差が小さい場合，

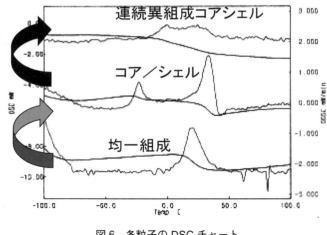

図6　各粒子の DSC チャート

かつグラフト反応が起こりやすいゴム状ラテックス粒子でのコアシェル構造化は，特に工業的な生産は困難な場合が多い。回分重合によりコアとシェルに組成差を設定しても，シェル部の未反応モノマーあるいはオリゴマー的なものがコア部に拡散し，グラフトする場合がある。この場合，シェル部で使用する未反応のモノマーがコア内部に浸透し，コアの内部で反応進行し，結果として，シード重合の様な挙動となり，コアシェル粒子を得る事が出来ない。得られた粒子は均一なグラフト型のポリマーとなり，DSC 測定でも均一なピークを示す。重合処方の改良により，Tg の低いポリマー粒子においても，組成が明確に分かれたコアシェル粒子や，連続的に組成が変わる異組成連続コアシェル粒子の合成を可能にした。

3　有機／無機複合コアシェル粒子の応用例

3.1　ナノイオニクス

　ナノ粒子の分散やナノ薄膜の積層による異種物質間のヘテロ界面にて高イオン伝導性を発現するナノイオニクス現象を利用して，プロトンイオン伝導の研究が行われている[23]。ナノイオニクス現象とは，イオン伝導体が金属や気相などの異質な物質とヘテロ接触すると，それぞれの物質の仕事関数の相違や化学結合の形成によって電荷移動が起こり，その界面近傍に空間電荷層や表面電荷が生じる。その結果，界面近傍における欠陥濃度や電子欠陥（電子またはホール）濃度が変調を受け，動的化学機能特性の変化が起こる[24]。

　この様なヘテロ界面効果は，ナノメートルスケールに特徴的な現象とされ，その高プロトン伝導性から燃料電池への応用として，シリカ系無機／有機コアシェル粒子が検討されている。設計

コンセプトは，ゾル－ゲル法により合成した無機粒子をコアとして，プロトン伝導体（負に帯電）をポリカチオン（ポリジアリルメチルアンモニウムクロリド）を介して積層したプロトン伝導層を形成するもの。このコアシェル微粒子をシート状の粒子集積体として，プロトン伝導層を圧着する事で連続層とする方法が行われている。イオン伝導性は 1.0×10^{-4} S/cm を得る事が報告されている。また，コアであるフェニル基に直接スルホン化したコアシェル粒子を加圧，ペレット化したもののイオン伝導性は 1.0×10^{-2} S/cm に達するとの事で，燃料電池への応用が期待される。

3.2　反応触媒

　高分子微粒子をポリアニリンなどの導電性高分子で覆うコアシェル粒子の合成は，過去に検討[25, 26]されているが，更にその粒子表面に銀ナノ粒子を担持した粒子が研究されている。銀ナノ粒子は，ポリアニリン／スチレンのコアシェル複合粒子を硝酸銀と反応させる事で得られる。このとき，ポリアニリンを脱プロトン化した後に硝酸銀を加えると，銀イオンが還元され銀ナノ粒子を析出する。表面に銀ナノ粒子を担持したポリアニリン／スチレンのコアシェル複合粒子は還元反応の触媒として作用する事が報告されている[27]。単純なポリスチレン粒子上に銀ナノ粒子の析出はみられないとの事で，ポリアニリン／ポリスチレンコアシェル微粒子の特性となっている。

3.3　高耐久性塗料用バインダー

　近年，VOC削減要求に加え，省資源の観点から塗り替え周期の長期化が進められており，高い塗膜耐久性をもった水系バインダーが展開されている。コア部はアクリル系で形成し，高耐久性を付与する目的にシェル部をシロキサン系としたコアシェル微粒子エマルジョンが開発されている。シロキサン単独では堅脆い塗膜となり，アクリル単独では高耐久が得られない。コア部のラクリル組成や，シェル部のシロキサン組成を様々に変えることで双方の欠点を補い，二律背反の物性を両立する事ができ，耐温冷サイクル性，汚染性，基材接着性，耐候性などに優れた塗料用バインダーが開発されている[28]。

3.4　樹脂改質材

　ポリ乳酸の靭性改良材として，3層構造の縮合反応を伴う自己組織化したコアシェルナノ粒子が報告されている[10]。ポリ乳酸は生分解性のバイオマスポリマーで環境にやさしい材料として期待されているが，その脆さ故に，現状，展開は限定的になっている。

　3層構造の自己組織化ナノ粒子コアシェルは，次の様に合成される。自己組織化，第一ユニットは，高密度のポリシロキサンを形成するトリアルコキシシランで形成されている。第二ユニッ

トは，加水分解，縮合反応が第一ユニットより遅いアルコキシシラン基を持ち，縮合によりシリコーンエラストマーを形成するユニット。更に，第三ユニットは，マトリックスとなるポリ乳酸と適度に相溶するカプロラクオリゴマーからなるリニアなポリマーで構成される。このトリブロックからなるポリマーを溶媒に溶解すると，最も極性の高い第一ユニットを中心に凝集が起こり，更に，加熱することにより縮合し，3次元架橋したポリシロキサンコアを形成する。継続して加熱し，触媒を添加により，第二ユニットの縮合反応がコア周辺で起こり，架橋度の低いシリコンエラストマーを形成する。そして，第三ユニットが最外殻を形成する自己組織化した3層コアシェル微粒子となる。このコアシェルナノ微粒子をポリ乳酸に5wt%添加すると，強度を保持したまま，伸びは2倍以上向上するとの報告がある。3層構造が不可欠で，どれか一つのユニットが欠けることで強度，伸びの物性バランスは改良出来ない。今後，バイオプラスチックとしてのポリ乳酸の利用拡大が期待される。

4　コアシェル粒子の量産化

コアシェル粒子の設計・合成については様々な方法が提案されており，詳細については，本書の第Ⅱ編以降を参照されたい。本章では工業的に製造する際のいくつかのポイントを示す。特に工業的にコアシェル微粒子を製造する場合，フラスコスケールで得られた物性，機能を，スケールアップする段階で忠実に再現する事は必要最低限の事であり，産業，工業的な利用には生産性を考慮する事が重要になる。合成後の固形分濃度，後工程での処理や精製の容易さ，及び再現性が求められる。また，近年はバルクな材料に取って代わり，付加価値の高いファインな材料が主流になっており，より高精度の機能・物性再現性，残留物，不純物や異物の低減など，緻密な工程管理が要求される。

コアシェル微粒子は，コア及びシェルを構成する材料の相溶性，極性差，静電相互作用，媒体中の溶解性，架橋構造，分子量分布等の物性の違いにより，モルフォロジーを形成することが出来る。

これらの性質を利用し，コアシェル微粒子を数100Lから数10m^{3}サイズのプラントスケールで量産化，製造する場合，ファウリングや二次粒子発生の抑制がポイントになる。特に反応容器のサイズが大きい程，また攪拌動力が低い程，攪拌翼の形状等により凝集物やリアクターの汚れ等のファウリングは発生し易くなる。ファウリングは粒子の凝集，不安定化が要因であり，ファウリングを抑制するために分散剤や乳化剤を多用し，安定化を図ると結果として二次粒子の発生が助長されることになるため，最適な合成条件に保つ事が重要になる。

フラスコスケールでは，薬液のチャージは瞬時に終了するが，製造設備であるプラントサイズ

においては，その大きさ，薬液移送ポンプ等付帯設備の能力次第では仕込みに相当の時間を要する。また，温度の設定においても，合成方法次第ではあるが，フラスコとプラントサイズでは昇温時間，冷却時間に差を生じる事があり，十分に考慮する必要がある。製造するためのスケールの違いが，コアシェル微粒子の性質，物性に影響を与える事があり，フラスコやプラント間での設備能力の差異を十分に加味した微粒子設計が重要になる。

　また，ファイン系の材料になると，残留物，不純物や異物の影響が最終製品の機能，性能，安全性等に影響する事が考えられるため，後処理工程や精製工程に特に注意を払うことが必要である。また，用途次第では，原料薬液の管理や合成設備のクリーン化等が要求されるケースもあり，最終製品の仕様などを考慮した粒子設計が望まれる。

5　おわりに

　コアシェル粒子は，様々な応用展開が進められている。ポリマー物性の改良手段として，二律背反する二つの物性を両立させるために，あるいは機能を発現する物質を内包し，任意の条件で応答するようなマイクロ微粒子，ナノ微粒子，更にはコアシェル構造が故のヘテロ界面を利用した価値発現など，様々な応用が考えられている。また，有機材料だけでなく，無機材料をも含めた様々な材料を複合化する研究が精力的に行われ，産業利用や医療などへ広がりを見せている。今後の技術の発展に大きく貢献する材料であり，期待される。

文　　　献

1)　成田麻子，中條善樹，高分子論文集，Vol.65，No.5，321-333（2008）
2)　産総研 TODAY，Vol.9-10（2009）
3)　化学工業日報，1 月 28 日付け，P1（2010）
4)　石黒守，Future 誌，No.10
5)　石黒守，紙パルプ技術タイムス，加工ガイド（2007）
6)　川口泰広，板村陽介，鬼村謙二郎，大石勉，高分子論文集，Vol.62，No.2，p36（2005）
7)　谷田雅洋，川口泰広，加計博志，大石勉，高分子論文集，Vol.65，No.2，p157（2008）
8)　日刊工業新聞 Business Line，2 月 8 日付け（2010）
9)　ガンツ化成工業㈱ホームページ
10)　位地正年，森下直樹，甲斐洋行，ファインケミカル，Vol.39，No.3，49（2010）
11)　JSR㈱，特開 2008-209855

12) 富士フイルム㈱, 特開 2007-90865

13) 富士フイルム㈱, 特開 2009-28251

14) ダイセル化学工業㈱, 特開 2008-291255

15) Y. Matsumura, *et al.*, *Cancer Res.*, **46**, 6387 (1986)

16) 西山伸宏, 片山一則, 高分子, Vol.56, No.9 (2007)

17) 室井宗一, 高分子ラテックス入門, 工文社

18) 室井宗一, 紙塗工, 高分子刊行会

19) 井上利洋, コンバーテック, Vol.36, No.2, 30-35 (2008)

20) 松井尚, 紙パ技術タイムス, No.11, 31 (2001)

21) 松井尚, 紙パ技協紙, Vol.55, No.12, 1668 (2001)

22) 松井尚, 紙パ技協紙, Vol.60, No.12, 1786 (2006)

23) 大幸裕介, 片桐清文, 松田厚範, 表面, Vol.46, No.12, 67-76 (2008)

24) 山口周監修, ナノイオニクス, ㈱シーエムシー出版 (2008)

25) M. A. Khan and S. P. Armes, *Adv. Mater.*, **12**, 671 (2000)

26) M. Okubo, S. Fujii and H. Minami, *Collid Polym. Sci.*, **279**, 139 (2001)

27) 石井崇之, 二瓶栄輔, 川口春馬, 高分子論文集, Vol.64, No.156-61 (2007)

28) 小島靖, 日立化成テクニカルレポート, No.42 (2004)

第Ⅱ編
デザインと合成に関する新展開

第1章　交互積層法を利用したコアシェル粒子・中空カプセルの作製と機能材料への応用

片桐清文[*1]，大幸裕介[*2]，武藤浩行[*3]

1　はじめに

　近年の材料開発において，避けて通れないキーワードに"ナノ"があげられる。とりわけ物質の界面におけるナノレベルでの構造制御は，高度な機能の発現を目指すうえでは重要であると考えられる。このような「ナノ界面」の制御を伴う材料合成プロセスは，一般的にいわゆるボトムアップ型の手法が用いられ，そのなかでも自己組織化のプロセスを用いた手法が注目を集めている。自己組織化を用いたナノ界面の制御プロセスの1つに交互積層法がある。交互積層法は，静電相互作用を駆動力とした超薄膜の作製法として知られており，高真空あるいは高温で行う他の超薄膜作製プロセスと異なり，常温，常圧の環境下で行うことが可能なプロセスである。そのため，有機物質，無機物質，金属物質など，幅広い多様な物質が適用可能であり，それらの物質を複数組み合わせたハイブリッド材料の作製プロセスとしても有用である。この手法は，当初は固体基板上への2次元平面における超薄膜作製プロセスとして研究が展開されていったが，その原理からコロイド粒子上へこの手法を適用することで，3次元のプロセス，すなわちコアシェル粒子やそれを応用した中空カプセルの作製と機能性材料への展開に関する研究が近年盛んに行われるようになってきた。本章においては，交互積層法を利用したコアシェル粒子ならびに中空カプセルの作製法と，それによって得られる機能材料について筆者らの研究を交えて紹介する。

2　コロイド粒子への交互積層によるコアシェル粒子と中空カプセルの作製

　交互積層法の起源は，1960年代半ばにIlerによる荷電物質の固体基板上への吸着現象に関する報告までさかのぼるが[1)]，超薄膜の作製プロセスとしては1991年にG. Decherらの報告で確立

---

*1　Kiyofumi Katagiri　名古屋大学　大学院工学研究科　化学・生物工学専攻　応用化学分野　助教

*2　Yusuke Daiko　兵庫県立大学　工学部　物質系工学専攻　物質・エネルギー部門　助教

*3　Hiroyuki Muto　豊橋技術科学大学　大学院工学研究科　電気・電子情報工学系　准教授

されたと言われている[2]。交互積層法による高分子電解質多層膜の基板上への製膜の概略は，以下の通りである。表面を親水化処理して電荷（例えば，－）を持たせた固体基板を反対の電荷（＋）を持つ高分子電解質の水溶液に浸すと静電相互作用によって，高分子の強い吸着が起こる。この際に電荷が中和されるだけでなく，電荷が反転し，再飽和するまで吸着される。それ以上の過剰吸着は同電荷の反発によって自己規制されるため，作製条件（pH，塩強度など）によって吸着量は一定となる。一定時間吸着させた後，純水ですすぐことで非特異吸着した分子を取り除き，乾燥させて1回の操作となる。引き続いて反対の電荷（－）の高分子電解質溶液を用いて同様の操作をすることで，再び高分子の吸着と電荷の反転が起こる。これを繰り返すことでナノメートルスケールの超薄膜を交互に積層することが可能である。

　このように，この方法における作製プロセスでは非常に単純であり，用いる基板も平板だけでなく，曲面や凹凸を有するものなどにもほとんど制限なく適用可能である。また，この方法の駆動力が主として静電相互作用であるので，積層可能な材料は高分子電解質に限らず多電荷を有する物質であればほとんど適用できる。すなわちタンパク質，DNA などの生体高分子，無機微粒子や板状化合物，ヘテロポリ酸，色素分子，金属ナノ粒子などが適用可能である[3]。

　これらの特徴から，交互積層法は固体基板のみならず，粒子表面の修飾法としての応用もなされるようになった。1995 年に Keller らは表面修飾したシリカ粒子上へのリン酸ジルコニウムを剥離して得られるシート状物質と高分子の多層積層膜の形成に関する報告を行っている[4]。その他いくつかの報告が続くが，それらの中でも 1998 年から Caruso らによって報告された一連の報告で交互積層法によるコアシェル粒子の作製法が確立されている[5~8]。

　交互積層法によるコアシェル粒子作製の一般的なプロセスは以下のようになる（図1）。まず，コアとなる粒子の表面電荷と反対の電荷を有する高分子電解質溶液をコア粒子のコロイド分散液に加える。これによって，コア粒子表面に静電相互作用によって高分子電解質が吸着し，基板の場合と同様に過剰吸着によって表面電荷の反転が起こる。吸着しなかった高分子は，次の層となる高分子電解質の溶液を加える前に遠心分離等によって除去する。このプロセスを繰り返すことで，高分子電解質多層膜をシェルとするコアシェル粒子を得ることができる。

図1　交互積層法によるコアシェル粒子および中空カプセルの作製プロセス

　通常この積層過程での粒子同士の凝集を防ぐため，用いるコア粒子の濃度は数 wt%までとする必要がある。また，速すぎる遠心速度も粒子の凝集の原因となり，積層プロセスにおける再分散を難しくする恐れがあるため，避けるべきである。積層量は物質が持つ電荷の強さ（強電解質／弱電解質），溶液の濃度，溶液の塩強度などによってコントロールできる。基板の場合と同様に，コアシェル粒子の作製においても，高分子電解質に限らず多電荷を有する物質が適用可能であるが，一般的には，ナノ粒子や低分子量化合物の積層を行う際は，積層の組み合わせの相手には高分子電解質を「接着剤」として用いるのが良いとされている。また，コア粒子の分散性をあげるためには，目的の物質を積層する前に，シランカップリング剤でコア粒子表面を修飾したり，強電解質の高分子電解質同士からなる，いわゆるプレカーサー膜を作製したりすることも有効である。また，これらの手法によって得られたコアシェル粒子のコアを除去することで，中空カプセルも容易に得ることができる。コア粒子が酸あるいは有機溶媒等に可溶であれば，コアを溶解除去することで中空カプセルとすることが可能である。また，シェルを形成する物質が無機物質であり，コアが有機物質である場合，焼成することで無機物質のみからなる中空カプセルを得ることも可能である。

3　交互積層コアシェル粒子を利用したナノ粒界制御セラミックス複合材料の作製

　1980 年代のファインセラミックスブームの際に想定されていたセラミックスの活用範囲は，当初期待されたほどの広がりを見せていない。これは実際の応用を考えた場合，セラミックス構造材料は他の工業材料との比較において加工コストが高いという欠点があり，これが普及を妨げる最大のネックと言える。金属，高分子材料の多くは，かなり複雑な形状の部品でさえも一般的なプロセスで大量生産が可能である。自動車産業等の分野においては，安価な材料を如何にうまく使いこなすかが重要であり，このような現状でセラミックの活用範囲の拡大は見込めない。しかし，これらのことを踏まえても，他の工業材料にはない高いポテンシャルを有するセラミックスにはやはり潜在的なニーズはかなり秘められている。

　例えば，セラミック材料の優れた耐磨耗性，耐焼付性を生かして，金属材料では焼き付けを起こすような 1000℃を越える条件で使用される工作機械の軸受けなど，高い剛性を必要とするような用途においてはセラミックスへの期待は大きい。したがって，上述した問題点を解決することができれば，セラミックス構造材料のブレイクスルーになりうると考えられる。このためには，セラミックスを作製する際にナノレベルで材料を複合化する手法が必要とされているが，いまだ粉末同士を機械的に混合するような手法が主流であり，ナノコンポジットとして期待される特性

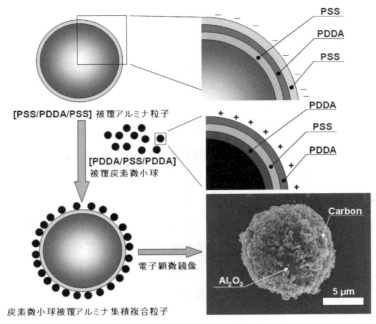

図2　炭素微小球被覆アルミナ集積複合粒子の設計と電子顕微鏡写真

を引き出すには至っていない。そこで筆者らは，交互積層法を応用して集積複合コアシェル粒子
を調製し，これを用いることで任意の微細構造を複合材料中に導入することで高強度・高靭性化
はもちろんのこと，電気伝導性，高熱伝導性，高しゅう動性等の様々な特性を改善したナノ粒界
制御セラミックス複合材料の作製への応用を目指した[9, 10]。

　調製した集積複合コアシェル粒子の一例として，炭素微小球被覆アルミナ集積複合粒子の詳細
を図2に示す。用いたアルミナ（平均粒径50 μm）は微小なアルミナ（100 nm）から構成され
る造粒球状粒子であり，焼結性に優れている。添加物は，カーボン微小球（250 nm）を用いた。
初期のアルミナ表面の電荷は正であったため，電荷を反転させるために負電荷を有する高分子電
解質として，ポリスチレンスルホン酸ナトリウム（PSS）溶液にアルミナを投入し，負電荷表面
を作製した。更に，正電荷を有するポリジアリルジメチルアンモニウムクロライド（PDDA），
再びPSSでアルミナ表面を修飾することでPSS/PDDA/PSSのような交互電解質膜表面層を持
つアルミナ粒子とした。これにより，アルミナ表面は十分な電荷密度を有するマイナスに帯電す
ることになる。同様に，添加物として用いるカーボン微小球表面にも複数回の高分子電解質層を
作製しておき，修飾したアルミナ表面と異なる（この場合は正）表面電荷状態とした。

　両者を溶液中で撹拌することで得られた集積複合コアシェル粒子は図3に示すように均一かつ
精密なものであった。原理的には表面電荷を制御するだけで図3のような複合粒子が得られるこ

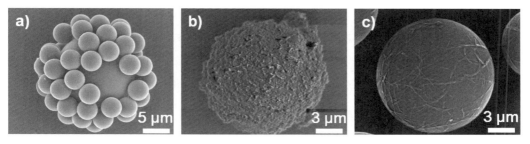

図3　集積複合コアシェル粒子の電子顕微鏡写真
(a)　シリカ粒子被覆シリカ，(b)　ジルコニア被覆アルミナ，(c)　カーボンナノチューブ被覆有機修飾シリカ

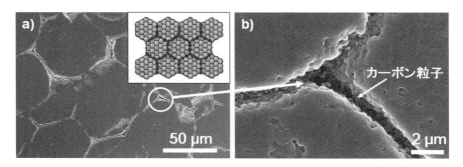

図4　炭素微粒子添加アルミナ複合材料の微構造の電子顕微鏡写真と模式図

とから，本手法は汎用性に優れており，いかなる材料，形状に対しても適用可能である．詳細は割愛するが，過去に本研究グループにて作製した他の集積複合コアシェル粒子の例を図3に示す．図3(a)は単分散シリカ粒子（15 μm）表面への単分散シリカ粒子（3 μm），(b)は球状アルミナ粒子（15 μm）表面へのジルコニアナノ粒子（30 nm），(c)は有機修飾シリカ粒子（15 μm）表面へのカーボンナノチューブの静電吸着を行った例であり，この手法で自在に集積複合コアシェル粒子を調製可能であることがわかる．

　図2に示したカーボン微粒子被覆アルミナ集積複合コアシェル粒子を用いて複合材料を作製した一例を図4に示す．真空中，1400℃にて焼結した結果，相対密度97％の緻密なアルミナ複合材料が得られた．カーボン粒子はアルミナ粒子表面をかなりの部分が覆うように被覆した集積複合コアシェル粒子であるため，この形態を反映し，アルミナマトリックス内にカーボン層が連続して存在するような微細構造（図4中の挿絵）を導入することができた．この材料内部にはカーボン層が連続的に存在している．

　図4(b)に二粒子界面の拡大図を示す．アルミナ界面にカーボン粒子の存在が明確に示されており連続層が導入されている．この複合材料の特徴を列記すると，①弾性率（曲げ）が緻密なアル

ミナ（350 GPa）の半分（170 GPa）程度であり，低弾性アルミナであることがわかった。これは，界面に連続的に存在するカーボン層が選択的に外部応力を吸収することで，変形量が大きくなるためであると考えられる。②インデンテーション法により表面破壊抵抗（破壊エネルギー）を測定したところ，カーボン層が亀裂進展を妨げる効果により高靭化し，緻密なアルミナの20倍以上高くなっていた。③カーボン連続層がアルミナマトリックス中に導電回路として存在するため，わずか1 vol%のカーボン添加でさえも通電可能（0.2 Ωm）であった。④上記の特性を示しながらも，緻密体との曲げ強度比で70%程度の機械強度を有していた。これらの実験結果からも，カーボン層がアルミナマトリックス内に連続的に存在していることが示唆される。このように，集積複合コアシェル粒子を精密に設計することで複合材料の微構造を任意に制御することができることがわかった。

4　交互積層コアシェル粒子を利用した燃料電池固体電解質用プロトン伝導体の作製

近年，ナノ粒子の分散やナノ薄膜の積層によってもたらされる異種物質間のヘテロ界面において，イオン伝導性が飛躍的に高められる「ナノイオニクス現象」が報告され，新規イオン伝導体の設計においてもナノ粒子やナノ薄膜の「表面・界面」に強い関心がもたれている[11]。ナノ粒子の分散やナノ薄膜の積層によってもたらされる異種物質間のヘテロ界面において，界面歪みによる格子の変形や空間電荷層によるキャリアの増加，もしくはバンド構造の変化等の影響によりイオン伝導性や誘電性が大きく変化することが明らかになってきた。このようなヘテロ界面効果はナノメートルスケールに特徴的な現象であり，従来の固体電解質の作製方法では，ヘテロ界面の効果を最大限に生かした材料の設計・開発を行うことは困難である。

そこで筆者らは，燃料電池用プロトン伝導体として応用可能な新規材料を交互積層コアシェル粒子を利用して開発した。図5に粒子の表面修飾によるプロトン伝導性材料の設計コンセプトを示す。塑性変形しやすく圧着可能な $PhSiO_{3/2}$ 微粒子[12]をコアに用いて，プロトン伝導体（負に帯電）をカチオン性高分子電解質を介して積層し，プロトン伝導層を形成する。その上で，得られた修飾粒子を稠密配列・集積させ，粒子間の圧着もしくは融着を利用してモノリス化することでシート状の粒子集積体とする。粒子表面のプロトン伝導層を圧着により連続相とすることで，高いプロトン伝導性が実現すると期待される。またコア粒子材料を選択することによって，粒子集積膜の耐熱性・化学的耐久性および機械的強度を高められるほか，ガス透過や膨潤の抑制が可能である。このコンセプトをもとに実際に $PhSiO_{3/2}$ 粒子をコアに用いて，ポリカチオンとプロトン伝導体の超薄膜が交互に堆積された，ヘテロ界面構造を有するプロトン伝導性コアシェル粒

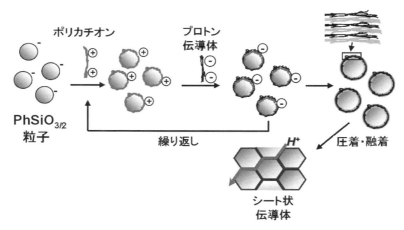

図5　交互積層法によるプロトン伝導性超薄膜の積層

子を作製した。プロトン伝導体には，Nafion もしくはリンタングステン酸（$H_3PW_{12}O_{40}$）を用いた[13~15]。$PhSiO_{3/2}$ 粒子表面は負に帯電している。ゼータ電位測定結果より，$PhSiO_{3/2}$ 粒子を PDDA および Nafion 溶液に交互に分散させると，粒子の表面電荷がそれぞれの積層過程に対応して逐次反転している様子が観測された。プロトン伝導層にリンタングステン酸を用いた場合にも，Nafion の場合と同様に電荷の反転が観測された。粒子を加圧融着させて作製した集積膜の導電率と成形圧力の関係を測定したところ，集積膜の密度は成形圧力の上昇に伴い増加し，およそ 40 MPa 以上の圧力で一定となった。密度と同様に，成形圧力の上昇に伴い集積膜の導電率は高くなる傾向を示した。Nafion 層およびリンタングステン酸を積層した粒子を用いて作製した集積膜の導電率の温度変化を測定したところ，コア粒子のみの集積膜の値（10^{-9} S/cm 以下）と比較しておよそ 4~5 桁程度向上した。集積膜中に含まれる Nafion もしくはリンタングステン酸の量はいずれも 10 vol% 以下であると見積もられた。

　以上の結果は，粒子界面に濃縮されたプロトン伝導性層が圧着により連続相となることで，プロトン伝導経路として機能していることを示唆しており，極めて少ないプロトン伝導体を用いて伝導パスの形成が可能であることも明らかとなった。さらに，この集積膜を電解質に用いて燃料電池を試作し，水素および空気を用いて発電可能であることを確認した（80℃において開回路電圧：1.0 V，最大出力 2 mW cm^{-2} 程度）。出力はまだ小さいものの，ナノ厚みのプロトン伝導体を電解質に用いた燃料電池が発電可能であることが示された。

5　外部刺激に応答して内包物を放出する中空カプセル

　中空カプセルの応用の一つとして，その内部に様々な物質を封入して必要な際にこれを放出させる機能が期待されている。これは例えば，医薬品分野では，薬物を目的の患部等に運搬するドラッグ・デリバリー・システム（DDS）などで要求される機能である。運搬体としての中空カプセルに求められる特性としては，長期間にわたる構造の安定性，高い内包容量，そして外部刺激に対する高い応答性があげられる[8]。交互積層法は，これらの特性を有した中空カプセルを合成するのに適した手法である。筆者らは，外部刺激に応答し内包物を放出する機能を有する中空カプセルを機能性無機酸化物の特性を利用して開発した。

　まず，高分子電解質からなる中空カプセルにゾル－ゲル法によって TiO_2 を含む無機層を複合化して，紫外線に応答し内包物を放出する機能を有する新規な中空カプセルを開発した（図6）[16]。半導体である TiO_2 はアナターゼ型の場合，そのバンドギャップは 3.2 eV であり，それに対応した紫外線を吸収することで光触媒特性を発現し，有機物質などを分解することが知られている。したがって，交互積層法で作製した高分子電解質からなる中空カプセルに TiO_2 を固定することで，紫外線を照射するとそれに応答して開裂する中空カプセルが得られる（図4）。PSS と PDDA の交互積層膜からなる中空カプセルを合成し，これにシリコンおよびチタンのアルコキシドを用いて，ゾル－ゲル法によって SiO_2 または SiO_2-TiO_2 のセラミックス薄層を高分子電解質のカプセル上に形成させた。

　中空カプセルの形成は電子顕微鏡観察によって確認でき，コア粒子のサイズを反映したカプセ

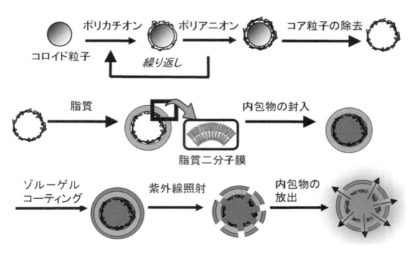

図6　紫外線応答性ハイブリッドカプセルの作製プロセス

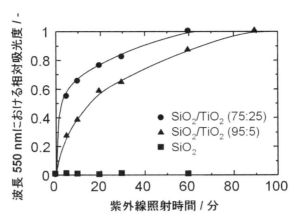

図 7　高分子電解質／脂質二分子膜／無機酸化物ハイブリッ
　　　ド中空カプセルにフェノールレッドを内包させ，紫外
　　　光照射を行った場合の内包物放出挙動

ルが得られていることが確認された。得られた中空カプセルに紫外光を照射し，カプセル構造への影響を電子顕微鏡観察によって検討した。無機層が SiO_2 のみからなるカプセルでは，長時間の紫外線照射を行っても構造に変化は認められなかった。一方，無機層が SiO_2-TiO_2 からなるカプセルでは数分の紫外線照射で，カプセル殻に亀裂が生じ始め，長時間の照射後では，粒子形状が失われていることが電子顕微鏡観察で確認された[16]。これは，カプセルの殻部分を形成している有機層の高分子電解質膜が紫外光照射による TiO_2 の光触媒効果で分解されることで，カプセルの開裂を引き起こしていると考えられる。つまり，紫外線に応答しカプセル殻が開裂することで，カプセルに封入された内包物を放出するポテンシャルを有しているといえる。

　そこで，標識物質として色素であるフェノールレッドを用いて，カプセル内部に内包させ，紫外光照射に対する内包物放出特性の測定を行った。この際，色素の自然漏出の防止のために脂質二分子膜もカプセルに複合化した。図 7 に示すように，無機層が SiO_2 のみからなるカプセルにおいては，1 時間紫外光照射を行ってもフェノールレッドの漏出は認められなかった。一方 SiO_2-TiO_2 を用いた場合，紫外光照射によりカプセル外への色素の放出を示す最大吸収波長 550 nm における吸収が現れ，紫外光照射による膜の開裂によって内包物を放出していることが示唆された。また，この吸光度は最初の 5 分間で急激に増大しており，このカプセルがすばやい応答特性を有していることが明らかになった。また，この応答挙動は，照射する紫外光の照度，あるいは SiO_2-TiO_2 の組成によって変化することも分かった。すなわち，無機成分の TiO_2 の割合が多くなれば，より弱い照度の紫外光でも内包物を放出し，逆に TiO_2 の割合が少なくなれば，内包物の放出にはより強い照度の紫外光の照射や，長時間の照射が必要になる。さらに，応答挙動は有

機層である高分子電解質の積層数を増やし，その厚みを変化させることでも違ってくるものと考えられる。

　外部刺激応答性カプセルの一例として，ここまで TiO_2 を用いた紫外線応答性カプセルについて述べてきたが，この場合，中空カプセルの重要な応用分野の1つである DDS においては大きな問題点がある。DDS では内包物，つまり，薬物が放出されるのは癌などそれぞれの疾病の患部となるので，多くの場合は体内深部となる。ここで，内包物を放出するトリガーとしての紫外線は人体の組織に対する透過性が低いだけでなく，侵襲性が高く生体組織を傷つけてしまう恐れがあり，DDS としての応用においてはその適用範囲が外用薬などごく一部に限定されてしまう。そのために，DDS への応用を視野に入れる場合，紫外線とは異なる外部場を用いなければならない。

　ここで筆者らが注目したのは磁場である。磁場は人体など生体組織に対する透過性が高く，一方で侵襲性が低いとされている。実際に，癌の温熱療法の一つに磁性粒子に交流磁場が印加されると発熱する現象を利用し，熱に弱い癌細胞を死滅させるものがあり，すでに臨床段階まで研究が進んでいる。筆者らは，この磁性粒子の交流磁場中での発熱現象を利用した磁場応答性カプセルの開発を行った[17, 18]。ここで，カプセルのシェル部位には，磁性を有する酸化物として Fe_3O_4 を用い，さらに脂質二分子膜を組み込んだ。脂質二分子膜は生物の細胞膜の基本構成物であり，物質の透過性を制御する役割がある。脂質二分子膜の物質透過性が大きく変化する現象として，ゲル―液晶相転移が知られている。低温域の膜の流動性が低いゲル状態では，イオンや分子は脂質膜をほとんど透過することができないが，相転移温度以上になって膜が液晶状態となり，流動性が高くなると脂質膜の物質透過性は飛躍的に向上する。すなわち，カプセルのシェルに磁性体である Fe_3O_4 粒子と脂質二分子膜を組み込みと，交流磁場印加による Fe_3O_4 粒子の発熱によって脂質膜がゲル状態から液晶状態に相転移することで，シェルの物質透過性が向上し，内包物が外部に放出されるものと考えられる。高分子電解質多層膜表面に水溶液プロセスによって Fe_3O_4 ナノ粒子を析出させ，これにさらにカチオン性の人工脂質であるジメチルジオクタデシルアンモニウムブロミドの二分子膜をコーティングした中空カプセルを作製した。これに，フェノールレッドを内包して，その放出特性の実験を行った。

　図8には，交流磁場を印加によるカプセルからの内包物放出特性の結果を示している。磁場を印加していないサンプルにおいては，カプセルからのフェノールレッドの漏出が起こっていないことがわかる。一方，交流磁場を印加すると，色素の放出を示す極大吸収波長 550 nm における吸光度の増大が確認された。ここでカプセル分散液の温度を測定すると，交流磁場印加前ではジメチルジオクタデシルアンモニウムブロミドの二分子膜の相転移温度である 40℃ 以下であったのが，交流磁場印加後ではそれを上回る温度に上昇していた。したがって，色素の放出は，交流磁場印加による Fe_3O_4 粒子の発熱によって，脂質膜が相転移してカプセルのシェルの物質透過

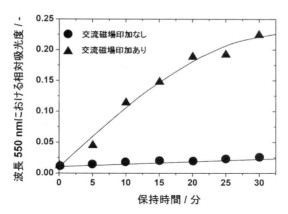

図8　Fe₃O₄/脂質二分子膜複合カプセルからのフェノール
レッドの交流磁場印加による放出挙動

性が向上し，内包されていた色素が放出されることが確認された。

6　イオン液体内包カプセルを利用した高感度センサ

　イオン液体は陽イオンと陰イオンのみから成り，「塩」であるにも関わらず常温で液体である物質群である。水や汎用有機溶媒と異なり，高極性・不揮発性・不燃性・高イオン伝導性・電気分解耐性・高屈折率などの特徴を有しており，この10年ほどの間に急速に研究領域が広がっている[19, 20]。しかし，一方で液体であるため，実際の使用に際しては漏洩などの問題も予想される。そのため，高分子とイオン液体の組み合わせにより固体化する方法も提案されている[21]。ここで中空カプセルの内部にイオン液体を，その機能を損なうことなく閉じ込めることができれば，取り扱いが固体のように容易になるために様々な用途に利用できると考えられる。

　そこで，中空カプセルの内部にプロトン伝導性のイオン液体を内包・固定化したコアシェル粒子の作製を検討し，得られたカプセルをアンモニアガスセンサへ適用した。イオン液体はトリメチルアミンとリン酸からなるものを利用した。先に述べた高分子電解質と脂質二分子膜からなる中空カプセルをイオン液体に分散させることで，イオン液体を内包したカプセルを作製した。電子顕微鏡観察によってコア粒子のサイズを反映したイオン液体内包カプセルが得られていることを確認した。

　得られたイオン液体内包カプセルを利用して，極性分子を高感度に検出するセンサの作製を試みた（図9）。1組のグラッシーカーボン電極（φ3 mm）①と②を用意して，①は白金粒子，もう一方の②はイオン液体内包カプセルで修飾した。測定にはインピーダンスアナライザを用いた

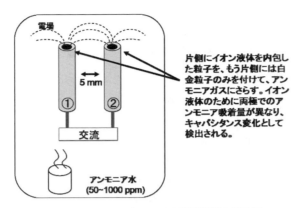

図9　アンモニアガスセンサ特性評価の概略図
（測定セル体積：～60 mL，アンモニア水量：10 mL）

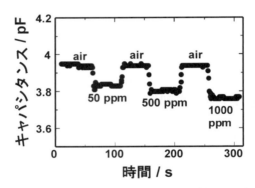

図10　各濃度のアンモニア水溶液および空気雰囲気
に暴露したときの検出キャパシタの時間変化

（測定周波数：100 kHz）。印加電圧は1 Vとした。空気雰囲気からアンモニアガス中に暴露した
ときのキャパシタンスの変化量を図10に，また，アンモニア水溶液濃度に対してプロットした
ものを図11に示す。アンモニアガスに曝されると瞬時にキャパシタンスの変化する様子が観測
された。ここで示した濃度は，アンモニア水溶液の濃度であり，気化して測定セルに充満してい
るアンモニアガスの濃度はそれよりさらに低いと考えられる。アンモニア濃度の対数値とキャパ
シタンスの変化量（空気→アンモニア雰囲気のキャパシタンス変化量）の間に良好な直線関係が
見られ，50～1000 ppmの広い濃度範囲のアンモニア水溶液から気化しているアンモニアガスを
迅速に検出可能であった。

　イオン液体内包カプセル表面にさらに白金粒子を積層したものでは，キャパシタンス変化量が
大きくなり，検出感度の向上することもわかった。一方で，グラッシーカーボン電極①と②の両

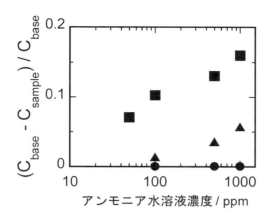

図11　アンモニア水溶液の濃度とキャパシタンス
　　　変化量の関係
（●：イオン液体無しカプセル，▲：イオン液体
内包カプセル，■：表面に白金粒子を積層したイ
オン液体内包カプセル）

方に白金粒子のみを吸着させた場合やイオン液体を内包していない粒子を用いたものには，アンモニアガス暴露によるキャパシタンス変化は観測されなかった。以上の結果より，図9のように片側のみをイオン液体内包カプセルで修飾することで，イオン液体の極性のために二つのグラッシーカーボン電極間でアンモニア分子の吸着量に差が生じ，交流電圧を印加した際にキャパシタンス変化として検出されているものと考えられる。この検出方法では，2つの電極間距離（ここでは5 mm）および測定周波数などによってもキャパシタンスが変化することに注意を要する。センサ応答メカニズムの詳細については現在調査中であるが，積層構造や内包するイオン液体の種類を変えることでアンモニアガス以外にも様々な極性分子を高感度に検出可能であると考えられ，検知ガスの選択性および検出速度の向上についても現在検討している。

7　おわりに

　本章においては，交互積層法によるコアシェル粒子ならびに中空カプセルの作製とそれを応用した機能性材料について，筆者らの研究を中心に紹介した。交互積層法では，静電相互作用を駆動力とした自己組織化現象を利用しているため，コアシェル粒子，中空カプセル，さらにはそれらを集積化した複合材料のナノ構造ならびにナノ界面の制御を容易に行うことが可能である。また，様々な分子やナノ粒子などを出発原料として用いることが可能であり，コアシェル粒子を様々な物質の機能を融合した高機能材料とすることが可能である。さらには，大型あるいは特殊な装置を必要としないことから，多様なスケールでの合成が可能であり，工業化においても数多

くのメリットが存在する。今後はより分子設計を伴うような精緻な材料設計を行うことで，これまでよりも幅広い分野において，様々な機能を有したコアシェル粒子や中空カプセル材料が交互積層法の特徴を活かして生み出されていくことが期待される。

文　　　献

1) R. K. Iler, *J. Colloid Interface Sci.*, **21**, 569 (1966)

2) G. Decher and J.-D. Hong, *Ber. Bunsen-Ges. Phys. Chem.*, **95**, 1430 (1991)

3) 有賀克彦，国武豊喜，超分子化学への展開，岩波書店 (2000)

4) S. W. Keller, S. A. Johnson, E. S. Brigham, E. H. Yonemoto, and T. E. Mallouk, *J. Am. Chem. Soc.*, **117**, 12879 (1995)

5) F. Caruso, E. Donath, and H. Möhwald, *J. Phys. Chem. B*, **102**, 2011 (1998)

6) F. Caruso, R. A. Caruso, and H. Möhwald, *Science*, **282**, 1111 (1998)

7) F. Caruso, *Adv. Mater.*, **13**, 11 (2001)

8) F. Caruso, ed., Colloids and Colloid Assemblies, Wiley-VCH, Weinheim (2004)

9) 武藤浩行，ケミカルエンジニアリング，**54**, 619 (2009)

10) 武藤浩行，大幸裕介，片桐清文，松田厚範，逆井基次，セラミック複合粒子の製造方法および機能性セラミック複合材料，特願 2008-235772

11) 山口周監修，ナノイオニクス—最新技術とその展望—，シーエムシー出版 (2008)

12) K. Katagiri, K. Hasegawa, A. Matsuda, M. Tatsumisago, and T. Minami, *J. Am. Ceram. Soc.*, **81**, 2501 (1998)

13) Y. Daiko, H. Sakamoto, K. Katagiri, H. Muto, M. Sakai, and A. Matsuda, *J. Electrochem. Soc.*, **155**, B479 (2008)

14) Y. Daiko, K. Katagiri, K. Shimoike, M. Sakai, and A. Matsuda, *Solid State Ionics*, **178**, 621 (2007)

15) Y. Daiko, S. Sakakibara, H. Sakamoto, K. Katagiri, H. Muto, M. Sakai, and A. Matsuda, *J. Am. Ceram. Soc.*, **92**, S185 (2009)

16) K. Katagiri, K. Koumoto, S. Iseya, M. Sakai, A. Matsuda, and F. Caruso, *Chem. Mater.*, **21**, 195 (2009)

17) M. Nakamura, K. Katagiri, K. Koumoto, *J. Colloid Interface Sci.*, **341**, 6 (2010)

18) K. Katagiri, M. Nakamura, K. Koumoto, *ACS Appl. Mater. Interface*, **2**, 768 (2010)

19) 大野弘幸監修，イオン液体 II—驚異的な進歩と多彩な近未来—，シーエムシー出版 (2006)

20) T. Welton, *Chem. Rev.*, **99**, 2071 (1999)

21) M. A. B. H. Susan, T. Kaneko, A. Noda, and M. Watanabe, *J. Am. Chem. Soc.*, **127**, 4976 (2005)

第2章　界面反応法によるシェル層の構造制御

田中眞人*

1　はじめに

シェル層は，複合微粒子の粒子外表面を形成する層で，いわゆるコアシェル構造を構築するものであるが，一方では，複合微粒子の範疇に入るナノ・マイクロカプセルにおけるモノコアタイプのシェルでもある。

このシェル層の厚さや構造は，複合微粒子の調製条件（重合法，分裂法，攪拌条件など）により強く支配されることから，容易に制御できる。

本章では以下に複合微粒子のシェル構造の重合法による制御法について説明する。

2　界面重縮合法

界面重縮合法による複合微粒子の代表的な調製法のモデル図を図1に示す[1]。すなわち，連続水相に，内包物質と油溶性反応物質Aが溶解している分散油相を注入して目的の大きさの液滴となるように機械的エネルギー（例えば攪拌操作，超音波照射など）を負荷することによりO/W分散系を調製する。その後，連続水相に水溶性反応物質Bを注入することにより油／水界面においておこる反応物質Aと反応物質Bとの界面重縮合反応の生成物がシェルを形成することになる。

米本らは[2]，ポリウレアシェルの生長過程をモデル化し，操作条件によって異なるシェル厚の経時変化を算出した。そして油相としてシクロヘキサンを，油溶性反応物質としてヘキサメチレンジイソシアネート（HMDI）を，水溶性反応物質としてジエチレンテトラアミン（DETA）をそれぞれ採用してマイクロカプセルを生成し，シェル厚の経時変化の計算値が実測値によく適合することを報告した。その結果を図2と図3にそれぞれ示した。図2は，反応物質のモル比R＝[HMDI]/[DETA]を変えてマイクロカプセルを調製しても，シェル厚は限定成分（DETA）の濃度（n_B）によって決まることを示している。図3は，反応物質の濃度が一定の場合（$n_3 = 6.0 \times 10^{-4}$ mol, R＝1.25），油滴の大きさ（最終的にはマイクロカプセル径となる）によってシェル

＊　Masato Tanaka　新潟大学　自然科学系　フェロー（客員教授）

コアシェル微粒子の設計・合成技術・応用の展開

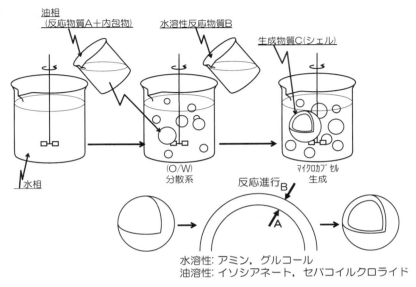

図1　界面重縮合法のモデル図

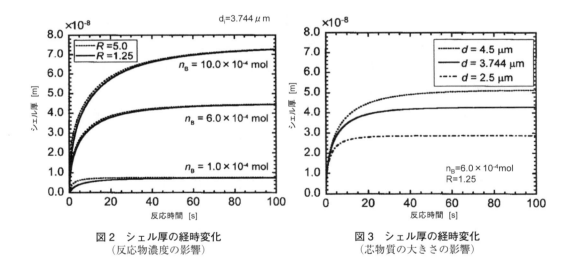

図2　シェル厚の経時変化
（反応物濃度の影響）

図3　シェル厚の経時変化
（芯物質の大きさの影響）

厚の成長が異なることを示している。すなわち，シェル成長初期領域では，反応物質の濃度が高いために反応速度律速となることから，油滴径によるシェル成長に相違は観察されないが，反応時間とともに油滴径が大きいほどシェル厚の成長が速くなっている。これは，同一の分散相体積分率（ホールドアップ）においては，油滴が大きいほど単位体積当りの界面積が減少することに

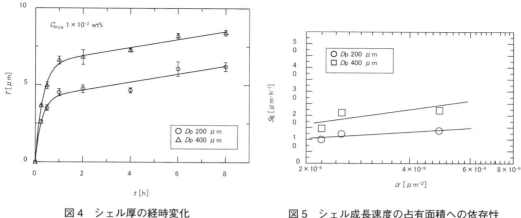

図 4　シェル厚の経時変化
（液滴径の影響）

図 5　シェル成長速度の占有面積への依存性

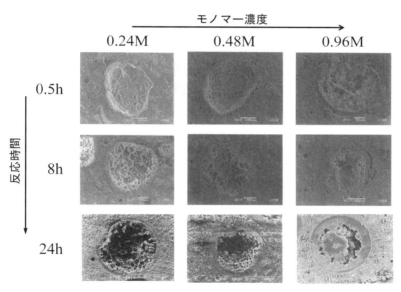

図 6　シェル層の断面観察

よる界面積当りの濃度が増すことによる。

　田中らも[3]，リモネンを油相（内包物質）としたポリウレアマイクロカプセルを調製し，シェルの成長過程（図 4）と，分散安定剤（ポリビニルアルコール：PVA）の吸着量のシェル戒長に及ぼす影響を調べた（図 5）。初期領域では，油滴径の影響はないものの油滴径が大きいほど，シェル成長速度が速くなっている。また，PVA の吸着量が増えるほど，すなわち PVA の 1 分子当りの吸着占有面積が減少するほど，反応物質の拡散が抑制されるために，シェル成長速度

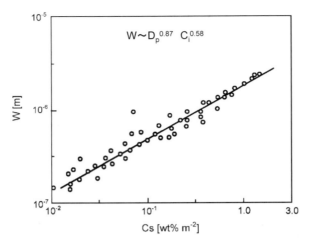

図7　シェル厚の滴径と分散安定剤濃度への依存性

（Sg）が減少している。

　図6に，モノマー濃度と反応時間により変化するシェル厚と内部構造の変化の観察結果（SEM写真）を示した。モノマー濃度が濃いほど，また反応時間が長くなるほどシェル厚が増していることがわかる。これらの結果から，シェル厚の油滴径および分散安定剤濃度への依存性として図7に示すような関係式（$W \sim D_p^{0.87} C_i^{0.58}$）を求めた。このように，界面重縮合法により形成される複合微粒子はコアシェル構造となり，シェルの厚さは，限定成分濃度，油滴径（芯物質），分散安定剤濃度などによって制御できる。

3　液滴合一法

　ここでの液滴合一法は，反応物質Aとその他の物質からなる液滴の表面に反応物質Bの液滴を合一させることにより，前者の液滴の全体を，あるいは前者の液滴表面にシェルを形成するような方法である。このようなメカニズムによってシェルを形成する反応は多くあるが，図8にセルロース水溶液からなる水滴に，セルロースのゲル化剤であるタンニン酸の水溶液からなる液滴を合一させてシェルを形成するときのフローチャートとモデル図を示した[4]。すなわち，内包物質（グルタミン：Gln）（親水性物質（S）＋レシチン（O））の油相（S/O）をメチルセルロース（MC）水溶液に添加混合することにより，（S/O）/W分散系を調製する。この分散系を，レシチンを溶解してあるコーン油中に添加混合することにより，（S/O）/W/O分散系を調製する。そしてこの分散系に，タンニン酸（TA）の水溶液を注入して液滴化し，（S/O）/W滴と合一させてMCをゲル化することにより，内包物質（S/O）を包含したメチルセルロースのシェルを形成す

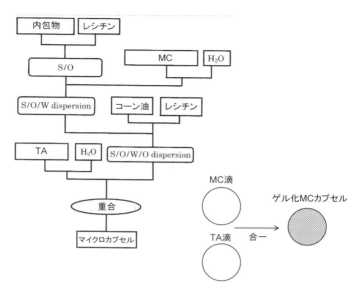

図 8　液滴合一法による調製フローチャート

るものである。

　図 9 に，この方法により調製したマイクロカプセルの全体像と断面の観察結果を示した。断面図から，明確なシェルを形成していることが分かる。

　図 10 に，マイクロカプセル径（シェル厚）の MC 濃度（C_{MC}）への依存性を示した。同一の内包物量においても，マイクロカプセル径は MC 濃度とともに増加していることから，シェル厚が増していることがわかる。

　同様な方法によるキトサン微粒子の調製のモデル図を図 11 に示した[5]。ここでは，キトサン

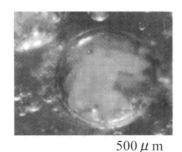

500 μm

重合前
MC 2.0wt%
内包物 2.5g

500 μm

重合後
MC 2.0wt%
内包物 2.5g

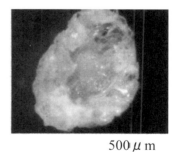

500 μm

断面
MC 2.0wt%
内包物 2.5g

図 9　マイクロカプセルの顕微鏡写真

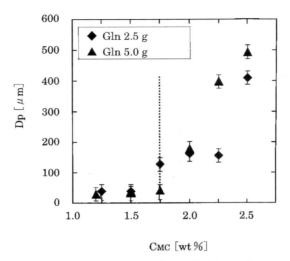

図10　マイクロカプセル平均径に及ぼす MC 濃度

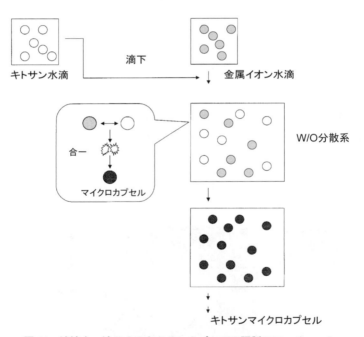

図11　液滴合一法によるキトサンカプセルの調製フローチャート

水溶液と金属イオン水溶液からなる2種類の液滴を合一させてキトサンをキレート化してキトサン微粒子を調製するものである。具体的には，硫酸銅水溶液を，レシチンを溶解した植物油中に分散させて (W/O)$_1$ エマルションを調製する。一方，0.3 M 酢酸水溶液にキトサンを溶解（3

wt%）させて植物油に分散させて（W/O）$_2$ エマルションを調製する。（W/O）$_1$ エマルションを（W/O）$_2$ エマルションに注入することにより，両水溶液滴が合一することによりキトサンがキレート化されてキトサン微粒子が生成される。このようなメカニズムによる微粒子調製においては，キレート化反応が遅い場合には，両液滴が合一してから均一溶液となるので多孔質型となり，キレート化反応が速い場合には中空型となる。キトサン溶液に内包物を分散あるいは溶解しておくことにより，マトリックス中に内包物が分散したような構造となる（内部分散型複合微粒子）。

4　シード重合法

シード重合により，重合条件とシェル構造との関係を議論した報告例として，Lee の報告[6] がある。すなわち，ポリメタクリル酸メチル（PMMA）シード微粒子とポリスチレンシード微粒子（PS）をそれぞれソープフリー重合により調製する。その後は，PMMA シード粒子の分散水溶液にスチレン（st）の所定量を注入して昇温・撹拌することによりシード粒子はモノマーを吸収し膨潤する。それから重合開始剤（K$_2$S$_2$O$_8$）を添加してソープフリーシード重合を開始すると，複合微粒子（PMMA/PS）が調製される。一方，PS シード粒子に対しても，MMA モノマーを注入して同様にソープフリーシード重合を実施すると複合微粒子（PS/PMMA）が調製される。以下，順次 PMMA/PS/PMMA，PS/PMMA/PS の構造の複合微粒子が調製される。

図 12 に，(a) PMMA シード粒子，(b) PMMA/PS 複合微粒子，(c) PMMA/PS/PMMA 複合微粒子，(d) PMMA/PS/PMMA/PS 複合微粒子の TEM 写真を示した。Lee らは，添加モノマーと

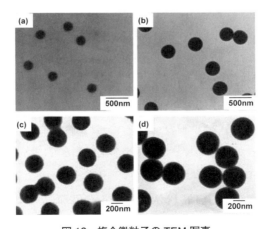

図 12　複合微粒子の TEM 写真
(a) PMMA シード粒子，(b) PMMA/PS 複合粒子，
(c) PMMA/PS/PMMA 複合粒子，(d) PMMA/PS/
PMMA/PS 複合粒子

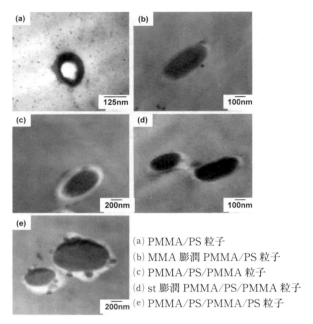

(a) PMMA/PS 粒子
(b) MMA 膨潤 PMMA/PS 粒子
(c) PMMA/PS/PMMA 粒子
(d) st 膨潤 PMMA/PS/PMMA 粒子
(e) PMMA/PS/PMMA/PS 粒子

図13　複合微粒子の TEM 写真

シード粒子の粒子径から算出した複合微粒子の径が実験結果と良く一致したことから，多段階の
ソープフリーシード乳化重合においては，第二の核発生はなく，シード粒子内のみで進行すると
報告している。

　図13に，複合微粒子の断面の TEM 写真を示した。(a)は PMMA/PS 粒子，(b)は MMA モノ
マーで膨潤した PMMA/PS 粒子，(c)は PMMA/PS/PMMA 粒子，(d)は st モノマーで膨潤した
PMMA/PS/PMMA 粒子，(e)は PMMA/PS/PMMA/PS 粒子である。いずれの複合微粒子もコ
アシェル構造となっている。このコアシェル構造は以下のように図14に示されるような反応メ
カニズムにより形成されると説明している。

　PMMA シード粒子懸濁液に注入された st モノマーについては，一部はシード粒子に吸収され
てシード粒子中心へと拡散していき，他の st モノマーは液滴状態で分散する。PMMA シード粒
子内へと膨潤拡散していった st モノマーは，重合の進行とともに粒子表面へと移行する。連続
水相中に分散している st モノマー滴は，PMMA シード粒子表面へと拡散し，粒子表面で重合す
る。このように添加した st モノマーは，PMMA シード粒子表面でシェルを形成することになる。
このような反応メカニズムは，（PMMA/st）および（PS/st）と水との界面張力が前著の場合若
かに大きいが，st の拡散が速いために，PS/st 溶液がシード粒子中心へ拡散することなくシード
粒子表面で重合しシェルを形成する。

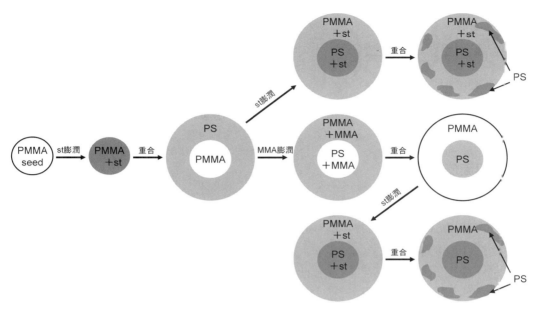

図14　複合微粒子（PMMA シード粒子）生成メカニズム

　PMMA/PS/PMMA 複合微粒子調製については以下のようである。PMMA/PS シード粒子懸濁系に添加された MMA モノマーは，シード粒子内で，PMMA/MMA と PS/MMA 領域を形成する。PMMA/MMA と水との界面張力は，PS/MMA と水との界面張力より小さいので，PS/MMA はシェル領域からコア領域へと拡散する。一方，PMMA/MMA はコア領域からシェル領域へと拡散する。ここで，$K_2S_2O_8$ が添加され，$SO_4{}^-$ 基が PMMA/PS 粒子表面に吸着すると，MMA の重合が開始され PMMA/PS/PMMA 複合微粒子が生成される。

　PMMA/PS/PMMA/PS 複合微粒子は，PMMA/PS/PMMA シード粒子懸濁系に MMA モノマーを注入し，膨潤させると，粒子内に PMMA/MMA 領域と PS/MMA 領域が形成され　st モノマーの拡散が速いので st モノマーはシェルを形成し，PMMA/PS/PMMA/PS 複合微粒子が生成される。

　2 段階目の反応により生成される複合微粒子（PMMA/PS）のモルホロジーは反応速度によって，また，3 段階目と 4 段階目の反応により生成される複合微粒子，（PMMA/PS/PMMA，PMMA/PS/PMMA/PS）のモルホロジーは，反応速度と熱力学的要因により支配されるとしている。また，PS 粒子をシード粒子とした複合微粒子（PS/PMMA，PS/PMMA/PS）についても，図15 に示すようなメカニズムにより生成されるとしている。

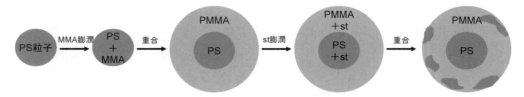

図15　複合粒子（PS シード粒子）調製メカニズム

5　界面反応法

　ここでの界面反応法は，図16[7]に示すようにコア材全体が反応物 A からなる粒子であったり，あるいは反応物 A を含む混合物（あるいは溶液）の粒子であり，この反応物 A が反応物 B とコア材粒子表面で反応することによりシェルを形成するようなメカニズムを想定している。このような反応メカニズムによるシェルの形成は，反応 A＋B が速い場合に起こりうることから，明確なコアシェル構造が構築される。

　図17は，エポキシ樹脂の硬化促進剤である水溶性イミダゾールの粉末粒子表面を，エポキシ樹脂をゲル化してシェルを形成するときのモデル図である。また，図18は，光学顕微鏡によるコアシェル構造の観察結果を示す。良好なシェルが形成されているが，この厚さは，図19に示すように反応時間とともに増加している。マイクロカプセル径はほぼ一定であることから，エポキシ樹脂は，ゲル化したエポキシ樹脂シェルを膨潤し，反応界面がイミダゾール粒子内部へと進んでいくことになる。界面反応法によるシェル形成としては，

$$Na_2SiO_3 + CaCl_2 \rightarrow CaSiO_3 + NaCl$$

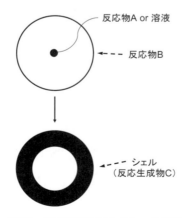

図16　界面反応法によるシェル形成

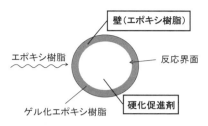

図 17　エポキシ樹脂による硬化促進剤の
カプセル化

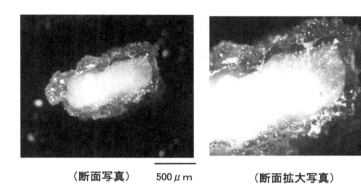

（断面写真）　　500μm　　（断面拡大写真）

図 18　コアシェル構造の観察

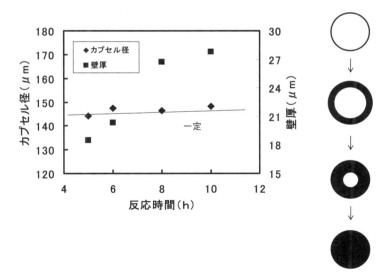

図 19　シェル厚の成長

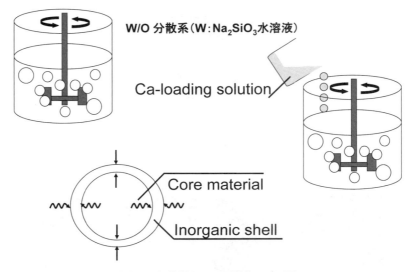

図 20　無機質シェルの形成モデル図

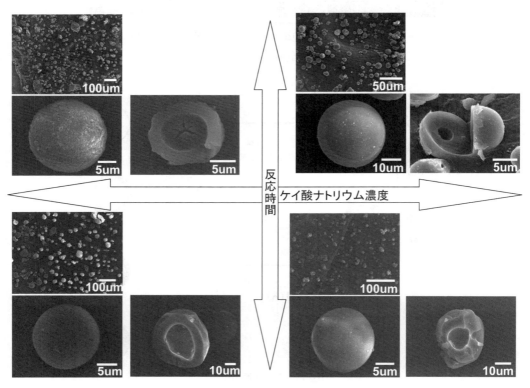

図 21　シェルの成長

の反応に従って生成する $CaSiO_3$ シェルがある。これは図20に示すような相形態を利用するものである。すなわち，Na_2SiO_3 水溶液を分散相として連続油相中に液滴として分散させる。その後，油相中に Ca^{2+} イオンを注入するか，あるいは，Ca^{2+} イオン水溶液を添加することにより，Ca^{2+} イオンが油相中を拡散して分散液滴表面で Na^+ イオンとイオン交換して $CaSiO_3$ を生成しシェルを形成する。図21に示すように，コアシェル型構造となり，シェル厚は反応物濃度が増すにつれて厚くなる。

文　　　献

1)　田中眞人，ナノ・マイクロカプセル調製のキーポイント，テクノシステム（2008）
2)　T. Yonemoto *et al.*, *J. Chem. Eng. Japan*, **34**, 1506（2001）
3)　M. Tanaka *et al.*, *J. Chem. Eng. Japan*, **38**, 45（2005）
4)　田中眞人ら，日本食品科学工学会，**52**, 406（2005）
5)　K. Kofuji *et al.*, *React. Funct. Polymers*, **62**, 77（2005）
6)　C. Lee, *Colloid Polym. Sci.*, **280**, 116（2002）
7)　田中眞人ら，日本接着学会誌，**42**, 272（2006）

第3章　粉体存在下の重合反応を利用した ポリマーコーティング微粒子の合成

長谷川政裕*

1　はじめに

　先端技術を支えているのはまさに材料であるが，近年特にその材料に対して要求される物性や機能性がますます多様化・複雑化してきている。このような要求に対応可能な材料は，複数の素材を空間的にもあるいは構造的にも精密に制御された複合材料しかない。中でも無機粉体と高分子ポリマーの組み合わせは，これまで蓄積されてきた膨大な材料技術とその組み合わせの豊富さからその期待は大きい。

　無機粉体を高分子ポリマーでコーティングしたコアシェル構造の微粒子の合成は，微粉体の表面改質技術としてばかりでなく機能性材料として，これまでに数多くの方法が考案され利用されてきた。しかし，素材としての無機粉体はますます微細化しナノサイズ化の傾向にあり，これまでの方法では十分精密な機能性コアシェル微粒子の合成は困難になってきている。著者らは，無機物—ポリマーのコアシェル微粒子の合成法として無機微粉体存在下の重合反応を利用した新しい二つのポリマーコーティング法をこれまでに開発した。そのひとつは水系析出重合反応を利用したポリマーコーティングであり，この方法では基本的にナノサイズの微粉体も均一なポリマー被膜によるコーティングが可能な方法である。また，もう一つは粉砕操作で与えられるエネルギーを活用したメカノケミカル重合反応による方法である。ここでは，まず微粉体に対するいくつかのポリマーコーティング法について，それらの工程および方法の特徴を概説する。その後，著者が開発した新しい二つの微粒子のポリマーコーティング法を述べるとともに，その応用面も簡単に紹介する。なお，コーティングという表現は，粒子表面に単にある分子が付着，吸着している場合をも示すことがあるが，ここでは微粒子表面をほぼ均一厚さの層で完全に被覆する，いわゆるカプセル化とほぼ同じ意味を示すものである。機能性の付与としてコーティング技術をとらえた場合では，コーティング皮膜の厚さを制御する方法も重要なポイントになると思われる。

　＊　Masahiro Hasegawa　山形大学　大学院理工学研究科　物質化学工学分野　教授

2　微粒子のポリマーコーティング法の種類と特徴

コアとなる物質が固体粒子の場合のコーティング法は多いが[1, 2]，その中でも比較的応用例の多いものは次の5つの方法であると思われる。表1には，それらのコーティング法の主な工程を，また表2にはそれぞれのコーティング法の長所および短所を示した。

in situ 重合法は，工程が簡単で多くのモノマーの重合反応が利用でき，またコーティング皮膜の厚さの制御が可能であるため，核となる微粒子の保護には適した方法といえるが，湿式法のため乾燥などの操作が必要になる。*in situ* 重合法では液中への微粒子の分散状態がそのままコーティング状態となるため，分散状態を制御することが重要になる。しかし，このことは逆に液中の分散状態の制御によってサブミクロンサイズから数100 μm 程度の幅の広いサイズの微粒子のコーティングが可能であるともいえる。

コアセルベーション法は溶液からのポリマーの相分離を利用した方法で，水溶液および非水溶液いずれも利用できるため，適用可能なポリマーが豊富であり，現在最も広く応用されている方法である。しかし，他の方法に比べその工程はやや複雑であり，コーティング皮膜が多孔質になり易い。液中乾燥法もコアセルベーション法と同様にポリマーの種類により，溶媒として水溶液または非水溶液のいずれも利用可能であるが，溶剤の除去や回収にかなりの時間がかかる。コアセルベーション法および液中乾燥法共に，生成される粒子サイズは数 μm から数100 μm 程度の大きさで，そのほとんどが微粒子の凝集した状態の多核体粒子である。

表1　微粒子の主なポリマーコーティング法とその工程[1]

①*in situ* 重合法
液中に微粒子を分散 → 重合開始剤・モノマー添加 → 重合反応による皮膜形成
→ ろ過・乾燥

②コアセルベーション法
ポリマー溶液に微粒子を分散 → 相分離によるコアセルベート滴生成
→ コアセルベートのゲル化 → 皮膜の硬化 → ろ過・乾燥

③液中乾燥法
ポリマー溶液に微粒子を分散 → 複合エマルジョンの生成
→ 溶剤の抽出・乾燥による皮膜形成 → ろ過・乾燥

④スプレードライイング法
皮膜物質を含む被乾燥溶液に微粒子を分散
→ 熱気流中に被乾燥溶液を噴霧・乾燥により皮膜形成

⑤メカノケミカル法
核となる微粒子と皮膜物質の微粒子 → 高速気流中衝撃法による流動・混合
→ 粒子間の物理的あるいは化学的相互作用により皮膜形成

表2　微粒子のポリマーコーティング法の特徴

コーティング法	長　所	短　所
① in situ 重合法	・工程が簡単である ・皮膜厚さの制御が可能である ・特別の装置は不要である ・多くの重合反応を利用できる ・単核体が得られ易い	・微粒子と反応しないモノマーを選択しなければならない
②コアセルベーション法	・利用可能なポリマーが多い ・皮膜が多孔質になり易い	・工程が複雑である ・多核体（凝集体）が多い
③液中乾燥法	・利用可能なポリマーが多い ・特別の装置は不要である ・環境や条件の変化に敏感な物質に適している	・溶剤の除去回収にかなりの時間がかかる ・多核体（凝集体）が多い
④スプレードライイング法	・乾燥速度が大きい ・量産が可能である ・熱に敏感な物質に適する ・球形の粒子が得られる	・装置の柔軟性に乏しく，製品の物性を大幅に変化できない ・被乾燥溶液が限定される ・皮膜が多孔質になり易い
⑤メカノケミカル法	・粒子の組み合わせにより，種々の微粒子が得られる ・コーティング後直ちに製品化が可能である	・微粒子の物性に与える影響が不明である ・特別の装置が必要である

　スプレードライイング法は，固体粒子等の効率の良い乾燥法として発展したもので，乾燥速度が大きく連続操作が可能であることから，量産プロセスに適するなどの長所を有する。スプレードライイング法では，気中懸濁法と同様にコーティング皮膜は溶媒の蒸発により多孔質になり易い。しかし，多孔質のコーティング皮膜は医薬品等での適度な溶解あるいは反応性が要求される場合にはかえって好都合となる場合もある。ここで得られる粒子サイズは，一般に数 μm から数 mm 程度である。

　また，近年開発され注目を集めているメカノケミカル法は，粒子径の異なる粒子を乾式で混合し，機械的衝撃や摩擦によって小粒子で大粒子をコーティングするものであり，粒子の組み合わせにより多種多様のコーティング粒子が得られている。この方法では，粒子の組み合わせにサイズ以外の制限は特になく，またコーティング後に直ちに製品化が可能であるという長所を持つ。しかし，その反面大きな衝撃力が微粒子の物性に与える影響がまだ十分に明らかになっていないことや特別の装置が必要であることなどの短所をもっている。

　以上のように，目的に応じて様々なコーティング法が考案されており，それぞれ一長一短の特徴を持っているが，ナノサイズの超微粒子を含む種々の微粒子を積極的にコーティングし，その機能性を十分に具現させるためには，サイズや形状の異なる微粒子に適用可能であること，目的

に応じてコーティング皮膜厚さを制御可能なこと，さらには単核体が得られやすいことなどが重要なポイントとなる。これらのことを考慮すれば，最も効果的な方法となり得るのは，*in situ* 重合法であると考えられる。筆者が新たに開発した粉体存在下の重合反応を利用した二つの方法は，まさに *in situ* 重合法の範疇である。

3　水系析出重合反応を利用したポリマーコーティング

　水系析出重合反応は，図1に示すように，水を溶媒とした反応器にモノマーおよび開始剤を入れ適当に加熱すると，重合が進行して，写真のような単分散球形のポリマー粒子が多数生成される。写真はメタクリル酸メチル（MMA）モノマーと過硫酸カリウムの開始剤から合成したポリメタクリル酸メチル（PMMA）粒子である。なお，この重合反応機構は次のように考えられている[3]。まず，熱分解した開始ラジカルが水相中に溶解しているモノマー分子と反応して重合が開始する。水はポリマーの貧溶媒であるため，その後の成長反応によりポリマー鎖長が長くなると水相に溶解しきれなくなり重合反応のごく初期に析出し，モノマーで膨潤したポリマー粒子を形成する。以後は析出したポリマー粒子に水相からラジカルとモノマーが供給され，その粒子内で成長反応および停止反応を繰り返して重合が進行するというものである。

　山口らは，このような反応場に予め微粒子を分散あるいは懸濁させておくことによって，析出したポリマーで微粒子の表面をコーティング可能であることを見い出した[4, 5]。図2は，粒子径5～45 μm の硫酸バリウム存在下で MMA の水系析出重合反応を実際に行って得られた複合物の SEM 写真である。(A)(B)(C)は反応時間1時間後（ポリマー量2.5%）のものであり，(B)(C)は(A)を順次拡大して観察したものである。(E)の重合反応前の硫酸バリウムと比較しても明らかなよう

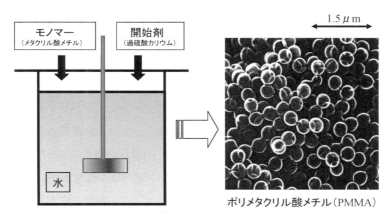

図1　水系析出重合反応

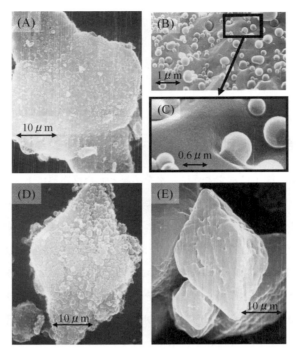

図2 BaSO₄-PMMA 複合物の SEM 写真（1）
(A)(B)(C)：反応時間　60分，(D)：180分，(E) オリジナル硫酸
バリウム

に，粒子表面には生成したポリマー粒子が多数付着しているのがわかる。さらに反応を進行させ，ほぼ重合が完了した反応時間3時間後（ポリマー量10％）の(D)では，ポリマーの付着していない部分も若干みられるが，粒子表面上にはポリマー粒子が密集して付着しているのがわかる。このように，粉体存在下の水系析出重合反応を利用して，ミクロンオーダーの微粒子を生成ポリマー粒子によってある程度コーティングすることは可能であることがわかる。しかし，コーティングされる微粒子の粒子径が生成ポリマーの粒子径と同レベルの場合には，コーティングの様相は大きく異なってくる。

　図3(A)および(B)は，粒子径 0.2～1.0 μm の硫酸バリウムを図2の場合と同一条件で重合反応を行って得られた複合物の TEM 写真である。写真中の黒い部分が硫酸バリウムであり，半透明の部分がポリマーである。ポリマーは微粒子の一部に付着し，大きな凝集塊となっており，微粒子とポリマーとの単なる混合物にすぎなくなる。また，(C)および(D)はポリマー粒子が小さくなるように重合条件を変化させた場合であるが，ポリマー量は20％にも達するが，コーティング状態はそれほど改善されていない。すなわち，サブミクロンサイズの微粒子に対して，単なる粉体存在下の析出重合反応ではコーティングは全く困難であることがわかる。しかし，著者はその後の

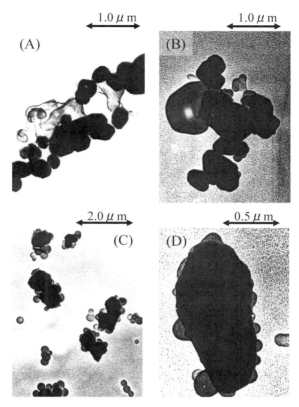

図3　BaSO₄-PMMA 複合物の TEM 写真　(2)

様々なシステムでの実験を行い，それらの結果をもとに界面化学的な見地から考察を行った。その結果，重合反応に先だって選択的に重合場となるような有機層を粒子表面に形成させれば，ナノサイズの微粉体でも水系析出重合反応を利用して均一にポリマーコーティングが可能になることを明らかにした[6]。また，その有機層の形成には微量の陰イオン性界面活性剤による吸着の前処理が極めて効果的であること，その添加量は乳化重合を抑制するために臨界ミセル濃度以下にすべきことなどを明らかにした[7]。

　微粉体存在下の水系析出重合の反応機構の概略を図4に示す。図の左側の(A)は単なる粉体存在下の水系析出重合反応であり，(B)が界面活性剤を添加して吸着の前処理をした場合である。いずれの場合も重合はまず水相中に溶解しているモノマーと開始剤ラジカルとが反応し開始する。前処理のない(A)では，水相中のオリゴマーラジカルが生長反応を繰り返し，やがてポリマー粒子となり粉体表面に付着し，以後はこのポリマー粒子が重合場となる。一方，界面活性剤による前処理をした場合(B)では，粉体に界面活性剤分子が吸着し粉体表面上にその吸着層を形成する。この吸着層はモノマーで膨潤し，水相で生成したオリゴマーラジカルが疎水相互作用により侵入して

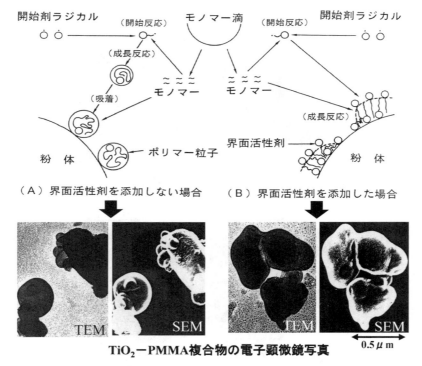

TiO$_2$－PMMA複合物の電子顕微鏡写真

図4　粉体存在下の水系析出重合反応の反応機構

重合の極めて初期段階からこの吸着層を主な重合場として重合が進行し，隣接した重合場どうしが合体を繰り返してポリマーによるコーティングが達成されるものと考えられる[8]。図中の写真は，二酸化チタン微粉体存在下でMMAの水系析出重合反応を行って得られた複合物の電子顕微鏡写真である。いずれも同一視野をTEMとSEMで観察したものであり，コーティング状態は良好に判断できる。左側の2枚は界面活性剤による前処理を行わないで重合して得られたものであり，右側2枚は重合反応に先立ち，二酸化チタンへドデシル硫酸ナトリウム（SDS）を吸着させた後，重合させて得られた場合の例である。前処理をしていない左側の写真では，コーティングはほとんどなされていないのに対して，前処理をした右の場合には粒子全体がポリマーの皮膜で覆われており，完全なコーティング粒子が得られることがわかる。

　本法をより実用的なものとするために，ポリマーの皮膜厚さの制御法についても検討を加えた結果，モノマーを反応開始時に一括して添加する方法よりも，少量のモノマーを段階的にあるいは連続的に添加する方法が有効であることがわかった[9]。多量のモノマーを一括して添加すると，コーティングに関与しないポリマー粒子が多数生成され，均一なポリマーコーティングの立場からはあまり好ましくない。図5はこの時に得られたコーティング粒子のTEM写真である。(A)は

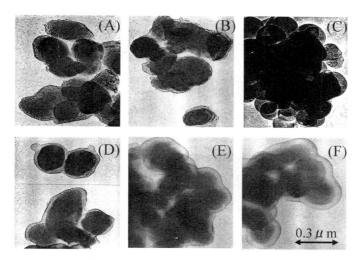

図 5　TiO₂-PMMA 複合物の TEM 写真
(A)オリジナル二酸化チタン　　　　(B) MMA　0.1 mol/l（一括添加）
(C) MMA　0.5 mol/l（一括添加）　(D) MMA　0.1 mol/l×3（多段階添加）
(E) MMA　0.5 mol/l（連続添加）　(F) MMA　1.0 mol/l（連続添加）

コーティング前のオリジナル二酸化チタン，(B)および(C)はモノマーを一括して添加した場合であるが，(C)は多量のモノマーを一括して添加した場合である。(D)は少量のモノマーを多段階に添加した場合，(E)および(F)はモノマーを連続して添加した場合のものである。(A)と比べても明らかなように，モノマー量の増加と共にコーティング皮膜厚さも厚くなっているのがわかる。

　このようにして得られたポリメタクリル酸メチルでコーティングされた二酸化チタンは，接着性オペークレジン用材として歯科材料へ適用され，すでに実用化されている[10]。また，図 6 は同様の手法でコーティングしたマグネタイト微粒子の例である。マグネタイトの等電点は6〜7程度であり，水中では非常に不安定で凝集し易い。前処理には陰イオン性のドデシル硫酸ナトリウムを用いたが，前処理に用いた程度の量では，マグネタイトを十分に分散させる効果はなく，写真にみられるように一次粒子の凝集体をコーティングした形態のものが得られた。なお，ここで得られたポリマーコーティングマグネタイトは，図に示すように，磁性という機能性を有する固定化酵素の担体として十分に利用可能であることを報告した[11]。

　なお，このポリマーコーティング法は，適切な反応系を選択すれば，水中ばかりでなく，有機溶媒中でも十分に可能であることは既に確認しており，幅広い応用が期待できるものと思われる。

4　メカノケミカル重合法によるポリマーコーティング

　粉砕操作によって機械的エネルギーが加えられた固体表面では，結晶格子の歪や無定形化，表

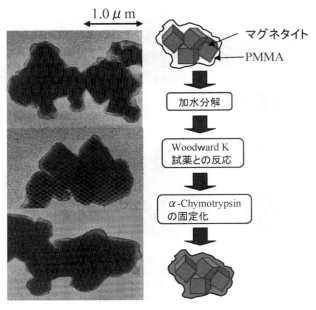

1.0 μm

マグネタイト
PMMA

加水分解

Woodward K
試薬との反応

α-Chymotrypsin
の固定化

Fe_3O_4－PMMA複合物
のTEM写真

酵素の固定化反応の例

図6　ポリマーコーティング磁性粒子と酵素の固定化法

面における格子欠陥や電荷・ラジカルの発生，局所的な高温・高圧状態，高いポテンシャル場をもつ新鮮表面の生成など種々のメカノケミカル現象が生じ，活性が著しく増大するといわれている[12]。また，粉砕操作は諸工業で幅広く行われており重要な単位操作の一つであるが，極めてエネルギー効率の低い単位操作である。ここでは，粉砕操作で与えられた機械的エネルギーの有効利用と微粒子表面の改質の見地から，粉砕操作によって生じた固体表面の活性点を利用してメカノケミカル重合反応を行い，生成されたポリマーで微粒子表面をコーティングしようとするものである。すなわち，モノマーを含む溶媒中で固体を粉砕して，微粒子の製造とポリマーコーティングを同時に行うものである。本法は無機物と有機物の間の化学結合が容易に得られる[13]ことが最も大きな特徴であり，in situ 重合法とメカノケミカル法を組み合わせた方法といえる。

　メカノケミカル重合法は，図7に示すように二つの方法がある。すなわち，粉砕操作と重合反応を同時に行う併発重合反応および粉砕後に重合を行わせる後重合反応である。窒素などの不活性ガス雰囲気下で石英を粉砕すると，粉砕によって生じた固体表面のラジカルは160日以上もの長い時間ラジカル寿命が維持され[14]，粉砕後にモノマーを加えても重合反応が生じるのである[15]。

　図8は，MMA モノマー中で石英(a)，(b)および滑石(c)，(d)をそれぞれ振動ボールミルで粉砕して得られた複合物の TEM 写真である。(a)，(b)はモノマー中に石英を 30 wt％で 7.5 時間粉砕した

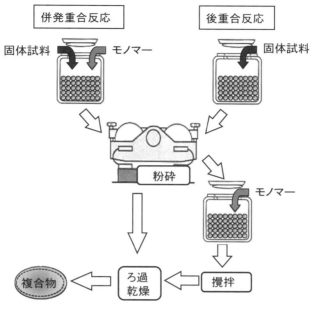

図7　メカノケミカル重合反応の方法

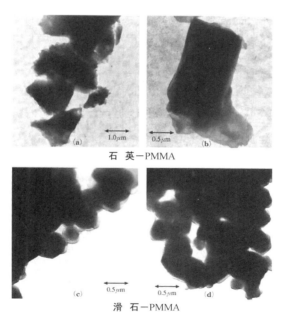

図8　石英・滑石-PMMA の複合物の TEM 写真

ものであり，590〜1190 μm の石英がメディアン径で約 2〜3 μm 程度にまで粉砕され，その表面にポリマーが付着しているのがみられる。(c)，(d)は滑石を粉砕して得られた複合物の写真であるが，ほとんどの微粒子表面がポリマーでコーティングされている。滑石は非常に粉砕されやすく，またモノマーへの分散性が良好であり，他の固体試料に比べてメカノケミカル重合反応の速度は速く，生成ポリマーは 30% に達した[16]。すなわち，重合が進行してポリマー量が増加すると粉体表面はポリマーでコーティングされるようになる。メカノケミカル重合反応は固体表面に生成された活性点が重合開始点であり，ポリマーは固体表面と結合していると考えられる。単に固体表面に吸着した場合とは異なり，ポリマーの付着力には大きな差があることもポリマー抽出実験から確認されている[17]。なお，このようにして生成されたポリマーの分子量は，無機物の種類によって分子量の分布状態は多少異なるが，数平均分子量で 10^5〜10^6 程度のものであった[16, 17]。

　メカノケミカル重合反応に関しては，これまでに石英，石英ガラス，長石などの無機酸化物の他，石灰石や大理石などイオン性結晶固体などについて実験を行い，いずれの固体も粉砕によって重合活性を示す活性点を表面に生じること，粉砕性と重合反応が密接に関係していること，この方法が粉体の表面改質法として有用であることなどの知見を得ている[15]。また，同じモノマーでも無機物が異なる場合[16]あるいは同じ無機物を粉砕した場合でもモノマーが異なる場合は，重合反応のメカニズムが異なることなどをこれまでに報告してきた。例えば，石英の粉砕ではMMA がラジカル重合機構で進行する[17]のに対し，スチレン（St）はイオン重合で進行する[18]。このことは，SiO_4 四面体の 3 次元の網目状構造をしている石英の結合破断様式が，(1)，(2)式のようにラジカル開裂とイオン開裂の 2 通りがある[12]ことを示唆するものでもある。さらに，メカノケミカル重合反応では複数のモノマーの共重合反応も可能であることが明らかとなってきた[19]。共重合反応が利用できれば，より目的に合致したコーティングポリマーを選択することが可能になり，応用範囲の一層の拡大が期待される。

$$\equiv \text{Si-O-Si} \equiv \rightarrow \equiv \text{Si} \cdot + \cdot \text{O-Si} \equiv \quad (\text{homolysis}) \tag{1}$$

$$\equiv \text{Si-O-Si} \equiv \rightarrow \equiv \text{Si}^+ + {}^-\text{O-Si} \equiv \quad (\text{heterolysis}) \tag{2}$$

　最近，著者らは次世代材料の一つとして期待されているポリマー系ナノコンポジットの製造法としてこのメカノケミカル重合反応の活用を考え，層間化合物の粉砕に伴うメカノケミカル重合反応を検討している[20, 21]。層間化合物である滑石および St モノマー中での粉砕によって得られた滑石—ポリスチレン複合物の電子顕微鏡写真を図9に示す。左が粉砕前の滑石の SEM 写真であり，右が St モノマー中で6時間粉砕後に得られた複合物の TEM 写真である。滑石はほぼ完全にポリマーで覆われているが，まだ滑石のサイズは大きく，さらに粉砕を進行させてからモノマーを添加するなどの工夫をすれば，ナノコンポジットの製造法としての可能性は十分に期待で

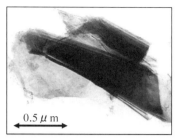

図9　滑石および滑石―ポリスチレンの複合物の電子顕微鏡写真

きると思われる。

　メカノケミカル重合反応は無機物ばかりでなく，有機物の粉砕によっても生ずる。ポリマー鎖も機械的エネルギーによって切断されると重合を開始させ得る新たなラジカルが生ずることはよく知られている[13]。そこで著者らは，農業廃棄物の一つである籾殻に着目し，籾殻の粉砕によるMMAのメカノケミカル重合反応を試み新しい複合材料としての可能性を検討した。その結果，明らかに天然有機物と合成高分子の複合材料の複合物が得られ，生成ポリマーは通常のラジカル重合反応で得られるものと同程度の分子量（数平均分子量 $2.2 \sim 4.4 \times 10^5$）であることが判明した。さらに，この重合反応は籾殻を構成するセルロースやリグニンなどの有機成分のC-O-C結合の破断に由来して生成するラジカルによって進行するものと考えている[22]。

　粉砕操作を利用するメカノケミカル重合反応は，既存の回分式粉砕機をそのまま利用することができ，その対象も無機物，有機物いずれも可能である。不活性雰囲気下ではラジカル等の活性点も極めて長い時間存在するため，粉砕操作と重合反応の工夫次第で様々な場面で利用できると考えられる。さらに，固体とポリマーとの化学結合も期待できるため，有機―無機複合材料の製造法への展開も十分期待できるものと思われる。また，メカノケミカル重合反応は粉砕で生じた活性を失活させないシクロヘキサン[23]のような有機溶媒であれば，その溶媒中での湿式粉砕によってもポリマーは生成される。したがって，微粉体の表面改質技術として本法を考える場合には，モノマー量を制御するためにも有機溶媒中でのメカノケミカル重合反応がより有効であると考えられる。

5　おわりに

　本章では，コアシェル微粒子の合成技術の面から，著者らがこれまでに行ってきた二つの微粒子コーティング技術を紹介した。二つの方法に共通するのは，粉体存在下の *in situ* 重合反応であり，原理的にはいずれも幅広い適用が可能である。しかし，微粒子表面をより均一にポリマー

コーティングするためには，いずれの方法においてもその微粒子を反応系内で効果的に分散させることがポイントになる。水系析出重合反応では有機層形成のための界面活性剤による前処理をするが，この処理は微粒子分散を考慮したものではない。したがって，粉体表面，界面活性剤および開始剤の電荷等を十分に考慮した吸着処理が必要であり，これらの電荷の組み合わせがコーティングポリマーの分子量に影響を与える[7]。また，メカノケミカル重合法では，モノマー中の湿式粉砕性および微粒子の分散性は固体試料の性質によって大きく左右される。固体表面に生じた活性点を失活させない溶媒中での粉砕性や分散性の把握も今後の課題である。

文　　献

1) 小石真純，表面の改質（化学総説 No.44），45，学会出版センター（1984）
2) 近藤保，小石真純，マイクロカプセル－その製法・性質・応用－，27，三共出版（1987）
3) M. Arai, K. Arai and S. Saito, *J. Polym. Sci. Polym. Chem. Ed.*, **17**, 3655（1979）
4) T. Yamaguchi, T. Ono and H. Ito, *Angew. Makromol. Chem.*, **32**, 177（1973）
5) 山口格，田中弘文他，高分子論文集，**32**，120（1975）
6) M. Hasegawa, K. Arai and S. Saito, *J. Polym. Sci.*, *Part A*, *Polym. Chem.*, **25**, 3117（1987）
7) M. Hasegawa, K. Arai and S. Saito, *ibid.*, **25**, 3231（1987）
8) M. Hasegawa, K. Arai and S. Saito, *Chem. Eng. Japan*, **21**, 31（1988）
9) 長谷川政裕，本間寅二郎，素材物性学雑誌，**3**，26（1990）
10) 松村英雄，増原英一他，第7回日本歯科理工学会学術講演会要旨集，132（1986）
11) 長谷川政裕，會田忠広，新野毅彦，神田良照，粉体工学会誌，**31**，327（1994）
12) 久保輝一郎，無機物のメカノケミストリー，2，総合技術出版（1987）
13) J. Sohma, *Prog. Polym. Sci.*, **14**, 451（1989）
14) M. Hasegawa, T. Ogata and M. Sato, *Powder Technol.*, **85**, 269（1995）
15) 長谷川政裕，本間寅二郎，石山慎吾，神田良照，化学工学論文集，**17**，1019（1991）
16) M. Hasegawa, Y. Akiho and Y. Kanda, *J. Appl. Polym. Sci.*, **55**, 297（1995）
17) 長谷川政裕，佐藤正武，佐久山晋，木俣光正，粉体工学会誌，**34**，10（1997）
18) M. Hasegawa, M. Kimata and S. Kobayashi, *J. Appl. Polym. Sci.*, **82**, 2849（2001）
19) M. Hasegawa, M. Kimata and S. Kobayashi, *J. Appl. Polym. Sci.*, **84**, 2011（2002）
20) 木俣光正，高橋逸雄，長谷川政裕，粉体工学会誌，**41**，259（2004）
21) M. Hasegawa, M. Kimata and I. Takahashi, *Adv. Powder Thechnol.*, **18**, 541（2007）
22) 木俣光正，今野浩行，小竹直哉，長谷川政裕，粉体工学会誌，**45**，484（2008）
23) N. A. Plate and V. A. Kargin, *J. Polym. Sci.*, *PartC*, **4**, 1027（1963）

第4章　グラフト重合によるコアシェル微粒子の調製

谷口竜王*

1　はじめに

　大きな比表面積を有するマイクロメートルおよびナノメートルサイズの微粒子のコロイド特性は微粒子表面の物理化学的特性に依存しており，微粒子表面を性質の異なるシェルで修飾したコアシェル微粒子の調製は，微粒子の用途を拡大する有力な手法として期待されている。従来から様々な種類のコアシェル微粒子の調製法が提案されているが，最も簡便な手法は機能性シェルとなるモノマーを重合後期に追添加する二段階の重合法である。この方法では，追添加したモノマーの表面濃度を高くすることが可能であるが，コアとシェルとの界面でそれぞれの組成が連続的に変わるコアシェル微粒子となるだけでなく，グラフト鎖の分子量や密度を制御することは困難であること，さらに微粒子に取り込まれなかったポリマーを媒体から除去する必要があるなどの問題がある。

　そこで，現在では表面を高分子鎖で修飾する表面グラフト重合が注目されている。表面グラフト重合によって，高分子微粒子などの材料表面にグラフト鎖を導入する場合，グラフト鎖の分子量および密度は表面特性を決める主要な要因であるため，それらを制御することは重要な課題である。表面グラフト重合は，既成の高分子と表面の官能基の反応による"grafting to"法と，表面に化学的に固定された開始基からの重合反応による"grafting from"法に大別することができる（図1）。"grafting to"法では，予め調製した分子量分布の狭いポリマーを用いることにより，均一な長さのグラフト鎖を比較的容易に導入することができるという利点があるが，高分子鎖の立体障害のためグラフト鎖を高密度に導入することができない欠点を抱えている。一方，"grafting from"法では，固定された高分子が，モノマーや触媒の接近に対する障害となる程度ははるかに小さい。したがって，より高密度なグラフト鎖の構築が可能となるが，この場合は逆にグラフト鎖の長さの制御が問題となる。

　近年では，分子量および分子量分布を制御することのできる精密重合を"grafting from"法に応用した研究が活発に行われており，特に簡便性および汎用性に優れたリビングラジカル重合（制御ラジカル重合）（Controlled/Living Radical Polymerization：CRP）を表面修飾に応用する

　＊　Tatsuo Taniguchi　千葉大学大学院　工学研究科　共生応用化学専攻　准教授

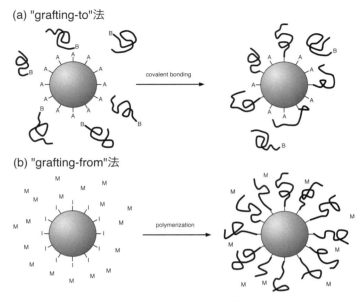

(a) "grafting-to"法

covalent bonding

(b) "grafting-from"法

polymerization

図1　表面グラフト重合の模式図

研究が増加している。以前はラジカル重合による分子量分布の狭い高分子合成は困難であったが，活性種（ラジカル種）と休止種（ドーマント種）との動的平衡反応の概念を導入することにより，リビング性を有するラジカル重合が可能になった。活性種であるラジカルが発生すると間もなくキャップされ，休止種となる。すなわち，活性種の濃度を低く保つことにより，停止反応などが起こりにくくなるため，重合はそれぞれの開始点から均一に進行し，分子量分布の狭い均一なポリマーが生成することになる。近年，CRP の研究が急速に進展し，新しい重合系が数多く開発されている。なかでも遷移金属錯体を用いた原子移動ラジカル重合（Atom Transfer Radical Polymerization：ATRP），連鎖移動剤を用いた可逆的付加開裂連鎖移動重合（Reversible Addition Fragmentation chain Transfer：RAFT），そして安定ニトロキシドを用いたニトロキシド媒介重合（Nitroxide Mediated Polymerization：NMP）は，精力的に研究されている。本章では，それぞれの重合法の特徴を述べ，有機高分子だけから構成されるコアシェル微粒子の調製に関する最近の研究動向について紹介する。

2　ATRP によるコアシェル微粒子の調製

　ATRP に関する最初の論文は，澤本，Matyjaszewski，そして Percec らにより報告され[1~3]，現在では数多くの総説にまとめられている[4~8]。ATRP の反応機構を図2に示す。ATRP は，活

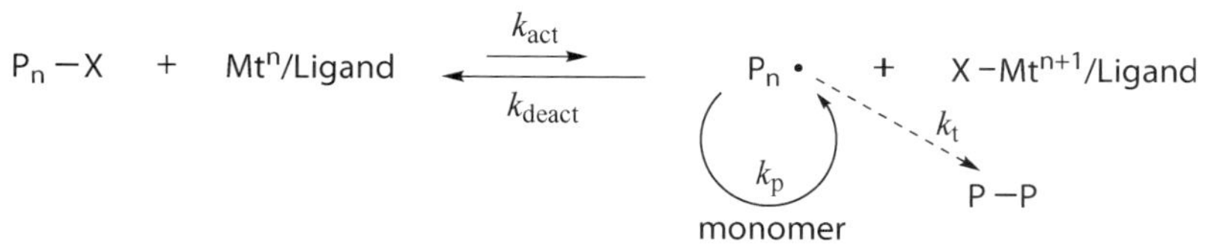

$$P_n-X \quad + \quad Mt^n/Ligand \underset{k_{deact}}{\overset{k_{act}}{\rightleftharpoons}} \quad P_n\cdot \quad + \quad X-Mt^{n+1}/Ligand$$

図 2　ATRP の反応機構

性な炭素─ハロゲン結合を開始点として，遷移金属錯体を用いた重合法である。一般的な ATRP は，脱酸素雰囲気下において，低酸化数の金属錯体とモノマー，ハロゲンを有する開始剤を反応系に加えることにより，重合が開始する。ATRP は遷移金属の酸化還元反応によってドーマント種（ハロゲンでキャップされたポリマー）と活性種（ポリマーラジカル）の平衡によって成り立っており，その平衡はドーマント種に傾いている。その結果，ラジカル濃度は低く保たれ，リビング的に重合が進行し，分子量分布の狭いポリマーを得ることができる。ATRP の欠点としては，ポリマーから金属を完全に除去するのが難しく，錯体由来の色がつきやすいことがあげられる。遷移金属としては，ルテニウム，鉄，パラジウム，銅などが研究されているが，多様性やコストの面から銅が多く用いられている。また，アミンまたはピリジン誘導体など様々な配位子が用いられており，活性化速度定数に大きな違いが見られる。なかでも tris(2-dimethylaminoethyl) amine，tris(2-pyridylmethyl)amine は，2,2'-bipyridine などに比べて活性化速度定数が大きく，重合速度が速いことが知られている。

　初期の ATRP は有機溶媒で行われていたが，近年では水溶媒でも広く行われるようになった。しかし，仕込み時に 1 価の銅錯体を用いた一般的な ATRP では転化率が高くなるにもかかわらず，低分子量のオリゴマーが生成してしまい，分子量分布の制御が難しいとされ，純粋な水溶媒ではなく methanol などとの混合溶媒では，重合度や分子量分布の制御ができると報告されている。水溶媒系での ATRP は，一般に重合が極めて速く進行し，分子量分布の広いポリマーあるいはオリゴマーとなってしまう。この原因として，水溶媒中における銅錯体の加水分解などの副反応が考えられている。この問題を解決するために，Matyjaszewski らは ATRP の不活性化剤である 2 価の銅をあらかじめ反応系内に加え，外部から還元剤を加えることにより，ATRP の活性化剤（ラジカルを生成させる）である 1 価の銅錯体を生成させる方法（Activator Generated by Electron Transfer Atom Transfer Radical Polymerization：AGET ATRP）を提案しており（図 3）[9~11]，水溶媒系での分子量や分子量分布の制御が可能になったと報告している。

　高分子コア粒子表面からの ATRP によるコアシェル粒子を調製する最初の試みは，Guerrini らにより報告されている。styrene，divinylbenzene，ATRP 開始基を有するモノマー 2-((2-bromopropionyl)oxy)ethyl methacrylate との乳化重合により，粒径 104 nm のラテックス粒子を調

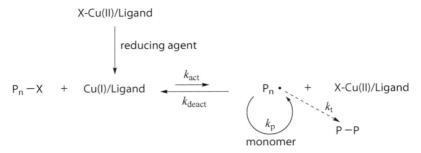

図3　AGET ATRP の反応機構

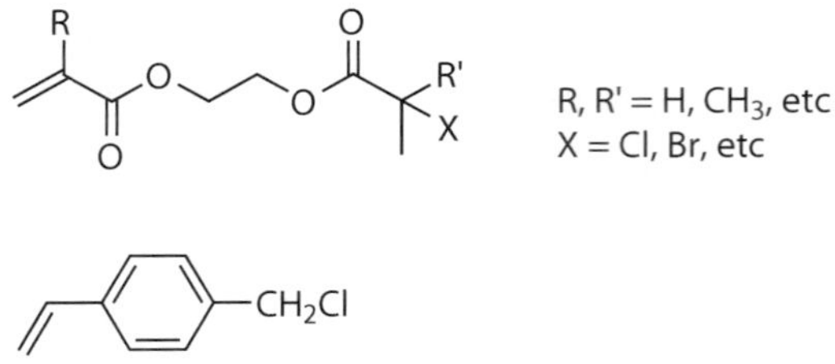

製し，その表面から 2,2'-bipyridine を配位子に有する銅錯体を用いた 2-hydroxyethyl acrylate および 2-(methacryloyloxy)ethyl trimethylammonium chloride の ATRP を行い，174〜376 nm のコアシェル粒子を調製している[12]。著者らは，重合性界面活性剤として N-dodecyl-N-2-(methacryloyloxy)

図4　ATRP 開始基を有するモノマー

R, R' = H, CH₃, etc
X = Cl, Br, etc

ethyl-N,N-dimethylammonium bromide を用いた styrene と 2-((2-chloropropionyl)oxy)ethyl methacrylate とのミニエマルション重合により 91 nm のコア粒子を合成し，tris[(2-pyridylmethyl)amine] を配位子に有する銅錯体と L-ascorbic acid とを用いて，糖残基を有する N-2-4-(vinylbenzenesulfonamido)ethyl lactobionamide の AGET ATRP を行い，112 nm のコアシェル微粒子を合成した[13]。Brooks らは，styrene のソープフリー乳化重合により調製した 551 nm の粒径を有するシード粒子とする styrene と 2-(methyl-2'-chloropropionato)ethyl acrylate とのシード重合により ATRP 開始基を有するコア粒子を調製した。この粒子表面から，配位子として N,N',N',N'',N''-pentamethyldiethylenetriamine，1,1,4,7,10,10-hexamethyltriethylenetetramine，そして tris[2-(dimethylamino)ethyl]amine を有する銅錯体を用いた 2-(N,N-dimethylacrylamide) の ATRP を行い，粒径が 80〜800 nm 増大したことを報告している[14]。Kang らは，4-vinylbenzyl chloride と ethylene glycol dimethacrylate との懸濁重合により調製した 500〜600 μm のコア粒子表面から，2,2'-bipyridine を配位子とする銅錯体を用いた 2-(N,N-dimethylamino)ethyl methacrylate の ATRP により数 nm のシェル層を構築した。彼らは，シェル層の側鎖を alkyl bromides で四級化することにより，殺菌作用が向上することを示した[15]。

　これらの手法で用いられているように，表面に ATRP 開始基を有するコア粒子の合成法として，ATRP 開始基を有するモノマー（図4）の共重合は最も確実な手法であるが，他にもいくつ

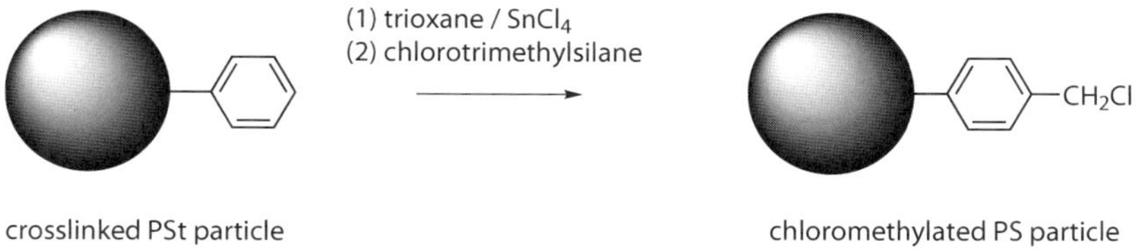

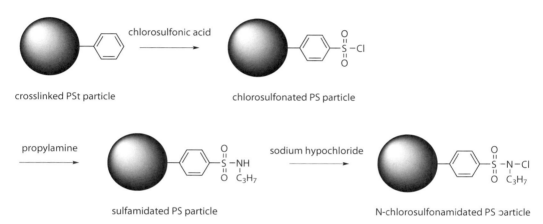

図5　Chloromethylation による ATRP 開始基を有するコア粒子の調製

図6　N-Chlorosulfonamidation による ATRP 開始基を有するコア粒子の調製

かの手法が報告されている。Wang らは styrene と divinylbenzene とのソープフリー乳化重合により 353 nm のコア粒子を合成し，これをクロロメチル化する手法を用いている（図5）。クロロメチル化したコア粒子表面から N,N',N',N'',N''-pentamethyldiethylenetriamine を配位子とする銅錯体を用いた methyl(meth)acrylate の ATRP を行い，366～398 nm のコアシェル粒子が得られたことを報告している[16]。Bicak らは，styrene と divinylbenzene との懸濁重合により調製した 210～420 μm の架橋粒子を chlorosulfonation，propylamie による sulfamidation，そして塩酸水溶液を用いた N-chlorination により N-chlorosulfonamide を有するコア粒子を調製した（図6）。tetramethylethylenediamine を配位子とする銅錯体を用いた acrylamide の ATRP により，粒子の重量が 83 wt% 増加し，得られた粒子は Hg を特異的に吸着する樹脂として利用できることを報告した[17]。また，N-chlorosulfonamide 基を有するコア粒子を用いた methyl methacrylate や ethyl acrylate の ATRP についても報告している[18]。他にも Stöver らのグループが，divinylbenzene の沈殿重合を行った後，残存するビニル基と塩酸との反応により ATRP 開始基を導入し，styrene の ATRP を行っている（図7）[19]。彼らは別の手法として，divinylbenzene と 2-hydroxyethyl methacrylate との沈殿重合により架橋度の異なる微粒子を調製した後に，2-hydroxyethyl methacrylate 由来の水酸基に 2-bromopropionyl bromide を反応させ，methyl acrylate，methyl

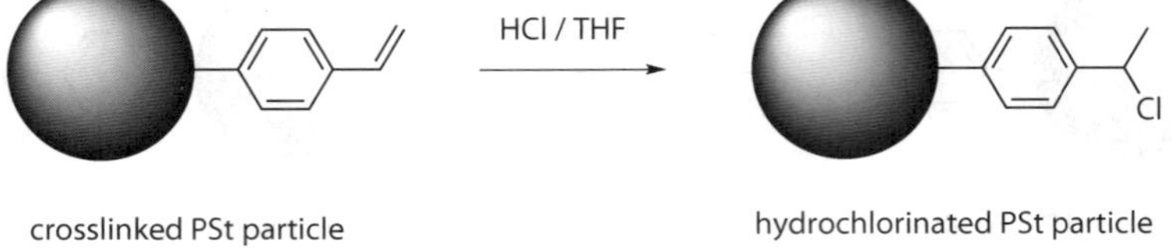

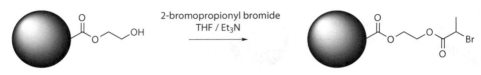

図7 Hydrochloniattion による ATRP 開始基を有するコア粒子の調製

図8 2-Bromoesterification による ATRP 開始基を有するコア粒子の調製

methacrylate，および 2-hydroxyethyl methacrylate の ATRP を行っている（図8）[20]。これら系では，粒径が数百 nm も増大したことが報告されているが，ATRP によりコア粒子表面に導入されたグラフト高分子鎖の長さだけでは，このような粒径増大を説明することは困難であるため，粒子表面に存在する開始点からの ATRP だけではなく，膨潤したコア粒子内部でも ATRP が進行していると考えられている。また，Tirelli らは 2-bromoisobutyryl bromide を反応させた 100 μm のヒドロキシル化架橋ポリスチレンビーズをコア粒子に用いた N,N-dimethylacrylamide，N-isopropylacrylamide，PEG monomethacrylate の ATRP により，数十 μm のシェル層を構築しているが[21]，同じような反応メカニズムであると考えられる。

　ATRP により調製したコアシェル微粒子は，様々な分野での応用が期待される。大久保らは異なる表面を有する "Janus" 粒子表面からの 2-(N,N-dimethylamino)ethyl methacrylate の ATRP により，半球だけにグラフト鎖を有する異形粒子の調製に成功しており[22]，異方性を成長させる手法として興味深い。また，Chen らによる Poly(vinylbenzyl chloride) 微粒子表面からの 3-(trimethoxysilyl)propyl methacrylate の ATRP によるシリカ中空粒子の調製は，有機／無機複合材料の開発への応用が期待される[23]。著者らは，styrene と 2-((2-chloropropionyl)oxy)ethyl methacrylate とのソープフリー乳化重合により合成したコア粒子表面から 2-(N,N-dimethylamino)ethyl methacrylate の AGET ATRP を行い，コアシェル微粒子を調製した。コア粒子表面に構築したシェル層は tetraethoxysilane の加水分解および重縮合の触媒として働き，シェル層にシリカが担持された複合材料を調製できることを報告している[24]。

3　RAFT によるコアシェル微粒子の調製

　Chiefari らが methyl methacrylate（MMA），styrene などのビニル系モノマーの重合系に連鎖移動剤（RAFT 剤）として dithioester を添加し，単分散なポリマーの合成に成功したことをきっかけに[25]，RAFT 重合の研究が進んだ[26〜32]。RAFT 重合の反応機構を図9に示す。RAFT 重合は，通常のラジカル重合で用いる AIBN などのラジカル開始剤により開始されるが，dithioester などの連鎖移動剤（RAFT 剤）を系内に加えて重合を行う。したがって，末端にRAFT 剤が付加したポリマーに別のポリマーラジカルが付加することにより，ポリマーラジカルが発生する。これらが繰り返し生じることにより，それぞれの高分子鎖において均一に重合が進行し，分子量分布の狭いポリマーが得られる。RAFT 剤における Z は C＝S 結合の活性化，R は安定ラジカルの生成に関与しており，dithiobenzoate，dithioacetate，dithiocarbonate，trithiocarbonate など様々な種類の RAFT 剤が開発されている。また，水酸基やカルボキシル基などの官能基を有する RAFT 剤を用いると，末端官能性ポリマーの合成が可能になる。RAFT 重

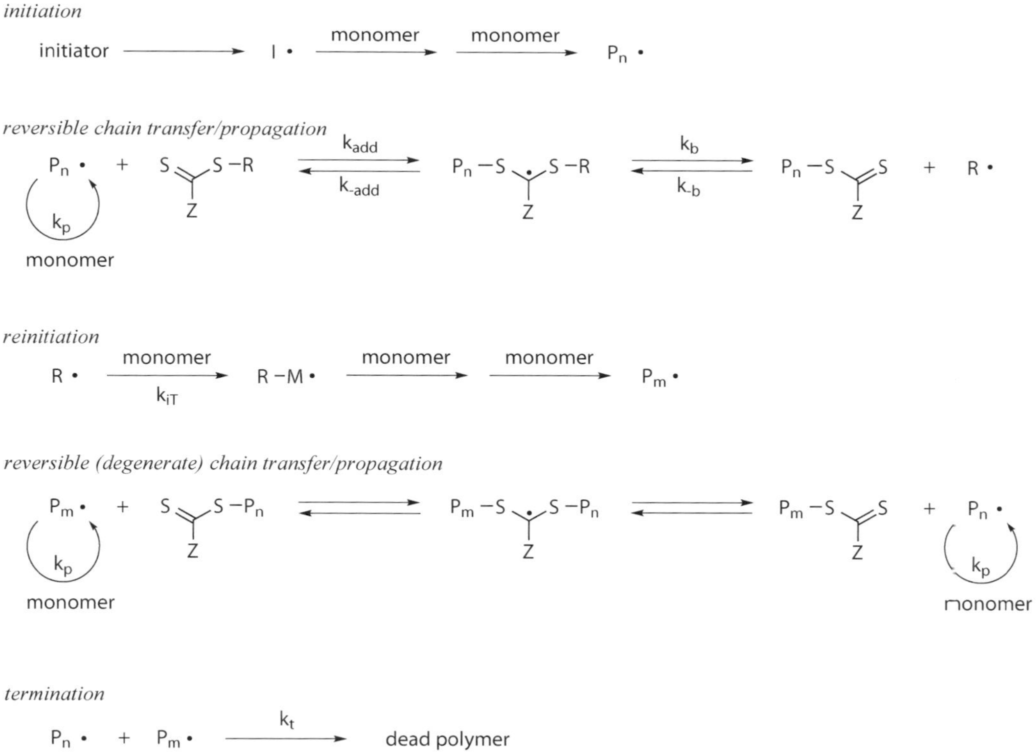

図9　RAFT の反応機構

合の欠点としては，RAFT 剤由来の臭いがつきやすいことがあげられる。

Barner らは，divinylbenzene から成るコア粒子表面に残存するビニル基を利用して，RAFT 剤に 1-phenylethyl dithiobenzoate を用いた styrene の RAFT 重合についても報告している（図10）[33]。Wu らは N-isopropylacrylamide と 2-hydroxyethylmethacrylate から成るミクロゲルに dicyclo-

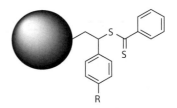

図 10 RAFT 開始基を有する
コア粒子の調製

hexylcarbodiimide を用いて α-butyl acid dithiobenzoate を反応させ，N-isopropylacrylamide の RAFT 重合を行った。シェルは温度変化により，coil-to-globule-to-brush を引き起こすと報告している[34]。川口らは，iniferter（initiator-transfer agent-terminator）を導入した RAFT 重合を行っている（図11）[35]。styrene と vinylbenzylchloride から成る 400 nm のコア粒子の表面に N,N-diethyldithiocarbamate との反応により iniferter を導入し，N-isopropylacrylamide の RAFT 重合により 900 nm のコアシェル粒子を得ている。また，N-isopropylacrylamide と acrylic acid との共重合を行うと，ブロックポリマーとランダムポリマーとで温度，pH に対する応答性が異なっており，コアシェル微粒子の機能設計にはシェルとなるグラフト鎖の高分子構造が重要な役割を果たしていることを示した。RAFT によるコアシェル微粒子の合成は今後盛んに開発されることが見込まれるが，Bon らが報告している ATRP 開始剤を RAFT メディエーターに変換する手法は，ATRP と RAFT との組み合わせによるコアシェル微粒子の表面修飾に展開される可能性がある[36]。

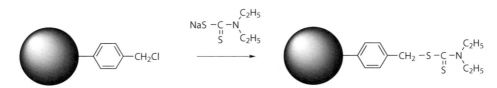

図 11 N,N-diethyldithiocarbamate により iniferter が導入されたコア粒子の調製

4 NMP によるコアシェル微粒子の調製

NMP は大津らにより開発され[37, 38]，Solomon が特許を取得している[39]。Georges らは，スチレンに benzoylperoxide と 2,2,4,4-tetramethylpiperidinyl-1-oxy（TEMPO）を加えて加熱することにより単分散なポリスチレンを合成し[40]，現在では NMP により多種多様な構造を有する高分子が合成されており，いくつかの総説にまとめられている[41~46]。NMP の反応機構を図 12 に示

す。NMP は安定ラジカルとしてニト
ロキシドラジカルを用いて重合する方
法であり，平衡定数および活性化の反
応速度などの観点から，TEMPO など
の環状ニトロキシドがよく使用されて
いるが，アルコキシアミン型開始剤で

$$P_n-O-N\overset{R}{\underset{R'}{}} \quad \underset{k_{\text{deact}}}{\overset{k_{\text{act}}}{\rightleftharpoons}} \quad P_n\cdot \quad + \quad \cdot O-N\overset{R}{\underset{R'}{}}$$

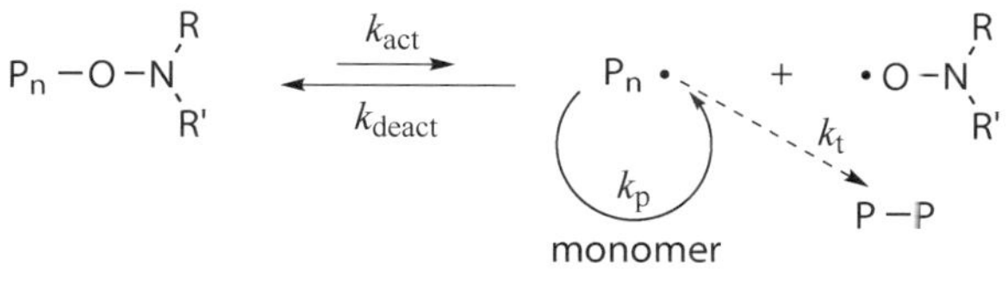

図12　NMP の反応機構

も重合が進行することが見出されてからは，水酸基，アミノ基，エステルなどの官能基を有する
アルコキシアミンを用いた末端官能性ポリマーの合成も行われている。NMP は styrene，buta-
diene などのモノマーに適用した報告は多いが，（meth）acrylate では転化率が低いなどの問題が
ある。

　NMP によるコアシェル微粒子の調製については，無機粒子の表面修飾，ブロックポリマーを
用いたコアシェル構造を有する高分子ミセルの自発形成に関する報告が多く，有機ポリマーから
成るコア粒子表面からの NMP によるコアシェル粒子の調製は，他の手法に比べて報告が少ない。
全てが有機高分子から成るコアシェル微粒子の調製については，Hodges らが市販の Merrifield
レジンに TEMPO を導入し，styrene 誘導体の NMP を報告している（図13）[46]。Cunningham
らも，Merrifiled レジンからの styrene，acetoxystyrene，methyl methacrylate，2-hydroxy-
ethyl methacrylate の NMP を行い，divinylbenzene による架橋度に依存して粒径が数十 μm 増
大することを報告している[47]。今後は，ATRP，RAFT などの手法に続いて，NMP によるコア
シェル微粒子の調製法が開発されることが期待される。

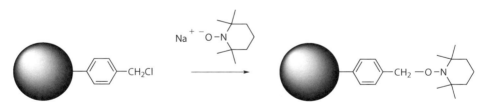

図13　TEMPO が導入された Merrifield レジンコア粒子の調製

5　その他の手法によるコアシェル微粒子の調製

　これまで述べてきた通り，CRP はコア粒子表面からシェル層を構築する最も優れた手法である
が，oxyanion 重合も構造規制されたグラフト層を構築する有力な手法である。Armes らは，長
崎らが行った potassium 4-vinylbenzyl alcoholate を用いた 2-(N,N-diethylamino)ethyl methac-

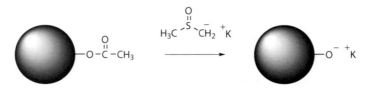

図14　Oxyanion 重合開始基を有するコア粒子の調製

rylate の重合による macromonomer の合成方法[48] を oxyanion 重合と命名し，2-(*N,N*-dimethylamino)ethyl methacrylate，2-(*N*-morpholino)ethyl methacrylate，2-(*N,N*-diisopropylamino) ethyl methacrylate から成る macromonomer を用いて，styrene の乳化重合あるいは分散重合を行った[49, 50]。Wang らは oxyanion 重合をシェル層のグラフトに応用した。彼らは，styrene，vinyl acetate，divinylbenzene とのソープフリー乳化重合により調製した架橋粒子を加水分解し，架橋粒子表面に水酸基を導入した（図14）。この粒子表面から 2-(*N,N*-dimethylamino) ethyl methacrylate の oxyanion 重合を行い，4〜33 wt％がグラフトされたと報告している。得られたコアシェル微粒子は pH 応答性を示すことから，負に荷電した磁性粒子が可逆的に吸着することを示した[51]。

6　おわりに

　本章では，CRP を中心とするグラフト重合によるコアシェル微粒子の調製に関する最近の研究動向について紹介した。グラフト重合をより効率よく進行させるためには，微粒子表面に高い濃度で開始基を導入し，各重合法に必要な試薬（錯体，連鎖移動剤，ニトロキシドなど）の分子設計が不可欠である。また，CRP は実験室規模の合成からより大きなスケールでの生産に移行しつつあるが，CRP によるコアシェル微粒子を工業的規模で調製するためには，低エネルギーかつ低コストの精製プロセス，簡便な媒体の置換法などを開発しなければならない。これらの課題が解決する技術が進展するとともに無機化合物や生体分子などと複合化した材料開発において，コアシェル微粒子が主要な役割を果たすことを期待したい。

文　　献

1)　M. Kato, *et al.*, *Macromolecules*, **28**, 1721（1995）

2)　J.-S. Wang, *et al.*, *Macromolecules*, **28**, 7901（1995）

3)　V. Percec, *et al.*, *Macromolecules*, **28**, 7970（1995）

4)　K. Matyjaszewski, *et al.*, *Chem. Rev.*, **101**, 2921（2001）

5)　V. Coessens, *et al.*, *Prog. Polym. Sci.*, **26**, 337（2001）

6)　M. Kamigaito, *et al.*, *Chem. Rev.*, **202**, 3689（2001）

7)　M. Kamigaito, *et al.*, *Chem. Rec.*, **3**, 159（2004）

8)　W. A. Braunecker, *et al.*, *Prog. Polym. Sci.*, **32**, 93（2007）

9)　W. Jakubowski, *et al.*, *Macromolecules*, **38**, 4139（2005）

10)　J. K. Oh, *et al.*, *Macromolecules*, **39**, 3161（2006）

11)　J. K. Oh, *et al.*, *J. Polym. Sci.*, *Part A : Polym. Chem.*, **44**, 3787（2006）

12)　M. M. Guerrini, *et al.*, *Macromol. Rapid Commun.*, **21**, 669（2000）

13)　T. Taniguchi, *et al.*, *Colloids Surfaces B : Biointerfaces*, **71**, 194（2009）

14)　N. K. Jayachandran, *et al.*, *Macromolecules*, **35**, 4247（2002）

15)　E. T. Kang, *et al.*, *Ind. Eng. Chem. Res.*, **44**, 7098（2005）

16)　K. Min, *et al.*, *J. Polym. Sci. Part A : Polym. Chem.*, **40**, 892（2002）

17)　H. B. Sonmeza, *et al.*, *React. Funct. Polym.*, **55**, 1（2003）

18)　B. F. Senkal, *et al.*, *Euro. Polym. J.*, **39**, 327（2003）

19)　G. Zheng, *et al.*, *Macromolecules*, **35**, 6828（2002）

20)　G. Zheng, *et al.*, *Macromolecules*, **35**, 7612（2002）

21)　D. Bontempo, *et al.*, *Macromol. Rapid Commun.*, **23**, 417（2002）

22)　H. Ahmad, *et al.*, *Langmuir*, **24**, 688（2008）

23)　Y.Chen, *et al.*, *Adv. Funct. Mater.*, **15**, 113（2005）

24)　T. Taniguchi, *et al.*, *J. Colloid Interface Sci.*, **347**, 62（2010）

25)　J. Chiefari, *et al.*, *Macromolecules*, **31**, 5559（1998）

26)　R. T. A. Mayadunne, *et al.*, *Macromolecules*, **32**, 6977（1999）

27)　T. R. Darling, *et al.*, *J. Polym. Sci.*, *Part A : Polym. Chem.*, **38**, 1706（2000）

28)　J. Jagur-Grdozinski, *et al.*, *React. Funct. Polym.*, **49**, 1（2001）

29)　E. L. Madruga, *et al.*, *Prog. Polym. Sci.*, **27**, 1979（2002）

30)　S. Perrier *et al.*, *J. Polym. Sci.*, *Part A : Polym. Chem.*, **43**, 4347（2005）

31)　G. Moad, *et al.*, *Aust. J. Chem.*, **58**, 379（2005）

32)　J. B. McLeary, *et al.*, *Soft Matter*, **2**, 45（2006）

33)　L. Barner, *et al.*, *J. Polym. Sci.*, *Part A : Polym. Chem.*, **42**, 5067（2004）

34)　T. Hu, *et al.*, *J. Phys. Chem. B*, **106**, 6659（2002）

35)　S. Tsuji, *et al.*, *Langmuir*, **20**, 2449（2004）

36)　C. M. Wager, *et al.*, *Euro. Polym. J.*, **40**, 641（2004）

37)　T. Ohtsu, *et al.*, *Makromol. Chem.*, *Rapid Commun.*, **3**, 127（1982）

38)　T. Ohtsu, *et al.*, *Makromol. Chem.*, *Rapid Commun.*, **3**, 133（1982）

39)　D. H. Solomon, *et al.*, US4581429（1986）

40)　M. K. Georges, *et al.*, *Macromolecules*, **26**, 2987（1993）

41)　C. J. Hawker, *et al.*, *Chem. Rev.*, **101**, 3661（2001）

42) H. Fischer, *et al.*, *Angew. Chem., Int. Ed. Engl.*, **40**, 1340（2001）

43) A. Goto, *et al.*, *Prog. Polym. Sci.*, **29**, 329（2004）

44) A. Studer, *et al.*, *Chem. Rec.*, **5**, 27（2005）

45) D. H. Solomon, *et al.*, *J. Polym. Sci., Part A：Polym. Chem.*, **43**, 5748（2005）

46) J. C. Hodges, *et al.*, *J. Comb. Chem.*, **2**, 80（2000）

47) K. Bian, *et al.*, *J. Polym. Sci., Part A：Polym. Chem.*, **43**, 2145（2005）

48) Y. Nagasaki, *et al.*, *Macromol. Rapid Commun.*, **18**, 827（1997）

49) M. Vamvakaki, *et al.*, *Macromolecules*, **32**, 2088（1999）

50) S. F. Lascellex, *et al.*, *Macromolecules*, **32**, 2462（1999）

51) L. Jun, *et al.*, *J. Polym. Sci., Part A：Polym. Chem.*, **42**, 6081（2004）

第5章　高分子反応を利用したコアシェル粒子の合成

飯澤孝司[*]

1　はじめに

　高分子反応は，官能基の組み合わせが数多くあり，反応性や選択性などを自由に調整できる。適当な組み合わせを用いることにより種々の機能団を容易かつ簡便に導入することができるなど優れた特徴があり，高分子の改質，化学修飾，機能化，高分子の架橋などの基礎研究ばかりでなく工業的にも広く利用されている。しかしながら，相当するモノマーを重合する方法（重合法）に比べ，生成したポリマーの純度が低く，架橋ゲル化し易いなどの欠点があり，高純度の機能性高分子の合成や精密な高分子合成に適さないと言われてきた。最近，制御されたラジカル重合技術や縮合剤を使った重縮合[1, 2]，相間移動触媒あるいは有機強塩基である 1,8-diazabicyclo[5,4,0] undec-7-ene（DBU）を用いた高選択性，高反応性の縮合法[3] が開発され，これらの欠点が克服されてきた。さらに，単純な重合法では合成の困難な，特徴ある機能性高分子が合成できるようになってきている。コアシェル粒子の合成においても，様々な合成法が開発されコアシェル粒子の高分子設計の幅が広がってきている。

　高分子反応を利用したコアシェル粒子の合成法には，大きく分けると，シード粒子の外側にシェル層を形成する方法と粒子表面から内側に向けて化学修飾することによりシェル層を形成する方法の2つがある。前者の合成法として，シード粒子表面からモノマーをグラフト重合した「いがぐり型粒子」の合成法[4] や layer-by-layer でポリマーをシード粒子表面に累積してシェル層を形成する方法[5] などが知られている。一方，後者の合成法は，研究例があまり多くないが特異な特性のコアシェル粒子が合成できることから注目されている。本章では，これらの粒子表面からの化学修飾によるコアシェル粒子の合成を中心にその応用についても紹介する。

2　反応のメカニズム

　高分子粒子表面からの化学修飾により，シェル層を形成しながら反応する簡単な反応モデルを考えてみる。この場合，必然的に不均一反応となり，化学反応速度以外に粒子内の物質移動を考

＊　Takashi Iizawa　広島大学　大学院工学研究院　物質化学工学部門　准教授

慮しなければならない。生成した反応層の膨潤速度などポリマー特有の速度過程を無視できるとすると，この反応は石炭の燃焼や鉱石の焙焼などで知られている気固反応モデルを適用することができる[6, 7]。気固反応モデルでは，化学反応速度（Ⅰ），反応生成層内での拡散速度（Ⅱ），未反応層内での拡散速度（Ⅲ）の3種の反応過程を考慮することによりこの反応を説明できる。反応生成層が反応溶媒に膨潤するような条件ではⅡ≫Ⅲが成立することから，ⅡおよびⅢに対するⅠの相対的な速度の大小により，この反応を支配する反応や反応挙動ばかりでなく生成したコアシェル粒子の構造が大きく変化する。その代表的な三例を図1に示す。①ⅠがⅢより著しく速い場合，反応領域は反応終了（膨潤）部分と未反応（未膨潤）部分の境界に限定され，未反応核モデル[6]類似の機構で反応が進む。③ⅠがⅢより著しく遅い場合，反応領域が粒子全体に広がり，均一に反応する。この場合，コアシェル構造は生成しない。②は①と③の中間，すなわちⅠとⅢの速度がお互いに無視できないオーダーでは，反応領域が未膨潤部分に広がり，未膨潤部分の内部に反応率の傾斜が生じる中間モデル[7]で進む。反応終了領域が生じるまでの誘導期間が現れるのがこの反応の特長である。生成したコアシェル粒子の内部構造を決める最も重要なファクターは Thiele 数 $\phi = \dfrac{R_0}{3}\sqrt{\rho_p k_m / D_{eA}}$ （粒子の半径 R_0，拡散係数 D_{eA}，反応速度定数 k_m，粒子の密度 ρ_p）であり，おおよそ $\phi > 100$ の場合①，$\phi < 0.1$ の場合③のモデルで進む。はっきりとしたシェル層とコア層を持つコアシェル粒子を合成するには，化学反応および反応層の拡散速度が未反応層内の拡散速度に比べ非常に速い条件（Ⅰ，Ⅱ≫Ⅲ）が求められている。このような条件を満たすためには，高選択性かつ高反応性の反応であるばかりでなく，反応部分を膨潤するが未反応層

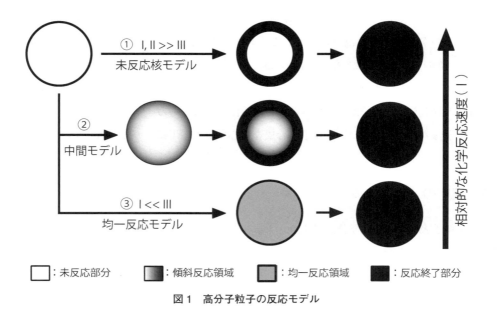

図1　高分子粒子の反応モデル

$$\left(CH_2-\underset{\underset{OAc}{|}}{CH}\right) \xrightarrow{\text{アルカリ加水分解}} \left(CH_2-\underset{\underset{OH}{|}}{CH}\right)$$

PVAc　　　　　　　　　　　　　　　　　　　　　PVA

1)

を膨潤しない適当な反応系を選択することが重要である。

3　高分子粒子表面からの化学修飾によるコアシェル粒子の合成

3.1　加水分解によるコアシェル粒子の合成

　上記のような条件を満たすコアシェル粒子の合成法として，エステル残基を持つポリマー粒子の加水分解がある。例えば，ポリアクリル酸エステル（PAE）のラテックスは，表面の開始剤由来のスルホン酸残基の自己触媒作用により，図 1 の②のような部分的に加水分解した反応領域（シェル層）を形成しながら加水分解が進むことが動力学的な研究から提案されている[8]。^{13}C-NMR の解析の結果からも，部分的に加水分解された反応領域と未反応・未膨潤のコアから成るコアシェルラテックスが生成することが確認されている[9]。しかし，シェル層の加水分解が進むと生成したポリマーが水に溶けるため，単なる加水分解ではラテックスの粒径が徐々に減少するのみで，高い加水分解率かつ厚いシェル層を持つコアシェル粒子を合成するには限界があった。

　ポリビニルアルコール（PVA）は，ビニルアルコールの重合により直接合成できないため，工業的にも酢酸ビニルの重合より得られたポリ酢酸ビニル（PVAc）をケン化することにより製造されている（(1)式）。PVA 粒子も，酢酸ビニルの懸濁重合より得られた PVAc 粒子のアルカリ加水分解により合成することが試みられている。この場合も単純なアルカリ加水分解では PVA シェル層が形成されないが，生成した PVA の溶解を抑えるため Na_2SO_4 を加えた NaOH メタノール水溶液[10]あるいは 40％NaOH 水溶液[11]のような濃厚な水溶液で加水分解すると，未反応核モデル（図 1 の①）類似の機構で進み，ほぼ定量的に加水分解した PVA シェルと未反応・未膨潤の PVAc コアから成る球状のコアシェル粒子を経て，最終的には PVA 粒子が得られる。生成した PVAc-PVA コアシェル粒子は，腫瘍等障害を起こした領域の傍の血管に注入し，その領域への栄養分の供給を中断する血管塞栓として用いられている[12]。この粒子は，従来の別法で合成した不規則な形態の PVA 粒子に比べ，粒子の形状の安定性が高い，凝集しにくい，カテーテルの閉塞が起こりにくいなどの優れた特性があるばかりでなく，生体内で行われた塞栓形成がより効果的であることが報告されている。さらに，重合と加水分解を one-pot で行う方法[13]や血液の比重に近づけるためヘキサンを加えて重合し加水分解後減圧下で発泡させ PVAc-PVA コアシェル粒子の密度を下げる[14]試みもなされている。生成した PVA シェル，さらに加水分解し

$$(2)$$

PVAc bead　　①アルカリ加水分解　②グルタルアルデヒドとの架橋反応　　**1**

Polystyrene resin　　**3**　　酸加水分解　　**4**

$$(3)$$

て生成した PVA コアを段階的にグルタルアルデヒドで架橋する（(2)式）ことにより，高架橋されたシェルと低架橋のコアから成るコアシェル PVA 粒子（**1**）の合成[10]および生成した粒子の徐放材料への応用[15]が検討されている。

3.2　固相ペプチド合成用のコアシェル支持体の合成

　固相合成用のポリマー支持体は，主にアミノ基などの反応性基を持つ架橋ポリスチレン樹脂（100–200 mesh）が広く用いられている。架橋率の高い樹脂は安定性が高い反面，膨潤率が低く反応性基の担持量や反応性が低い，さらに粒子内への物質拡散による遅れの影響を受けやすいなどの問題があった。これを解決する目的から，粒子表面に反応性基あるいはその誘導体を集めたコアシェル型樹脂が注目されている。代表的な支持体の合成法としてコアシェル型アミノメチル化ポリスチレン樹脂（**4**）がある（(3)式）[16]。N-ヒドロキシメチルアセトアミド（**2**）とポリスチレン樹脂の縮合より得られた均一に置換しているアセトアミドメチル化ポリスチレン樹脂（**3**，1.4 mmol/g resin）を粒子表面から酸加水分解することにより，アミノ基を持つシェル層と未反応のコアから成るコアシェル型樹脂を合成している。同様の合成法でベンズヒドリルアミン構造をシェル層に持つコアシェル型樹脂も合成している[17]。これらの樹脂はアミノ基の導入量が高くなく架橋粒子なので通常の方法では内部構造を確認できない。この樹脂内のアミノ基を蛍光プローブのフロレッセンイソシアナートと選択的に反応させ蛍光測定することにより，はっきりとしたコアシェル構造をとりながら（恐らく図１の①のモデルで）反応し，加水分解時間とともに粒子内部にシェル層が拡大することを明らかにしている[16]。粒子内へ拡散しにくい嵩高いジクロロジフェニルメタンとポリスチレン樹脂の Friedel–Crafts 反応においては，クロロトリチル基を持つコアシェル型樹脂が直接得られることも報告されている[18]。また，両末端をアミノプロピル基に置換したポリエチレングリコールオリゴマー，アミノメチルポリスチレン樹脂と 2,4,6-トリクロロ-1,3,5-トリアジン（CNC）の反応では，分子量の大きいオリゴマーは粒子内部に拡散できないので，樹脂内部のアミノメチル基はすべて CNC と反応して消費するが，表面のアミノメチ

ル基は３者の反応によりポリエチレングリコール末端にアミノ基を持つシェル層が生成し，新たにコアシェル型樹脂が得られる[19]。これと類似したコアシェル構造の粒子はアミノ基片末端ポリエチレングリコールマクロマーとスチレンのラジカル重合からも得られている[20]。これらのコアシェル型支持体とペプチドオリゴマーとのカップリング反応は期待されたように相当する均一な支持体より速いことが確認されている[17, 19]。

4　ポリアクリル酸ゲルの化学修飾によるコアシェル型ゲルの合成と応用

4.1　ポリアクリル酸ゲルの化学修飾によるコアシェル型ゲルの合成

　ポリマー側鎖のカルボン酸は反応性基として有用であるが，エステル化やアミド化により親水性から疎水性に物性が大きく変化するため，定量的に反応させることが困難である。しかしながら，DBU を用いたカルボン酸とアルキルブロミドのエステル化（(4)式）[21, 22]や亜リン酸トリフェニル（TPP）-DBU 系の縮合剤を用いたアルキルアミンとのアミド化（(5)式）[23, 24]は非常に高速かつ選択的に進む。この反応をポリアクリル酸（PAA）ゲルの反応に応用した場合，PAA ゲルと DBU は単独で使用せずに，PAA ゲルの DBU 塩（DAA，直径数ミリ，直径と同じ高さの円筒形や球）の形で用いる[23~26]。DAA は反応溶液に膨潤せず，外側から反応して膨潤する。図1①の未反応核モデルの拡散律速に近い条件で反応が進み，反応途中のゲルは，ほぼ定量的に反応した疎水性のシェル部分と全く反応していない親水性のコア部分からなるコアシェル構造となる。この反応の見かけの速度は未膨潤部分の外径の経時変化として測定できる。一方，反応性が劣るアルキルクロリドを用いると反応は②で進み，境界領域に傾斜のあるコアシェル粒子が生成する（Thiele 数 $100 > \phi > 10$）[25]。ただし，シクロヘキシルクロリドなどの嵩高いアルキルクロ

$$\text{DAA} \xrightarrow[\text{in DMF}]{R-X} \text{PAE} \tag{4}$$

X：-Cl, -Br　　(DBU)　PAE

$$\text{DAA} \xrightarrow[\text{in NMP}]{NH_2\text{-}R \,/\, P(OC_6H_5)_3 \ (TPP)} \text{PNAA} \tag{5}$$

R：-CH$_2$CH$_2$CH$_3$ (PNNPA)，-CH(CH$_3$)$_2$ (PNIPA)，*etc*　PNAA

リドでは反応以上に拡散速度が遅くなり未反応核モデルの反応律速（$\phi > 100$）で進むことが認められている。さらに，簡便なコアシェル型ゲルの合成方法として，ポリ（2-ヒドロキシエチルアクリラート）（PHEA）ゲルとカルボン酸無水物の反応が報告されている[27, 28]。

4.2 コアシェル型ゲルの応用

本法で得られた Poly(*N*-alkylacrylamide)（PNAA）ゲルは，従来の対応するモノマーの重合法では発現できなかった以下の優れた特徴がある：①ゲルの網目構造が同じで，アルキル基あるいは2種類以上のアルキル基の組成のみが異なる PNAA ホモポリマーあるいは共重合体ゲルが合成できる。② C_2-C_3 のアルキル鎖を持つ PNAA は，感温性を示し，アルキル鎖の構造により下限臨界溶液温度（LCST）が異なる[28]。③得られたアミド化したゲルの形状は，原料の DAA の形状に依存しており，様々な形状のものを作製することが可能である。④反応は DAA の表面から起こり，完全にアミド化したシェル層と未反応の DAA のコアシェル型ゲルを経由して反応する。⑤ DAA-PNAA コアシェル型ゲルに異なるアルキルアミンを反応させることにより，異なる感温特性を持つ PNAA(2)-PNAA(1) コアシェル型ゲルが得られる（図2）[29, 30]。⑥これらのコアシェル型ゲルは，元が1つの均一なゲルであったので，コアとシェル間に界面があるもののゲルネットワークが連続しており，界面での剥離が起こりにくく耐久性の高い構造を持っている。

これらの特徴を巧みに利用することにより優れた機能材料を開発することができる。PNAA(2)-PNAA(1) コアシェル型ゲルは各温度でそれぞれの層が独立に膨潤・収縮し大きさを変える

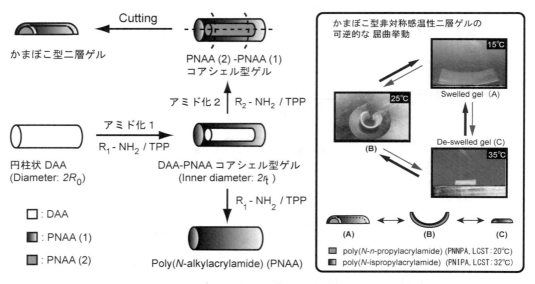

図2 PNAA ゲルおよび非対称かまぼこ型二層ゲルの合成とその屈曲挙動

ことができる。しかしながら，これらの変形は等方的であるために，このままでは大きな変形や仕事をすることができなかった。長い円柱状のPNAA(2)-PNAA(1) コアシェル型ゲルを軸方向に真二つに切断して作成した非対称なpoly（*N-n*-propylacrylamide）（PNNPA，LCST：21℃)-PNIPA かまぼこ型二層ゲルは，15℃水中では膨潤した半円筒形（図2のA）をとっているが，これを25℃に昇温するとシェル層のPNNPA部分のみが収縮し大きく屈曲する（B）。さらに35℃にすると両層とも収縮した半円筒形（C）になる。この屈曲-伸長の変形は水温の変化に対して可逆的に起こり，全く新しいタイプのアクチュエータとしての可能性が見出されている。また，DAA-PAEやDAA-PNAAの中和により得られたPAA-PAEやPAA-PNAAコアシェル型ゲルは，シェルの化学構造により長期間0次放出あるいは時限放出する[22, 31]，刺激応答する[24, 26]など優れた機能を持つ徐放材料になることが報告されている。

5　おわりに

ポリマー粒子表面からの選択的な化学修飾によるコアシェル粒子の合成法は，モノマーの重合では合成の困難な$100\,\mu\mathrm{m}$以上の大型の様々な形状のゲルを合成するのに適している。さらに，本文に述べたように重合法ではなしえない優れた特徴があり，これを生かした多くの機能性高分子材料開発への応用が可能であり，今後の発展が期待される。

文　　献

1)　上田充，有機合成化学会誌，**48**，144（1990）
2)　東福次，有機合成化学会誌，**47**，995（1989）
3)　西久保忠臣，飯澤孝司，有機合成化学会誌，**51**，157（1993）
4)　例えば，B. Zhan and L. Zhu, *Macromolecules*, **42**, 9369（2009）
5)　C. S. Peyratout and L. Dahne, *Angew. Chem. Int. Ed.*, **43**, 3762（2004）
6)　矢木栄，国井大蔵，工業化学会誌，**59**，131（1953）
7)　M. Ishii and C. Y. Wen, *AIChE. J.*, **14**, 311（1968）
8)　R. M. Fitch, C. Gajria, and P. J. Tarcha, *J. Colloid Interface Sci.*, **71**, 107（1979）
9)　P. J. Tarcha and R. M. Fitch, *J. Polym. Sci., Polym. Phys.*, **21**, 2389（1983）
10)　C. J. Kim and P. I. Lee, *J. Appl. Polym. Sci.*, **46**, 2147（1992）
11)　W. S. Lyoo, J. W. Kwak, K. H. Choi, and S. K. Noh, *J. Appl. Polym. Sci.*, **94**, 2356（2004）
12)　L. S. Peixoto, F. M. Silva, M. A. L. Niemeyer, G. Espinosa, P. A. Melo, M. Nele, and J. C.

Pinto, *Macromol. Symp.*, **243**, 190 (2006)

13) W. S. Lyoo and H. W. Lee, *Colloid Polym. Sci.*, **280**, 835 (2002)

14) L. S. Peixoto, P. A. Melo, M. Nele, and J. C. Pinto, *Macromol. Mater. Eng.*, **294**, 463 (2009)

15) C. J. Kim and P. I. Lee, *Pharm. Res.*, **9**, 10 (1992)

16) T. K. Lee, S. J. Ryoo, J. W. Byun, S. M. Lee, and Y. S. Lee, *J. Comb. Chem.*, **7**, 170 (2005)

17) J. H. Choi, T. K. Lee, J. W. Byun, and Y. S. Lee, *Tetrahedron Lett.*, **50**, 4272 (2009)

18) T. K. Lee, S. J. Ryoo, J. W. Byun, and Y. S. Lee, *Tetrahedron Lett.*, **48**, 389 (2007)

19) H. Kim, J. K. Cho, W. J. Chung, and Y. S. Lee, *Org. Lett.*, **6**, 3273 (2004)

20) J. K. Cho, B. D. Park, K. D. Park, and Y. S. Lee, *Macromol.Chem. Phys.*, **203**, 2211 (2002)

21) 例えば, 下川努, 西久保忠臣, 高分子論文集, **44**, 641 (1987)

22) F. Matsuda, N. Miyamoto, and T. Iizawa, *Polymer J.*, **31**, 435 (1999)

23) T. Iizawa, N. Matsuno, M. Takauchi, and F. Matsuda, *Polymer J.*, **31**, 1277 (1999)

24) T. Iizawa, N. Matsuno, M. Takeuchi, and F. Matsuda, *Polymer J.*, **34**, 53 (2002)

25) 松田文彦, 松野直樹, 飯澤孝司, 高分子論文集, **55**, 440 (1998)

26) T. Iizawa, Y. Matsuura, and Y. Onohara, *Polymer*, **46**, 8098 (2005)

27) T. Iizawa, T. Morimoto, T. Yamaguchi, and S. Kato, *Polymer*, **45**, 5077 (2004)

28) T. Iizawa, K. Nakao, T. Yamaguchi, M. Maruta, *Polymer*, **46**, 1834 (2005)

29) T. Iizawa, A. Terao, M. Ohuchida, Y. Matsuura, Y. Onohara, *Polymer J.*, **39**, 1177 (2007)

30) T. Iizawa, A. Terao, T. Abe, M. Ohuchida, Y. Matsuura, *Polymer J.*, **41**, 872 (2009)

31) 飯澤孝司, 宮本俊, 菅野聡美, 高分子論文集, **57**, 715 (2000)

第6章　マイクロリアクターを利用する
コアシェル粒子の設計と合成

西迫貴志*

1　はじめに

　マイクロリアクターとは，1～1000 μmサイズの微細な構造（マイクロ流路）の内部を液相あるいは気相が流動する管状反応器を指す。マイクロ流路の特徴として，比表面積の増大，伝熱速度および物質移動速度の向上，安定層流，などが挙げられるが，マイクロリアクターの研究開発ではこれらの特徴を生かし，各種化学反応を効率よく行ったり，高機能，高付加価値を有する材料を生産するといった試みが活発に行われている[1~4]。そうした中，微細加工技術を用いて基板上に作製したマイクロ流路の分岐構造を利用し，サイズの均一性（単分散性）に優れたエマルションの生成（乳化）法が開発されている。また，生成した単分散エマルション滴に硬化処理を施し，さまざまな微粒子の調製が行われている。

　本章では，マイクロ流路の分岐構造を用いた乳化技術の概要，本技術を応用した多重構造を有するエマルション滴の生成法，ならびに生成された多重エマルション滴を基材としたコアシェル型高分子微粒子の調製事例について紹介する。

　なお，マイクロリアクターを用いた各種ナノ粒子の合成法も別途多く報告されているが，本章では取り扱わない。また微粒子合成のほか，生化学分析等，マイクロ流路を用いた微小液滴生成技術の幅広い応用事例に関しては，近年発表されている関連書籍や総説[5~8]を参照されたい。

2　マイクロ流路の分岐構造を用いた乳化技術

2.1　概要

　筆者らは，水と油のように相溶性の低い2つの液体をマイクロ流路の交差部で合流させ，一方を他方中に液滴として分散させる手法を開発した[9, 10]。2つの液体のどちらが液滴となるかは流路壁面に対する液体の濡れ性によって決まり，通常，流路壁面をより濡らしやすい液体が液滴を包含する相（連続相），よりはじかれやすい液体が液滴となる相（分散相）となる。なお，分散

＊　Takasi Nisisako　東京工業大学　精密工学研究所　助教

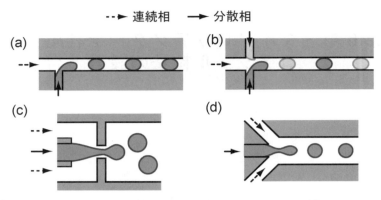

図1 単分散エマルション生成用マイクロ流路の分岐構造
(a)T字型，(b)十字型，(c)フローフォーカシング型，(d)シースフロー型

相として気相を用い，微小気泡を生成することもできる[11]。よく用いられる流路形状は，T字型（図1a）[10, 12]や十字型（図1b）[13, 14]のように，連続相流れが分散相流れを一方からせん断するように流動するクロスフロー型と，フローフォーカシング型（図1c）[11, 15]やシースフロー型（図1d）[16, 17]のように連続相流れが分散相流れを両脇から対称に包み込むように流入するコフロー型に大別される。一方，キャピラリー管を用いて軸対称な環状流路を形成し，同様の液滴生成を行う事例も多く報告されている[18]。

　いずれの流路形状においても，分散相と連続相の適切な流量制御により，均一なサイズの液滴（あるいは気泡）を規則正しい時間周期で連続生成することができる。使用流体の粘度や表面張力等の物性にも大きく依存するが，液滴サイズは流路サイズのおおよそ0.5～2倍程度の間で操作でき，液滴生成速度は，低速側は毎秒1個未満，高速側は毎秒10^4個のオーダーに至る。こうした物理現象には，低レイノルズ数（$Re = \rho U L / \eta$）で安定した層流状態の流れ場で流体抵抗力による高いせん断力を作用させられることや，連続相流路を分散相が部分的に遮断することによって生じる周期的な圧力変動が寄与していると考えられている[19, 20]。

　エマルション生成に微細構造を利用する他の技術として，膜乳化法[21]やマイクロチャネル乳化法[22]が存在する。これらはサイズの均一な多数の微細孔や段差構造を介して連続相中に分散相を圧入し，液滴として分散させるものであり，液滴生成に連続相の流動を必ずしも要さない。これに対し，分岐構造を用いる手法では連続相の空間もマイクロ流路であることが重要であり，この相違が液滴生成に連続相の流動が必須であることなど，他の技術にないさまざまな特徴につながっている。

2.2　マイクロ流路装置の材料

　本手法では流路壁面の濡れ性が液滴生成の可否に大きく影響するため，目的とするエマルションの種類を考慮した流路基板の材料選択が重要である。例えば，油中水型（W/O型）エマルションの生成には疎水性表面をもつ材料が好ましく，シリコーン樹脂である Polydimethylsiloxane (PDMS)[11, 14, 15, 19] の使用例が非常に多い。一方，水中油型（O/W型）エマルションの生成には親水性表面をもつ材料が好ましく，各種ガラス[16, 17]，シリコン[13]，ステンレス[23] 等の使用例がある。また，親水性，疎水性の度合いが顕著でない材料の場合，使用する2液体のいずれかに界面活性剤を添加して流路表面との親和性を相対的に高めることで，どちらを連続相とするか選択することができる。例えばアクリル樹脂（PMMA）製のマイクロ流路では，W/O型[10]，O/W型[24] の両方が生成されている。

　目的とするエマルションの種類に合わせ，材料の本来の濡れ性を表面処理により改質して用いることもできる。例えば，シリコーン処理剤[25, 26] やオクタデシルトリクロロシラン（OTS）等のシランカップリング剤[27] の導入による，ガラス製の親水性流路の疎水化および W/O エマルションの生成が行われている。一方，疎水性材料の親水化については，PDMS 製の流路に酸素プラズマ処理[28] を行ったり，親水性官能基を有するポリアクリル酸をプラズマ重合[29] や光グラフト重合[30, 31] によって製膜して親水化し，O/W エマルションの生成に用いた例が報告されている。

2.3　マイクロ流路の加工手法

　マイクロ流路は一般に，基板上に微細溝を加工した後，別の基板で封をすることで形成される。微細溝の加工手法は，流路基板の材料，流路サイズ，断面形状等の条件によって多種多様なものが選択される。

　例えばフォトリソグラフィは，樹脂材料，無機材料ともに多く使用される。樹脂材料であれば，基板上に塗布した感光性レジストに対してフォトリソグラフィを行うことでマスクパターンに応じた微細溝を形成できる。また，SU-8 等の厚膜フォトレジストを用いて凸型を作製し，PDMS に転写する手法（ソフトリソグラフィ）[32] が多く用いられている。ガラス，シリコン基板へのウェットエッチング[25]，反応性イオンエッチング[17] 等によるサブミクロン〜数百 μm の微細溝の加工事例も多い。

　一方，PMMA のように被切削性の良い樹脂やステンレス等であれば，エンドミル工具を用いた機械加工により微細溝を作製できる[10, 23]。この場合の最小溝幅は工具径によって制限され，最小で数十〜100 μm 程度となる。また単結晶ダイヤモンド刃や軸付砥石[16] を用いた，石英ガラスへの微細溝加工も報告されている。機械加工法の利点として，多品種少量生産に適していることや，3次元形状加工が容易であることが挙げられる。

他にも，各種レーザ加工の利用や，射出成型によるポリカーボネート（PC）製流路の作製[33]，高温プレス成型による石英ガラス流路の作製[34] など，さまざまな技術が利用されている。

3 マイクロ流路の分岐構造を用いた多相エマルション滴の生成

3.1 概要

多相エマルションとは，エマルションが別の液相内にエマルション化したもの，即ち連続相中に分散された液滴がさらにその内部により微細な液滴を含んだ，多重分散系のことを指す。特に二重構造のものはダブルエマルションと呼ばれ，主に知られているものとして，W/O エマルションが水相中に分散された water-in-oil-in-water（W/O/W）型，O/W エマルションが油相中に分散された oil-in-water-in-oil（O/W/O）型がある（図2）。これらは通常，本来容易に混ざり合う最内の相（最内相）と外側の連続相（最外相）の合一を，中間の相（中間相）に添加した界面活性剤によって抑制された準安定な系となっている。医薬品，化粧品，食品，微粒子合成[35]等さまざまな応用が見込まれ古くから研究が行われてきたが，二段階の機械式乳化や転相法などの従来製法では，カプセルのサイズや体積比率，内部構造の精密な制御は困難であった。

筆者らは上記のマイクロ流路を用いた乳化技術を応用し，外部液滴と内包液滴がともに単分散であり，それぞれのサイズおよび内部構造が精密に制御された多相エマルションの生成法（図3）を開発した[25, 26, 36]。流路構造は，図1の分岐構造で互いに表面の濡れ性が異なるものを2段連結したものとなっている。2つの液滴生成部のそれぞれにおいて，均一サイズの液滴を規則正しい周期で連続生成することができるため，上流部と下流部の液滴生成周期を調整することで，単核，2核など，内包液滴数を精密に制御された単分散多相エマルションを連続生成できる（図4）。また，連結する液滴生成部をさらに増やすことでトリプルエマルション，クワドルプルエマルション等[37, 38]，より高次の構造を有する多相エマルションを生成することもできる。

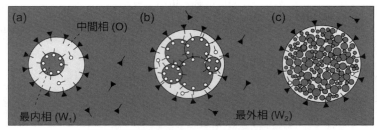

図2　各種 W/O/W 型ダブルエマルションの概念図
(a)単核型，(b)複数核型，(c)多核（マトリックス）型

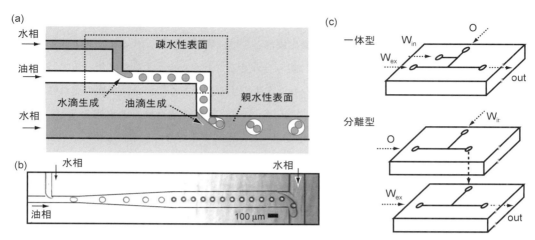

図3　マイクロ流路の分岐構造を用いた多相エマルション生成法
(a)概念図，(b)W/O/W エマルション生成の様子，(c)一体型および分離型の構成

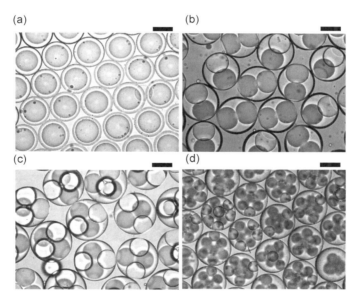

図4　さまざまな核数を有する単分散 W/O/W エマルション[26]
(a)単核，(b)二核，(c)四核，(d)6〜8 核。
スケールバーは 100 μm。Reproduced by permission of The Royal
Society of Chemistry（RSC）

3.2　装置構成と表面処理

　2つの流路分岐構造は同一基板上に合っても良い（一体型）[25〜31] し，分離した2つの素子を連結させても良い（分離型）[25, 26, 39]（図3 c）。一体型の場合，1段目で生成した液滴の列を乱すこ

となく容易に2段目に供給できるため，多相エマルションの内部構造を精密に制御しやすい。一方，分離型の場合，1段目と2段目の液滴生成部として，異なる構造，サイズ，および表面の濡れ性を有するものを目的に合わせて自在に組み合わせることができ，柔軟性に優れる。

W/O/W 型，O/W/O 型の多相エマルションを生成する際，多くの場合，表面の濡れ性の異なる液滴生成部の連結構造が用いられる。例えば，W/O/W 型の場合は，上流側を W/O エマルションを生成するために疎水性，下流側を O/W 型を生成するために親水性とする。O/W/O 型の場合はその逆にすれば良い。マイクロ流路内部に局所的に親水性，疎水性表面を設ける手法としては，元来親水性の流路の全域を疎水化した後に一部をエッチング液の導入[25, 26]や UV 照射[27]によって親水性に戻す手法や，元来疎水性の流路をアクリル酸によって親水化する場合は，流路を処理液に局所的に浸した状態[40]やマスクを用いた[30, 31]光グラフト重合や，マスク存在下でのプラズマ重合[29]などが報告されている。

一方，濡れ性の異なる流路を組み合わせることなく，多重構造のエマルションを得る例も報告されている。例えば，疎水性表面を有する PDMS 製の一体型デバイスにおいて，第2液滴生成部に段差構造を用いたり[41]，流路壁面を空気圧駆動により弾性変形させて[42]油滴の生成を補助することで，W/O/W エマルションが生成されている。また，多相エマルションを構成する3相として互いに相溶性の低い材料を用いた場合，流路表面の濡れ性の部分的な改変を行わずに，多重構造のエマルションを作製することも可能である。報告されている例として，2つの相溶性の低

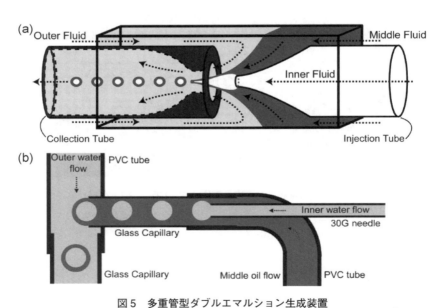

図5　多重管型ダブルエマルション生成装置
(a)軸対称型[48]。Copyright 2005, with permission from AAAS.(b) T 字型[51]。
(Copyright 2009, with permission from Wiley-VCH.)

い有機相を用いる oil-in-oil-in-water （O/O/W） 型[28, 43] および water-in-oil-in-oil （W/O/O）型[44]や，最内相を気相とした gas-in-oil-in-water （G/O/W） 型[45]や gas-in-water-in-oil （G/W/O） 型[46] がある。また，共溶媒を用いて連続相の一部を分散相に溶解させておき，単一の T 字路で液滴を生成した後，共溶媒の移動によって多相エマルションを生成する手法が報告されている[47]。

　キャピラリー管やチューブを 3 次元的に組み合わせて多重管とした装置を用い，単分散多相エマルションを生成することもできる（図 5）[48~51]。こうした装置では，多相エマルションの生成部位において，最内相および中間相が管の内壁に触れにくい状態で液滴を生成できるため，平面基板上の 2 次元パターンの流路に比べ，流路壁面の濡れ性による影響が小さい。なお類似の構造を多段のフォトリソグラフィによって作製して用いることもできる[40]。静電霧化を組み合わせた手法も報告されている[52]。

3.3　単分散多相エマルションからの微粒子調製

　マイクロ流路により生成した単分散多相エマルションを基材とし，さまざまな材質，内部構造の微粒子が作製されている（表 1）。

　まず，中間相として光硬化性の材料を使用して多相エマルション滴を生成し，UV 照射による硬化処理を経て，樹脂カプセルを生成する例が多い。具体的には W/O/W 型[48, 50]や W/O/O型[44, 49] から調製した水内包アクリル樹脂カプセルや，O/O/W 型から調製した油内包アクリル樹脂カプセル[28, 43]，最内相に気泡，中間相にアクリルアミドモノマー水溶液を用いた G/W/O 型から作製した多孔質ハイドロゲル粒子[46] などがある。また，界面エネルギー最小化による O/O/W型エマルション滴から Janus 液滴への形態変化を利用した，半球状粒子の調製事例[28, 43]も報告されている。

　中間相に各種ポリマーやコロイド粒子を含む有機溶媒を用いて W/O/W エマルションを生成し，液中乾燥法により溶媒を蒸発・除去させ，シェル材を析出させてカプセルを生成する事例も多い。例えば，シェル材としてポリ乳酸（PLA）[40]や乳酸グリコール酸共重合体（PLGA）[51] を用いた生分解性カプセルが調製されている。また，フォスフォコリン[40] などの脂質分子や両親媒性ブロックコポリマー[48, 53, 54]をシェル材として用い，溶媒の蒸発・除去を介してベシクル（あるいは polymerosome）を調製した事例もある。また，シェル材としてシリカナノ粒子を用い，単核あるいは複数核のコロイドソム（colloidosome）が生成されている[55, 56]。

　その他の硬化法による粒子調製事例としては，O/W/O 型からの焼成を介した多孔質シリカゲル粒子の調製[57]や，water-in-oil-in-water-in-oil （W/O/W/O） 型トリプルエマルションからのレドックス反応による，W/O エマルションを内包した熱応答性ゲルカプセルの生成事例があ

表 1 マイクロ流路で生成した多相エマルションを基材とした微粒子調製事例

(ただしコアシェル粒子を除く)

粒子タイプ	液滴タイプ	最内相	中間相	最外相	硬化手法	文献
アクリル樹脂カプセル（水内包）	W/O/W	水あるいは水溶液	NOA (70%)+アセトン (30%)	水溶液	光重合	48
〃	〃	PVA水溶液 (25 vol%)	①4-hydroxy butyl acrylate (4-HBA)+光開始剤 (2,2-dimethoxy-2-phenylacetophenone) (3.415%) ②①+アクリル酸 (13.842 wt%)+架橋剤 (ethylene glycol dimethacrylate, EGDMA)	PVA水溶液 (25 vol%)	〃	50
〃	W/O/O	グリセリン水溶液 (~65 wt%)	(TPGDA, TMPTA, PETA)+光開始剤 (Darocur 1173 or 1-hydroxy-cyclohexyl phenyl ketone (HCPK))	シリコーンオイル	〃	44
〃	〃	インク水溶液+グリセリン	Photopolymer (SK9)		〃	49
アクリル樹脂カプセル（油内包），非球形粒子	O/O/W	シリコーンオイル (10 cSt)+Span80 (0.2-2.0 wt%)	Tripropyleneglycol diacrylate (TPGDA) or EGDMA+HCPK (4 wt%)	SDS水溶液 (0.2-1.2 wt%)	〃	43
〃	〃	テトラデカン	TPGDA+Darocur (8%)	SDS水溶液 (1 wt%)	〃	28
多孔質ハイドロゲル	G/W/O	窒素ガス	アクリルアミド水溶液 (36 wt%)+架橋剤 (1.5 wt%)+光開始剤 (0.5 wt%)	PDMS+光開始剤	〃	46
生分解性カプセル (PLA)	W/O/W	PVA水溶液 (5 wt%)	酢酸エチル+Span85 (5 wt%)+ポリ乳酸 (PLA)	Tween20水溶液 (5 wt%)	液中乾燥法	40
〃 (PLGA)	〃	PVA水溶液 (2 wt%)	ジクロロメタン (DCM)+乳酸グリコール酸共重合体 (PLGA) (5 wt%)	PVA水溶液 (2 wt%)	〃	51
〃 (PLGA)	W/(W/O)/W	〃	W：PVA水溶液 (2 wt%) O：DCM+PLGA (5 wt%)	〃	〃	51

(つづく)

表1　マイクロ流路で生成した多相エマルションを基材とした微粒子調製事例（つづき）
（ただしコアシェル粒子を除く）

粒子タイプ	液滴タイプ	最内相	中間相	最外相	硬化手法	文献
ベシクル（ポリメロソーム）	W/O/W	水あるいは水溶液	トルエン（70 vol%）+Tetrahydrofuran（THF, 30 vol%）+poly (buthyl acrylate)-b-poly (acrylic acid) (PBA-PAA) 2%w/v	水あるいは水溶液	液中乾燥法	48
〃	〃	蒸留水	トルエン+THF (50-50 wt%~80-20 wt%)+PBA-PAA (0.1-5 wt%)	80% (v/v) グリセロール水溶液	〃	53
〃	〃	グリセロール水溶液 (5 vol%)	トルエン and/or クロロホルム+polystyrene-block-poly (ethylene oxide) (PS-PEO)	グリセロール (50 vol%)+PVA (5 mg/mL) 水溶液	〃	54
〃	〃	PVA 水溶液 (5 wt%)	酢酸エチル+Span85 (5 wt%)+① トリラウリン or ② フォスフォコリン	Tween20 水溶液 (5 wt%)	〃	40
コロイドソーム（単核）	W/O/W	PVA 水溶液 (0-2 wt%)	トルエン+シリカナノ粒子 (15 nm, 7.5 wt%)	PVA 水溶液 (0.2-2 wt%)	〃	55
〃（複数核）	〃	〃				56
多孔質シリカゲル粒子	O/W/O	ヘキサデカン	PVA 水溶液 (2 %w/v)+オルトケイ酸 (1 M)+トリエチレンテトラアミン (6.7 mM)	ヘキサデカン+レシチン (0.5%w/v)	焼成 (400 ℃, 8 h)	57
ハイドロゲル粒子	W/O/W	アルギン酸ナトリウム水溶液 (1 wt%)	デカン+TGCR (5 wt%)	ドデシルベタイン水溶液 (1 wt%)+0.1 mol/L塩化カルシウム	イオン交換反応	58
熱応答ハイドロゲルカプセル	W/O/W/O	グリセロール (10 wt%)+PVA (2 %w/v) 水溶液	O：PDMS oil+界面活性剤 (DowCorning749, 5 wt%)+重合促進剤 (TEMED, 8 %v/v) W：グリセロール (10 wt%)+PVA (2 %w/v)+NIPAM (11.3 %w/v)+架橋剤 (BIS, 0.77 %w/v)+開始剤 (am-monium persulfate (APS), 0.6 %w/v) 水溶液	PDMS oil (100 cSt)+界面活性剤 (Dow Corning749, 2 wt%)	レドックス反応	37

る[37]。また，アルギン酸ナトリウム水溶液を薄い油膜で内包した単核の W/O/W エマルション滴を生成後，外水相にカルシウムイオンを添加し，浸透圧により油膜を崩壊させて内水相と外水相を接触させ，アルギン酸カルシウムゲル粒子が得られている[58]。

　上述のさまざまな粒子に加え，核とシェル層の両方に固相を含む，コアシェル型粒子の調製事例も増加しつつある。以下では，そうしたコアシェル粒子の生成事例について解説する。

4　高分子コアシェル粒子の作製事例

4.1　磁性コアシェル粒子

　上述の多相エマルション生成法を用い，磁性を有する核を樹脂で覆った高分子コアシェル粒子を作製した事例が報告されている。

　例えば Peng ら[59]は，磁性ナノ粒子を含む有機相を内包した単核の PDMS カプセルを作製している（図6）。本手法では，内径 150 μm の2本のガラス管を PDMS 製マイクロ流路に埋め込

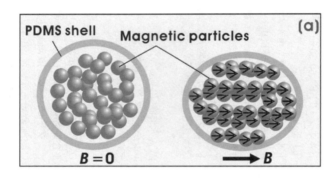

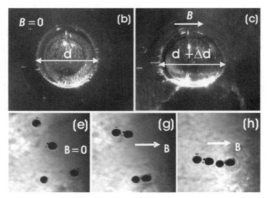

図6　磁場応答性を有する弾性コアシェル粒子と磁場応答の様子[59]
コア：磁性ナノ粒子充填ひまわり油，シェル：シリコーンエラストマー
（PDMS）（Copyright 2008, with permission from AIP.）

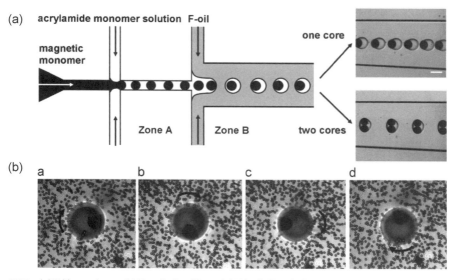

図 7　(a)磁性コアシェル粒子の生成の様子，(b)回転磁場に追随して偏心回転するコアシェル
　　　粒子の様子[60]
コア：磁性ナノ粒子含有ポリスチレン，シェル：アクリルアミドゲル（Copyright 2009,
with permission from Wiley-VCH.）

み，フローフォーカシング型の多相エマルション生成用流路を形成して用いている。最内相とし
て磁性ナノ粒子（Fe_3O_4）を 30 wt% 内包したひまわり油，中間相として PDMS ゲルをシリコー
ンオイルで希釈した溶液，最外相としてひまわり油を導入して単核の $O_1/O_2/O_1$ 型エマルション
を生成した後，流路外にて収集した液滴を 120℃ に熱し，PDMS ゲルを急速硬化させて直径
100 μm 前後の弾性カプセルを得ている。作製したコアシェル粒子の磁場に対する応答性を調べ
た結果，磁場の向きに従ってコアの磁性粒子が双極子モーメントの相互作用により鎖状に並ぶこ
とやそれに伴う弾性シェルの伸長変形が観察されており，3000 G の磁場で最大 6.3% の伸長変形
が記録されている。また，磁性ナノ粒子をマトリクス状に分散した PDMS 粒子を別途作製し，
コアシェル型粒子との間で，磁場下での伸長性や粒子強度など，磁歪効果（力学特性）の定量的
な比較を行っている。

　一方，回転磁場で駆動できる高分子コアシェル粒子も提案されている。Chen ら[60]に，第 1 液
滴生成部を親水化した PDMS 製マイクロ流路において，最内相としてスチレンモノマーに架橋
剤，熱開始剤，光開始剤，磁性粒子を加えたもの，中間相としてアクリルアミド水溶液に架橋剤
と光開始剤と界面活性剤を加えたもの，最外相にフッ素オイルに界面活性剤を加えたものを用い
て単核あるいは二核の $O_1/W/O_2$ エマルション滴を生成し（図 7 a），硬化処理により，磁性粒子
を含むポリスチレン（PS）を核としアクリルアミドゲルをシェルとした直径 50 μm 程度の単分

散高分子コアシェル粒子を得ている。また作製した単核のコアシェル粒子において，磁性ナノ粒子を含む PS 核がゲル粒子の端に偏って存在することを利用し，回転磁場によってコアシェル粒子を偏心回転させられることを示している（図7b）。こうした粒子はマイクロ流れ場における微小な撹拌子としての利用や，複雑流体やバイオ材料等の特性を調べるためのプローブとして役立つ可能性があるとしている。

4.2　親水性—疎水性粒子

　Chen らは，図7a と同様の PDMS 製マイクロ流路を用い，疎水性の核と親水性のシェルを有する高分子コアシェル粒子を作製し，粒子外部の溶媒交換による形態変化の様子を調べている（図8）[61]。本研究では，最内相として1,6 ヘキサンジオールジメタクリレートに光開始剤を添加したもの，中間相としてアクリルアミド水溶液に架橋剤，光開始剤，界面活性剤を加えたもの，最外相としてフッ素系オイルに界面活性剤を添加したものを用いてマイクロ流路内で単核の O_1/W/O_2 エマルション滴を生成し，その後に UV 光を照射することで，核が疎水性のアクリル樹脂，シェルが親水性のハイドロゲルである単核のコアシェル粒子を得ている。さらに生成物を乾燥させた後，水に分散することでハイドロゲルであるシェル部が膨潤したコアシェル粒子になることや，有機溶媒中では疎水性のコアが外部に露出してヤヌス（Janus）状に形態変化することを確認している。

4.3　フォトニック結晶

　Kim ら[62] は，直径 150，280，400 μm の 3 つのキャピラリーを組み合わせた多重管型ダブルエマルション生成装置を用い，ナノ粒子の配列によって形成されたフォトニック結晶を透明な樹脂

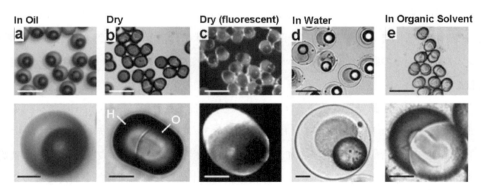

図8　外部環境の変化に応答した疎水コア—親水シェル粒子の形態変化の様子[61]
コア：アクリル樹脂，シェル：アクリルアミドゲル。スケールバーは上段 100 μm，下段 20 μm。
(Copyright 2009, with permission from ACS.)

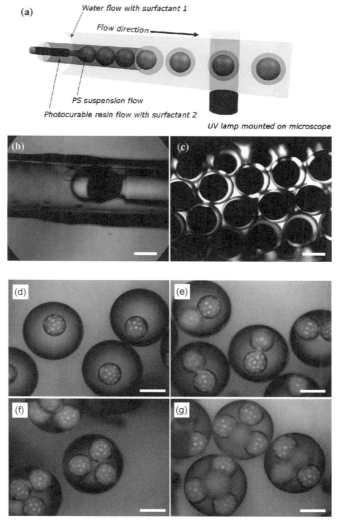

図9　多重管を用いたコロイド結晶のカプセル化[62]
(a)手法概念図，(b) W/O/W 液滴生成の様子，(c)ガラス管下流部の様子，
(d-g) さまざまな核数のコロイド結晶内包コアシェル粒子
スケールバーは 200 μm（Copyright 2008, with permission from ACS.)

のシェルにより覆った単分散コアシェル粒子を調製した（図9）。本手法では，最内相として直径 328 nm の PS 粒子を 10 vol.%分散した水相，中間相に光硬化性の樹脂（ETPTA）に光開始剤と界面活性剤 Span80 を添加したもの，最外相として親水性界面活性剤を加えた水相を用いて単分散 W/O/W エマルションを生成している。直後に管の中で UV 照射により中間相の重合処理を行い，例えば平均径 170 μm，CV 値が 5 %程度の単核のコアシェル粒子の作製を行っているほか，流量条件の操作により，さまざまな核数のコアシェル粒子を作製している（図9 d-g）。

ETPTA のシェルに覆われたコロイド結晶は外部刺激に強く，外部電場や乾燥，イオン濃度の変化に対する耐久性を有することが確認されている。

5　おわりに

以上，マイクロ流路の分岐構造を用いた乳化技術の概要と多相エマルション生成への応用，およびコアシェル粒子を含む各種微粒子の調製手法を紹介した。これらの技術は，マイクロ流路内における安定多相流の形成，および粘性力，界面張力等の微小スケールにて支配的に働く力を利用することで，既存の他の技術では困難であった均一性に優れた粒子の形成を容易にした。また，それのみならず，既存手法では困難であった新規な構造や機能を有するコアシェル粒子を設計できる可能性が明らかになりつつある。

今後の技術的課題の1つとして，粒子の微小化が挙げられる。本手法によって生成される多相液滴，コアシェル粒子のサイズはマイクロ流路のサイズにおおよそ依存するため，より微細な流路を用いることで生成物の微小化は可能である。例えば現存の微細加工技術により，サブミクロンオーダーの流路を製作することはそう難しくはない。しかし，そうした流路における流体制御は大変困難となる。例えば，流路サイズが微小化するほど圧力損失が飛躍的に増大し，単純な圧力駆動では液体の導入および精密な流量制御は難しくなる。最近，そうしたサイズの流路において電気浸透流による流れの駆動を行い，1μm前後の液滴を生成した事例[63] が報告されている。

また，特に産業応用に向けての課題として，生産量の大幅なスケールアップが挙げられる。一般にマイクロリアクターでは流路本数を増大させることによりそれに比して処理量を増大させる「ナンバリング・アップ」という手段が取られる。マイクロ流路の分岐構造を用いた乳化技術においても，数十〜数百本のマイクロ流路をリソグラフィ技術により1チップ上に並列化し，生産量を数十〜数百倍にする事例[64〜66] が報告されているが，それでもチップあたりの生産量は多く見積もって時間当たり数kgに過ぎない。また，流路の微細化，液滴の微小化に伴い，単一流路あたりの生産量は著しく減少する。今後，チップ並列化，積層化等により生産量をさらに数十〜数百倍にすることが実用化には必要である。

今後，従来の粒子が持ち得なかった機能を有した，革新的な高機能，高付加価値の高分子コアシェル粒子がマイクロリアクターを用いた手法によって生み出されることを期待する。

文　　献

1)　吉田潤一監修，マイクロリアクター――新時代の合成技術―，シーエムシー出版（2003）
2)　草壁克己ほか，マイクロリアクタ入門，産業図書（2008）
3)　V. Hessel *et al.*（*Eds.*），Micro Process Engineering：A Comprehensive Handbook，Wiley-VCH（2009）
4)　前一廣ほか，マイクロリアクターによる合成技術と工業生産，サイエンス＆テクノロジー（2009）
5)　D. L. Chen *et al.*, *Angew. Chem. Int. Ed.*, **45**, 7336（2006）
6)　S. Y. Teh *et al.*, *Lab Chip*, **8**, 198（2008）
7)　C. A. Serra *et al.*, *Chem. Eng. Technol.*, **31**, 1099（2008）
8)　D. Dendukuri *et al.*, *Adv. Mater.*, **21**, 4071（2009）
9)　例えば，特許第 3746766 号，U. S. Patent No.7268167，European Patent No.1362634 など
10)　T. Nisisako *et al.*, *Lab Chip*, **2**, 24（2002）
11)　P. Garstecki *et al.*, *Phys. Rev. Lett.*, **94**, 164501（2005）
12)　T. Thorsen *et al.*, *Phys. Rev. Lett.*, **86**, 4163（2001）
13)　R. Dreyfus *et al.*, *Phys. Rev. Lett.*, **90**, 144505（2003）
14)　B. Zheng *et al.*, *Anal. Chem.*, **76**, 4977（2004）
15)　S. L. Anna *et al.*, *Appl. Phys. Lett.*, **82**, 364（2003）
16)　T. Nisisako *et al.*, *Chem. Eng. J.*, **101**, 23（2004）
17)　T. Nisisako *et al.*, *Adv. Mater.*, **18**, 1152（2006）
18)　L. Martín-Banderas *et al.*, *Small*, **1**, 688（2005）
19)　P. Garstecki *et al.*, *Lab Chip*, **6**, 437（2006）
20)　M. DeMenech *et al.*, *J. Fluid Mech.*, **595**, 141（2008）
21)　鈴木，科学と工業，**80**, 77（2006）
22)　小林，日本食品科学工学会誌，**53**, 317（2006）
23)　小野ほか，化学工学会第 74 年会，B207（2009）
24)　J. H. Xu *et al.*, *Lab Chip*, **6**, 131（2006）
25)　S. Okushima *et al.*, *Langmuir*, **20**, 9905（2004）
26)　T. Nisisako *et al.*, *Soft Matter*, **1**, 23（2005）
27)　S. Tamaki *et al.*, in Proc. of μTAS 2007 Conference, **1**, 1459（2007）
28)　N. Pannacci *et al.*, *Phys. Rev. Lett.*, **101**, 164502（2008）
29)　V. Barbier *et al.*, *Langmuir*, **22**, 5230（2006）
30)　M. Seo *et al.*, *Soft Matter*, **3**, 986（2007）
31)　A. R. Abate *et al.*, *Lab Chip*, **8**, 2157（2008）
32)　D. C. Duffy *et al.*, *Anal. Chem.*, **70**, 4974（1998）
33)　K. S. Huang *et al.*, *J. Micromech. Microeng.*, **17**, 1428（2007）
34)　http://www.covalent.co.jp/jpn/rd/developments/quartz_channels.html（Accessed April 2010）
35)　G.-H. Ma *et al.*, *Macromolecules*, **37**, 2954（2004）

36） T. Nisisako *et al.*, *Chem. Eng. Technol.*, **31**, 1091 （2008）

37） L.-Y. Chu *et al.*, *Angew. Chem. Int. Ed.*, **46**, 8970 （2007）

38） A. R. Abate *et al.*, *Small*, **5**, 2030 （2009）

39） 伊東ほか, 化学工学会第 75 年会, J124 （2010）

40） C.-Y. Liao *et al.*, *Biomed. Microdevices*, **12**, 125 （2010）

41） D. Saeki *et al.*, *Lab Chip*, **10**, 357 （2010）

42） Y.-H. Lin *et al.*, *J. Microelectromech. Sys.*, **17**, 573 （2008）

43） Z. Nie *et al.*, *J. Am. Chem. Soc.*, **127**, 8058 （2005）

44） Y. Hennequin *et al.*, *Langmuir*, **25**, 7857 （2009）

45） T. Arakawa *et al.*, *Sens. Actuator. A-Phys.*, **143**, 58 （2008）

46） J. Wan *et al.*, *Adv. Mater.*, **20**, 3314 （2008）

47） C.-X. Zhao *et al.*, *Angew. Chem. Int. Ed.*, **48**, 7208 （2009）

48） A. S. Utada *et al.*, *Science*, **308**, 537 （2005）

49） R. Bocanegra *et al.*, *J. Microencapsulation*, **22**, 745 （2005）

50） H.-J. Oh *et al.*, *J. Micromech. Microeng.*, **165**, 285 （2006）

51） S.-W. Choi *et al.*, *Adv. Funct. Mater.*, **19**, 2943 （2009）

52） Á. G. Marin *et al.*, *Phys. Rev. Lett.*, **98**, 014502 （2007）

53） E. Lorenceau *et al.*, *Langmuir*, **21**, 9183 （2005）

54） R. C. Hayward *et al.*, *Langmuir*, **22**, 4457 （2006）

55） D. Lee *et al.*, *Adv. Mater.*, **20**, 3498 （2008）

56） D. Lee *et al.*, *Small*, **5**, 1932 （2009）

57） F. J. Zendejas *et al.*, in Proc. of μTAS 2006 Conference, **1**, 230 （2006）

58） 佐伯ほか, 化学工学会第 75 年会, J204 （2010）

59） S. Peng *et al.*, *Appl. Phys. Lett.*, **92**, 012108 （2008）

60） C.-H. Chen *et al.*, *Adv. Mater.*, **21**, 3201 （2009）

61） C.-H. Chen *et al.*, *Langmuir*, **25**, 4320 （2009）

62） S.-H Kim *et al.*, *J. Am. Chem. Soc.*, **130**, 6040 （2008）

63） F. Malloggi *et al.*, *Langmuir*, **26**, 2369 （2010）

64） 川井ら, 東ソー研究・技術報告, **47**, 3 （2003）

65） T. Nisisako *et al.*, *Lab Chip*, **8**, 287 （2008）

66） G. Tetradis-Meris *et al.*, *Ind. Eng. Chem. Res.*, **48**, 8881 （2009）

第7章　ピッカリングエマルション法による コアシェル粒子の合成

藤井秀司[*1]，岡田正弘[*2]，古薗　勉[*3]，福本真也[*4]

1　はじめに

　コアシェル粒子は，コア物質の外部刺激からの隔離，外部刺激によるコア物質の取り出し，コア部およびシェル部への機能導入などが可能であり，これらの機能を生かして，塗料，接着剤，フィラー，トナー，ドラッグデリバリーシステムにおけるキャリアー，カプセル，触媒担体，宇宙塵モデルなどとして応用・利用されている[1]。有機高分子ベースのコアシェル粒子の合成法として，シード重合[2]，ヘテロ凝集法[3]，交互積層法[4]，自己組織化法[5]，相分離法[6]，無機ナノ粒子存在下での乳化，懸濁，ミニエマルション重合[7]，有機無機同時析出重合法[8]などがこれまでに開発されている。上記の合成法ではほとんどの場合において，生成粒子を媒体中に分散安定化するために分子レベルの分散剤（低分子乳化剤や高分子分散安定剤）が添加されているが，この分散剤が粒子表面を被覆することで機能発現を抑制するために利用範囲が限定されてしまう場合もある。このような背景のもとに分子レベルの分散剤を使用しないコアシェル粒子合成法に高い関心が集まっており，スケールアップ，粒子径や形態の制御が容易でかつ工業化が可能な方法を確立することは意義が高い。

　本章では，著者らが開発した，分子レベルの分散剤を一切使用せず固体粒子によって安定化されたエマルションを利用するコアシェル粒子合成法「ピッカリングエマルション法」について解説する。本法において固体粒子は，エマルションおよび生成粒子を安定化させる分散剤としての役割を果たすと同時に，生成粒子のシェル部を形成して機能を発現する。まず，ピッカリングエマルションについて説明を行った後，機能発現にその表面性状が大きく関与するハイドロキシアパタイトを一例として取り上げ，バイオセラミックスナノ粒子を粒子状分散剤として用いたピッカリングエマルション法の一例を紹介したい。

＊1　Syuji Fujii　大阪工業大学　工学部　応用化学科　高分子材料化学研究室

＊2　Masahiro Okada　近畿大学　生物理工学部　医用工学科

＊3　Tsutomu Furuzono　近畿大学　生物理工学部　医用工学科

＊4　Shinya Fukumoto　大阪市立大学　大学院医学研究科　代謝内分泌病態内科学

2 ピッカリングエマルション

2.1 ピッカリングエマルションとは

　固体微粒子が油水界面に吸着することにより安定化されたエマルションは"ピッカリングエマルション"と呼ばれ[9]，物理化学およびコロイド科学的アプローチから基礎研究が進められており，化粧品，製薬，食品分野への応用展開が期待されている。エマルションの生成・安定化のしやすさや，生成するエマルションの型（水中油滴（oil-in-water，O/W）型または油中水滴（water-in-oil，W/O）型）を支配する因子として，分散剤の種類とその濃度，水と油の割合，温度，乳化エネルギーの加え方，容器壁の性質，各成分を加える順序などが挙げられる[10]。特に，粒子を分散剤として使用する際には，粒子の油または水への濡れ性を示す接触角（θ：一般に水相を通して測られる）がエマルションの安定性やその型を決定する重要な因子となる。親水性粒子が油水界面に吸着した場合には，粒子が水相側に偏在するために θ は90°以下となり，一方，疎水性粒子の場合では逆に θ は90°以上となる。つまり，水相と油相の比が1:1の場合，親水性粒子はO/W型のエマルションを，疎水性粒子はW/O型のエマルションをそれぞれ優先的に安定化する（図1）。このように，粒子の濡れ性（θ）は，分子レベルの分散剤で安定化されたエマルション系における Hydrophile-Lipophile Balance（HLB）値や臨界充塡パラメーターと同様の指標を与えるといえる。

　球状粒子が分散相から油水界面へ吸着することに伴うエネルギー変化（ΔG）は，重力の影響を無視すると，以下の式のように表すことができる[11]。

$$\Delta G = -\gamma_{ow}\pi a^2(1\mp\cos\theta)^2 \tag{1}$$

ここで，γ_{ow} は油水間の界面張力，a は粒子半径，θ は接触角である。括弧内の符号が−の場合

親水性粒子 (θ < 90°)　　　　　疎水性粒子 (θ > 90°)

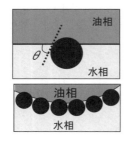
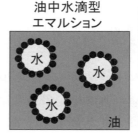
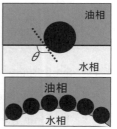

図1　粒子の濡れ性とエマルションの型

は粒子が水相から油水界面に吸着する場合を表し，＋の場合は油相から吸着する場合を表す。式(1)から，粒子径および油水界面張力が大きく，また，接触角が $90°$ に近いほど吸着エネルギーが大きいことが理解できる。たとえば，半径 $10\,nm$ の粒子が水-トルエン界面（界面張力 $36\,mN/m$）に接触角 $90°$ で吸着したとすると，吸着エネルギーは $2,750kT$ と計算される。一般的な低分子乳化剤の吸着エネルギーは $10\sim20kT$ であることから[12]，粒子状分散剤の吸着エネルギーは非常に高いことがわかる。したがって，適度な濡れ性をもつ粒子が界面に一旦吸着すると，高い吸着エネルギーのために界面からの脱離が起こりにくい。また多くの場合，粒子状分散剤は液滴界面を密に覆い液滴を安定化している。上記の理由により，ピッカリングエマルションは通常の分子レベルの分散剤で安定化されたものと比べ，液滴間の合一に対する安定性が高いといわれている[9b~e]。

2.2　ハイドロキシアパタイトナノ粒子安定化ピッカリングエマルション

これまでに，シリカ[13]，金属[14]，クレイ[15] などの無機微粒子，および高分子微粒子[16]，ミクロゲル[17]，シェル架橋ミセル[18] などの有機微粒子，さらに最近ではバイオナノ粒子[19] を粒子状分散剤として使用したピッカリングエマルションに関する研究が盛んに行われている。著者らは，ハイドロキシアパタイト（HAp：$Ca_{10}(PO_4)_6(OH)_2$）ナノ粒子を分散剤として利用し，エマルションの安定化を試みる一連の研究を行っている[20]。リン酸カルシウムの一種である HAp は我々の歯や骨の主成分であり，人工的に合成される HAp セラミックスはイオン交換性，タンパク質の吸着性，生体親和性に優れる特徴をもつ。また，その優れた特徴を利用して，両性イオン交換体，タンパク質分離用カラム充填剤，化粧品，歯磨剤などとしてさまざまな分野で実用化されており，さらに，最大の特徴である生体親和性（特に，細胞・組織接着性）を利用した医用材料として，整形外科領域や歯科領域において臨床応用されている[21]。HAp は成形加工が困難であり，硬く・脆いという欠点があるが，その優れた特性を活かすため，成形加工性や機械的性質に優れる高分子材料と複合化し，双方の機能を併せ持つ機能性材料の開発が活発に進められている。

一般的な湿式法により調製した HAp ナノ粒子水分散体を油（n-ヘキサン，n-ドデカン，ミリスチン酸メチル，ピバル酸メチル，クロロホルム，トルエン，1-ウンデカノール，ジクロロメタン（CH_2Cl_2））と等体積比で撹拌すると，ミリスチン酸メチル，ピバル酸メチルの系のみ安定な O/W 型エマルションが形成し，その他の油ではエマルションは不安定で油相と水相にマクロ相分離する（図2）。この結果は，エステル基を有する油のみ安定なエマルションを形成することを意味している。フーリエ変換型赤外分光（FT-IR）測定の結果，ミリスチン酸メチル，ピバル酸メチル分子中のエステル基と，HAp 表面のカルシウムイオンが相互作用することが確認できた。このような相互作用によって HAp ナノ粒子は油相に対して適度な濡れ性を示し，油水界面

エステル基をもつ油   エステル基をもたない油

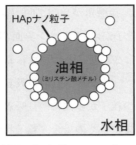
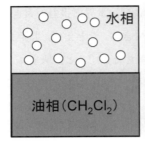

HApナノ粒子安定化エマルション   マクロ相分離
（ピッカリングエマルション）

図2　ハイドロキシアパタイト（HAp）ナノ粒子によって安定化されたピッカリング
　　　エマルション
エステル基をもつ油を使用した場合，エマルションが生成するが，エステル基をも
たない油はマクロ相分離する。

への HAp ナノ粒子の吸着が可能になり，エマルションが安定化されたと考えられる。以上の結果は，粒子の油相に対する濡れ性が，安定なエマルション生成に対して重要な因子であることを意味している。さらに，エステル基を持たない CH_2Cl_2 のような油であっても，エステル基を主鎖に有するポリエチレンテレフタレートのような高分子を溶解して油相にエステル基を導入することで，エマルションの安定化が可能であることも明らかとしている。ここで，エステル基を有する高分子は油水界面で HAp ナノ粒子と相互作用し，HAp ナノ粒子の油水界面への吸着補助剤（濡れ性調整剤）として機能している。

3　ピッカリングエマルション法によるコアシェル粒子の合成

2.2 で述べたように，エステル基を持たない CH_2Cl_2 のような油に対して HAp 粒子は単独では分散剤として有効に働かないが，エステル基を持つ疎水性高分子を吸着補助剤（濡れ性調整剤）として油相に溶解させることで，HAp ナノ粒子は油水界面に吸着して有効な分散剤として働く。このような HAp ナノ粒子が表面に吸着した高分子溶液滴中から，水媒体を通じて溶剤を揮発させることで高分子がコアで HAp ナノ粒子がシェルを形成したコアシェル粒子の合成が可能となる（図3）。我々は，上記のコアシェル粒子合成法をピッカリングエマルション法と名付けている。この方法の利点として，①分子レベルの乳化剤を一切使用しない，②簡便な操作，スケールアップが容易であり工業レベルでの合成が可能，③高分子の適用範囲が広い，④粒子内部への機能性物質の導入が容易であることが挙げられる。

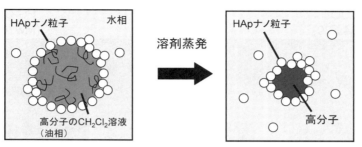

図3 ピッカリングエマルション溶剤蒸発法による高分子-コア/HAp-シェル複合粒子
　　の合成

3.1 コアシェル型汎用高分子粒子の合成

　エステル基をもつ高分子がHApナノ粒子の吸着補助剤（濡れ性調整剤）として働くことを述べたが，エステル基をもたない高分子でもHApと相互作用する官能基を一部導入することで同様の作用が期待できる。そのような官能基として，例えば，HAp表面とイオン的相互作用することが既に知られているカルボキシル基が挙げられる[22]。我々は，エステル基をもたない高分子でもその末端にカルボキシル基を導入することで，HApナノ粒子に対する吸着補助剤（濡れ性調整剤）として働くことを見出している。ここでは，油相に溶解させるポリスチレン（PS）の末端構造がエマルションの安定性に与える影響について紹介したい。

　4,4'-アゾビス（シアノ吉草酸）あるいはアゾビスイソブチロニトリルをフリーラジカル重合開始剤として用いた溶液重合により合成した，末端にカルボキシル基を有するポリスチレン（PS-COOH），および，末端にメチル基を有するポリスチレン（PS-CH$_3$）をサンプルとして使用した。PS-CH$_3$のCH$_2$Cl$_2$溶液を油相として使用してHApナノ粒子水分散体と撹拌した場合，水相と油相がマクロ相分離し安定なエマルションは生成しなかったが，PS-COOHのCH$_2$Cl$_2$溶液を使用した場合，安定なO/W型エマルションが生成した。以上の結果は，PS末端のカルボキシル基がHApナノ粒子と相互作用するためにHApナノ粒子が油水界面に吸着することが可能となり，エマルションが生成したことを示唆している。また，使用するPS-COOHの分子量を6,700〜64,500まで変化させてもすべての系において，ほぼ同等のドロップレット径を有する球状エマルション滴が生成する。一般的に高分子主鎖と比べ，見落とされがちな高分子末端基の違いによって，エマルションの安定性が左右されることを示すこの結果は，ピッカリングエマルション法を適用する高分子を設計する上で，非常に興味深い[23]。

　次に，生成エマルションからCH$_2$Cl$_2$を揮発させることにより，PSコア/HApシェル複合粒子

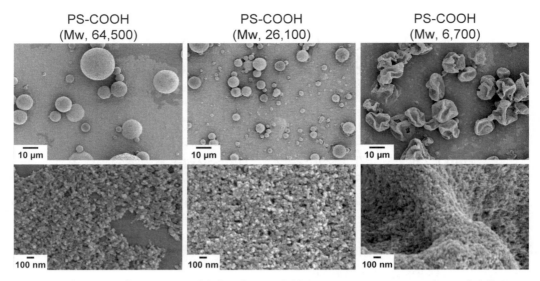

図4 ピッカリングエマルション溶剤蒸発法により作製した PS-COOH コア/HAp シェル複合粒子
の走査型電子顕微鏡写真
下段は粒子表面の拡大写真。

の合成を試みた。CH_2Cl_2 の水への溶解度は 1.3 g/100 mL（20℃）であるため，CH_2Cl_2 は連続相
である水相を通じて大気中に徐々に揮発することが可能である。同じ濃度の高分子溶液を使用し
たところ，分子量 26,100 および 64,500 の PS-COOH 系では，CH_2Cl_2 の揮発に伴って油滴は球状
を維持した状態で体積収縮し，球状粒子が生成した。分子量が 6,700 の PS-COOH 系では，非常
に興味深いことに，球状であった油滴は異形化し，凹みを有する粒子が生成した。走査型電子顕
微鏡（SEM）観察を行ったところ，分子量 26,100 および 64,500 の系では PS 粒子に吸着してい
ないフリーな HAp ナノ粒子が観察され，最も分子量が高い 64,500 の系では PS 粒子表面が完全
には HAp で被覆されていない様子が明らかである（図4）。一方，分子量 6,700 の系では，フリー
な HAp ナノ粒子は観察されず，PS 粒子は密に HAp ナノ粒子で被覆されている。油滴から
CH_2Cl_2 が揮発すると体積収縮が生じるが，分子量が高い PS-COOH 系では，COOH 導入量が少
量であるために HAp 高分子間の相互作用点が少なく，体積収縮に伴って HAp ナノ粒子が界面
から脱離することで表面積が減少し，生成粒子は球状を保ったものと考えられる（図5）。一方，
分子量の低い PS-COOH 系では，COOH 導入量が多いために HAp 高分子間の相互作用点が多
く，HAp ナノ粒子の界面での吸着エネルギーが高くなる。このため，界面から HAp ナノ粒子が
脱離することなく油水界面積を保ったまま体積収縮を起こすため，異形化したものと考えられる
（図5）。生成複合粒子は，表面に HAp 粒子由来の凹凸を有するモルフォロジィを有することが
SEM 写真から観察される。上記の結果より，油相に溶解している高分子と分散剤として働く HAp

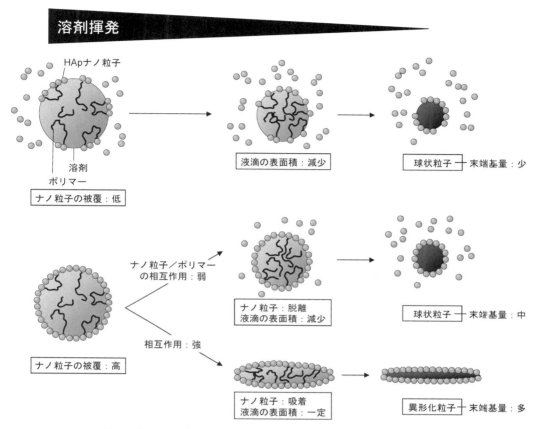

溶剤揮発

HApナノ粒子

溶剤
ポリマー

ナノ粒子の被覆：低

液滴の表面積：減少

球状粒子━末端基量：少

ナノ粒子／ポリマーの相互作用：弱

ナノ粒子：脱離
液滴の表面積：減少

球状粒子━末端基量：中

相互作用：強

ナノ粒子の被覆：高

ナノ粒子：吸着
液滴の表面積：一定

異形化粒子━末端基量：多

図5　末端カルボキシル基が複合粒子のモルフォロジーに与える影響

ナノ粒子の油水界面における相互作用の程度をコントロールすることにより，生成粒子のモルフォロジィ制御が可能であることが明らかである[23]。油相に溶解させる高分子の分子量以外に，生成粒子のモルフォロジィに与える因子として，高分子の種類，高分子の末端構造，溶剤揮発速度，溶剤揮発中の撹拌速度，溶剤の種類などが挙げられる。

3.2　コアシェル型生体吸収性高分子粒子の合成

　ピッカリングエマルション法は，分子レベルの分散剤を一切使用せずコアシェル粒子の合成を可能とする方法である。そこで，分子レベルの分散剤の存在が毒性やアレルギー性などで問題視される医用材料分野にターゲットを絞り，ピッカリングエマルション法による生体吸収性高分子コア/HApシェル複合粒子の合成に取り組んでいる[24]。生体吸収性高分子として，既に臨床実績があり実用化されている，ポリ乳酸（PLLA），ポリカプロラクトン，L-ラクチド-ε-カプロラクトン共重合体，L-ラクチド-グリコリド共重合体を取り上げた。上記の生体吸収性高分子は，

分子主鎖にエステル基を有し，さらに分子末端にもカルボキシル基を有する場合もあるため，HAp と相互作用し安定なエマルションおよびコアシェル粒子の合成が期待できる。

実際に市販の PLLA と HAp ナノ粒子の混合物の FT–IR 測定を行ったところ，PLLA ホモポリマーに観察されるカルボニル基およびカルボキシル基に帰属される 1,760 cm^{-1} 付近の吸収に加え，1,595 cm^{-1} に HAp ナノ粒子表面に存在するカルシウムイオンと相互作用した結果形成された-COO-Ca^{2+} イオン結合に起因する吸収が観察される（図6）。他の生体吸収性高分子に関しても同様に，HAp-

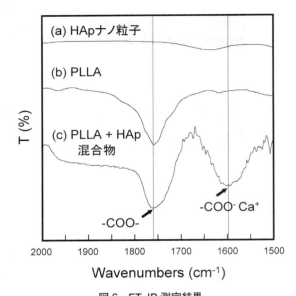

図6　FT–IR 測定結果
(a) HAp ナノ粒子，(b) PLLA ホモポリマー，(c) PLLA と HAp ナノ粒子の混合物

高分子間相互作用を FT–IR 測定により確認している。上記生体吸収性高分子の CH$_2$Cl$_2$ 溶液を油相とし，HAp ナノ粒子水分散体と混合することにより，すべての系において安定なエマルションの生成を確認し，さらに CH$_2$Cl$_2$ を除去することによって生体吸収性高分子コア/HAp シェル複合粒子を得た。

PLLA-HAp 系について得た結果は次のとおりである。光学顕微鏡観察により，CH$_2$Cl$_2$ 揮発過程でエマルション滴は合一しないことを確認し（図7），ガスクロマトグラフィ（GC）測定により，CH$_2$Cl$_2$ 濃度は揮発開始後 6 時間で 68,000 ppm から 240 ppm まで減少し，13 時間後には GC 測定限界である 10 ppm 以下になることを明らかとしている。CH$_2$Cl$_2$ の残存量は，日米 EU 医薬品規制調和国際会議により医薬品の残留溶媒ガイドラインとして定められている成人の 1 日に許容される摂取限度値未満であり，生成コアシェル複合粒子の医用材料としての利用可能性を強調するものである。生成コアシェル複合粒子表面は HAp ナノ粒子で密に被覆されており，また超薄切片の透過型電子顕微鏡（TEM）写真から，HAp ナノ粒子は PLLA 粒子表面にのみ存在し，40-120 nm の厚み（HAp 粒子の 1-3 層の厚みに相当）を有するシェルを形成していることが明らかとなっている（図8）。これら生成コアシェル複合粒子は 4℃で 1 年以上保存しても，水媒体中で分散安定であった。また，HAp 濃度，CH$_2$Cl$_2$ 中の生体吸収性高分子濃度，エマルション作製時の撹拌速度などを制御することにより，粒子径が数マイクロメートルから数百マイクロメートルのコアシェル粒子を合成することが可能である。また，ピッカリングエマルション法で，油相

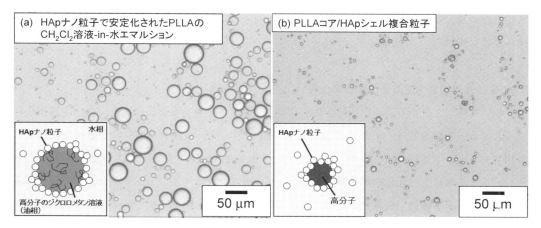

図7　作製された複合粒子の光学顕微鏡写真
⒜HApナノ粒子で安定化された PLLA の CH₂Cl₂ 溶液-in-水エマルション（ピッカリングエマルション）の光学顕微鏡写真
⒝ピッカリングエマルションから油を蒸発させ作製した PLLA コア/HAp シェル複合粒子の光学顕微鏡写真
⒜，⒝は同視野で観察。

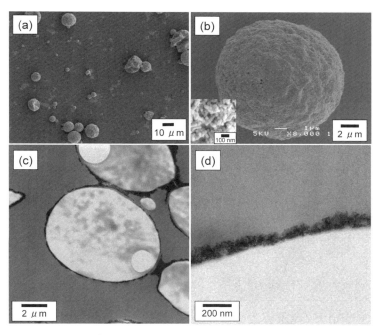

図8　ピッカリングエマルション溶剤蒸発法により作製した PLLA コア/HAp
　　　シェル複合粒子の走査型電子顕微鏡写真
⒝は⒜に写っている1粒子の拡大写真，⒝の挿入図は粒子表面の拡大写真，
⒞，d）超薄切片の透過型電子顕微鏡写真。d）は⒞の拡大写真。

に油溶性の蛍光物質を添加しておくことにより，粒子内部に蛍光物質の導入が可能であることも明らかにしている。

3.3　生体吸収性多中空高分子粒子の合成

　多相エマルションから溶剤を揮発させるピッカリングエマルション法により，多中空構造を有するコアシェル複合粒子の合成も可能である（図9）[25]。従来の分子レベルの分散剤を使用する多相エマルション形成には，O/W型およびW/O型エマルションを安定化するため異なるHLB値を有する2種以上の乳化剤が必要であるが，ピッカリングエマルションの場合，粒子表面の親疎水性が異なる2種以上の粒子が必要となる。Binksらは，表面処理剤で粒子表面の親疎水性をコントロールした2種類のシリカ粒子を使用することにより，水中油中水滴（water-in-oil-in-water，W/O/W）型のピッカリングエマルションの作製が可能であることを報告している[26]。

　我々は，生成粒子の医用材料としての応用を意識し，シランカップリング剤，長鎖アルコールなどの表面処理剤を一切使用せず，最終的に粒子の基材となる生体吸収性高分子を表面改質剤として使用することでHApナノ粒子の表面処理を行い，親疎水性の異なる2種のHApナノ粒子を調製している。疎水性HAp粒子の調製は，PLLAとHApナノ粒子を混合してPLLAの融点以上である200℃で加熱処理して行っている。融点以上で加熱するとポリマーが軟化しHAp表面と密着することが可能となり，その結果得られるPLLAが吸着したHAp粒子は疎水性が高くなり，W/O型エマルションの安定化が可能になる。次いで，表面修飾をしていない親水性の高いHApナノ粒子の水分散体中にW/O型エマルションを乳化させることにより，W/O/W型多相エマルションの作製が可能である（図10 a）。この多相ピッカリングエマルションからCH$_2$Cl$_2$

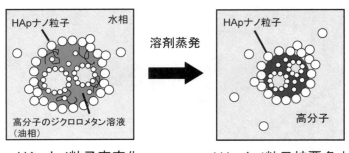

図9　ピッカリングエマルション溶剤蒸発法によるHAp被覆多中空高分子　　　粒子の合成

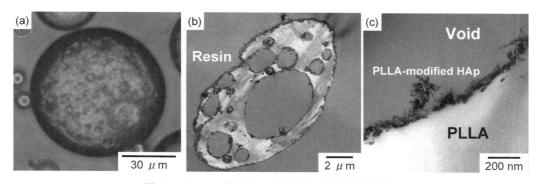

図 10　HAp ナノ粒子による微粒子の電子顕微鏡写真
(a) HAp ナノ粒子で安定化された W/O/W 型多相ピッカリングエマルション，(b) ピッカリングエマルション溶剤蒸発法により作製した HAp 被覆多中空高分子粒子の超薄切片の透過型電子顕微鏡写真，(c) 図 10 b で観察されるドメインの拡大写真

を揮発させることにより，内部に水ドメインを有する多中空粒子を合成した。乾燥粒子の超薄切片の TEM 観察から，HAp は内部ドメイン，および粒子表面に吸着している様子が確認できる（図 10 b，c）。粒子内部の水ドメインを水溶性物質の担持場として利用することで，水溶性薬剤のキャリアーとしての医用展開が期待できる。

4　生体吸収性高分子コア/HAp シェル複合粒子の細胞接着性評価

　HAp は細胞接着性に優れることから[21]，HAp をシェルに導入することで生体吸収性高分子粒子の細胞接着性を向上できる。実際に，モデル系として L929 マウス線維芽細胞を使用して PLLA コア/HAp シェル複合粒子の細胞接着性を評価したところ，図 11 に示すように，細胞は複合粒子表面で仮足を伸展し粒子に接着している様子が観察される。対照実験として，上記複合粒子から HAp を溶解除去した bare PLLA 粒子を使用した場合には，細胞は仮足を伸ばさず，球状に近い状態で接着している。また，各粒子に接着した細胞数を比較すると，PLLA コア/HAp シェル複合粒子の方が bare PLLA 粒子と比べて統計学的に有意に多いことを確認した（図 12）。また，細胞―粒子間の接着力を，PLLA コア/HAp シェル複合粒子または bare PLLA 粒子をプローブとするコロイドプローブ原子間力顕微鏡で測定したフォースカーブから評価すると，HAp ナノ粒子が PLLA 粒子表面に存在することにより，細胞接着力が約 2.5 倍向上していることが明らかとなっている[27]。現在，HAp ナノ粒子で被覆された生体吸収性高分子ミクロスフィアを，虚血下肢の回避を目的とする血管新生治療法におけるスキャフォールド（足場材料）粒子として実用化する研究開発を新エネルギー・産業技術総合開発機構のプロジェクトとして鋭意推進中である[28]。

図11　PLLA コア/HAp シェル複合粒子（a-c）と bare PLLA 粒子（HAp シェルなし）（d-f）表面
で 24 時間培養した L929 線維芽細胞の走査型電子顕微鏡写真
（b，c）と（e，f）は，それぞれ(a)と(d)の拡大図。細胞は，PLLA コア/HAp シェル複合粒子表面上
では仮足を伸展して接着しているが，bare PLLA 粒子表面には球型のまま接着している。

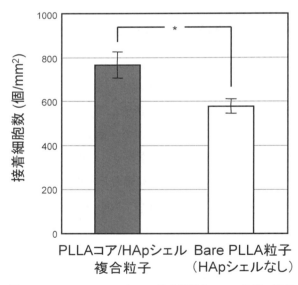

図12　PLLA コア/HAp シェル複合粒子と PLLA 粒子へ接着
した L929 線維芽細胞数の比較
エラーバーは標準偏差を表す（n＝30）。*$P < 0.05$

5　おわりに

HApナノ粒子を分散剤として使用して安定化されたピッカリングエマルション，およびその
エマルションからコアシェル粒子を合成する方法（ピッカリングエマルション法）について，
我々が行ってきた一連の研究を紹介した。ピッカリングエマルション法は分子レベルの分散剤を
使用しないコアシェル粒子合成法であり，分散剤の使用に厳しい制限が設けられている利用分野
において魅力的であろう。医用材料分野以外でのピッカリングエマルション法により合成された
コアシェル粒子の応用利用例が出てくることを祈る。

謝辞

大阪工業大学 工学部 応用化学科 教授 中村吉伸先生および同高分子材料化学研究室のメンバー，ならび
に，京都大学大学院 工学研究科 化学工学専攻 講師 新戸浩幸先生に感謝申し上げる。試料を提供していた
だいた，グンゼ㈱，㈱ソフセラに謝意を表する。本稿で述べた著者らの研究の一部は，平成20年度採択新
エネルギー・産業技術総合開発機構（NEDO）ナノテク・先端部材実用化研究開発（虚血下肢の切断回避を
実現する細胞移植用ナノスキャフォールドの開発），日本学術振興会科学研究費補助金の先端研究拠点事業
先進微粒子ハンドリング科学（課題番号：18004）による支援を受けた。

文　　　献

1) (a) R. M. Fitch Edn., Polymer Colloids, Plenum Press, New York (1971)；(b) P. A. Lovell *et al.*, Emulsion Polymerisation and Emulsion Polymers, John Wiley and Sons, Chichester, UK (1997)；(c) D. Urban *et al.*, Edn., Polymer Dispersions and Their Industrial Applications, WILEY-VCH Verlag GmbH, Weinheim, (2002)；(d) A. Elaissari Edn., Colloidal Polymers：Synthesis and Characterization, Surfactant Science Series Vol.115, Marcel Dekker, Inc. (2003)

2) (a) M. Okubo *et al.*, *Colloid Polym. Sci.*, **267**, 193 (1989)；(b) R. Pelton, *Adv. Colloid Interface Sci.*, **85**, 1 (2000)；(c) D. Suzuki *et al.*, *Langmuir*, **21**, 8175 (2005)；(d) S. Fujii *et al.*, *Langmuir*, **26**, 6230 (2010)

3) (a) P. F. Luckham *et al.*, *Colloids and Surfaces*, **1**, 281 (1980)；(b) M. Okubo *et al.*, *Colloid Polym. Sci.*, **268**, 791 (1990)；(c) R. H. Ottewill *et al.*, *Colloid Polym. Sci.*, **275**, 274 (1997)

4) (a) F. Caruso *et al.*, *Science*, **282**, 1111 (1998)；(b) A. S. Angelatos *et al.*, *Soft Matter*, **2**, 18 (2006)

5) (a) K. B. Thurmond *et al.*, *J. Am. Chem. Soc.*, **118**, 7239 (1996)；(b) V. Bütün *et al.*, *J. Am. Chem. Soc.*, **120**, 11818 (1998)；(c) S. Fujii *et al.*, *J. Polym. Sci. Part A：Polym.*

Chem., **47**, 3431（2009）

6) (a) M. Okubo *et al.*, *Colloid Polym. Sci.*, **278**, 659（2000）; (b) A. Shulkin *et al.*, *Macromolecules*, **36**, 9836（2003）; (c) R. Atkin *et al.*, *Macromolecules*, **37**, 7979（2004）; (d) J. M. Stubbs *et al.*, *C. R. Chimie*, **6**, 1217（2003）

7) (a) A. Schmid *et al.*, *Chem. Mater.*, **19**, 2435（2007）; (b) T. Hasell *et al.*, *J. Mater. Chem.*, **17**, 4382（2007）; (c) F. Tiarks *et al.*, *Langmuir*, **17**, 5775（2001）

8) S. Fujii *et al.*, *J. Mater. Chem.*, **17**, 3777（2007）

9) (a) S. U. Pickering, *J. Chem. Soc.*, **91**, 2001（1907）; (b) B. P. Binks *et al.*, Colloidal Particles at Liquid Interfaces, Cambridge Univ. Press : Cambridge（2006）; (c) R. Aveyard *et al.*, *Adv. Colloid Interface Sci.*, **100-102**, 503（2003）; (d) 藤井秀司ほか, オレオサイエンス, **9 (11)**, 511（2009）; (e) 藤井秀司, 日本接着学会誌, **47 (2)**, 64（2007）

10) 北原文雄ほか, 分散・乳化系の化学, 工学図書㈱版 9 版（1995）

11) S. Levine *et al.*, *Colloids Surf.*, **38**, 325（1989）

12) R. Aveyard *et al.*, *Phys. Chem. Chem. Phys.*, **5**, 2398（2003）

13) (a) B. P. Binks *et al.*, *Phys. Chem. Chem. Phys.*, **1**, 3007（1999）; (b) B. P. Binks *et al.*, *Langmuir*, **16**, 2539（2000）

14) D. Wang *et al.*, *Soft Matter*, **1**, 412（2005）

15) (a) S. Cauvin *et al.*, *Macromolecules*, **38**, 7887（2005）; (b) S. A. F. Bon *et al.*, *Langmuir*, **23**, 8316（2007）

16) (a) O. D. Velev *et al.*, *Langmuir*, **12**, 2374（1996）; (b) A. D. Dinsmore *et al.*, *Science*, **298**, 1006（2002）; (c) J. I. Amalvy *et al.*, *Chem. Commun.*, 1826（2003）; (d) S. Fujii *et al.*, *Langmuir*, **20**, 11329（2004）

17) (a) S. Fujii *et al.*, *Adv. Mater.*, **17**, 10140（2005）; (b) T. Ngai *et al.*, *Chem. Commun.*, 331（2005）; (c) S. Tsuji *et al.*, *Langmuir*, **24**, 3300（2008）

18) S. Fujii *et al.*, *J. Am. Chem. Soc.*, **127**, 7304（2005）

19) (a) J. Y. Russell *et al.*, *Angew. Chem. Int. Ed.*, **44**, 2420（2005）; (b) J. He *et al.*, *Langmuir*, **25**, 4979（2009）; (c) S. Fujii *et al.*, *J. Colloid Int. Sci.*, **338**, 222（2009）

20) S. Fujii *et al.*, *J. Colloid Int. Sci.*, **315**, 287（2007）

21) 青木秀希, 驚異の生体物質アパタイト, 医歯薬出版㈱（1990）

22) X. Qi *et al.*, *J. Polym. Sci.*, *Part A : Polym. Chem.*, **43**, 5177（2005）

23) 前田駿太ほか, 第 58 回高分子学会討論会, 高分子学会予稿集, **58 (2)**, 3892（2009）

24) (a) S. Fujii *et al.*, *Langmuir*, **25**, 9759（2009）; (b) M. Okada *et al.*, *Bioceramics*, **22**, 623（2009）; (c) X. Liu *et al.*, *Archives of BioCeramics Research*, **9**, 35（2009）

25) (a) 前田駿太ほか, 第 57 回高分子学会年次大会, 高分子学会予稿集, **57 (1)**, 1813（2008）; (b) H. Maeda *et al.*, submitted（2010）

26) (a) B. P. Binks *et al.*, Proceedings of 3ʳᵈ World Congress on Emulsions, CME, pp.1-10（2002）; (b) K. L. Kilpadi *et al.*, *J. Biomed. Mater. Res.*, **57**, 258（2001）

27) 平田琢也ほか, 化学工学会第 74 年会（平成 21 年 3 月）

28) (a) 化学工業日報 2010 年 2 月 16 日; (b) 日刊工業新聞 2010 年 3 月 8 日

第Ⅲ編

機能に関する新展開

第1章　セルロースからの三原色マイクロビーズの調製とその環境浄化色材への展開

永岡昭二[*1]，伊原博隆[*2]

1　はじめに

　セルロースは植物に普遍的に存在する多糖類の一種で，その年間生産量は石油埋蔵量をはるかに上回る無尽蔵の原材料である。セルロースの微粉末が産業に利用された例として，古くは1950年代に H. A. Peterson らによる生体成分の分離材への応用があげられる[1)]。ただし，当時は破砕体として利用されたために，カラムの中でつまりやすく，分離速度に限界があったが，現在では真球状微粒子を製造するための手法が種々開発されており，欠点が大幅に改善されている。代表的なセルロースの球状微粒子化法としては，ビスコース[2)]や銅アンモニア溶液[3)]，ロダンカルシウム溶液[4)]などを利用する水系溶液から調製する方法と，セルロースをアセチル化など，疎水基を導入することにより，有機溶媒に溶解させて調製する方法[5)]がある。著者らは後者の方法を種々適用して，澱粉やプルラン[6)]，グルコマンナン[7)]，キトサン[8)]のような天然多糖類やアミノ酸の縮合物であるポリアミノ酸[9)]から球状微粒子を作製することに成功しており，化学修飾による界面制御により液体クロマトグラフィ用充填剤[10)]や発熱物質の吸着剤[11)]，細胞培養用マイクロキャリア，免疫分析用人工担体[12)]などへ応用展開している。さらに著者らは無機材料の複合化は水系溶媒からの粒子化方法により，セルロースをコア，無機材料をシェルにもつ複合粒子の開発を行い，半導体研磨材[13)]，さらには本章で紹介する，光触媒と無機顔料を用いた色材への展開を図ってきた[14)]。

2　セルロースの利用

　本項においては粒子化方法の違いによるセルロース微粒子の特性を紹介する。有機系溶媒からの粒子化方法として，セルローストリアセテートのジクロロメタン溶液をノニオン性水溶性高分子水溶液に懸濁させ，セルロースエステルの球状粒子を調製し，これをけん化することにより，

＊1　Shoji Nagaoka　熊本県産業技術センター　材料・地域資源室　室長

＊2　Hirotaka Ihara　熊本大学　大学院自然科学研究科　教授

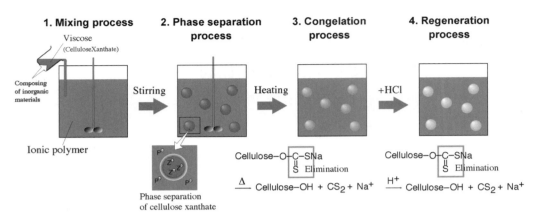

図1　ビスコース相分離法によるセルロースの造粒プロセス

球状の再生セルロース微粒子を得ることができる。有機溶媒から調製する方法は低沸点の有機溶媒が蒸発することが律速になり、かき混ぜ効果による微粒子の多分散化が生じる。一方、水系溶媒からの粒子化方法は、レーヨン繊維の原料であるビスコースを用いた。イオン性水溶性高分子の水溶液に懸濁させ、電荷的反発によって、液滴化させる。図1に示すように、液滴化後、加熱することにより、ザンテート基が離脱し、球状固化し、酸処理により、再生セルロースの球状微粒子を得ることができる。短時間でのザンテート基の離脱により、固化できるため、かき混ぜによる影響が少ない。したがって粒子は比較的、単分散となり、しかも真球性が高くなる。

　結晶構造においては、双方ともセルロース-Ⅱ型構造であるが、ビスコースから調製された微粒子の方がアセテートから調製された微粒子よりも、結晶性は高くなることがX線回折により、確認されている。これはアセテートから調製された微粒子は、油（トリアセチルセルロースの有機溶液）と水（水溶性ポリマー）の疎水相分離により形成され、溶剤が離脱するとともに球状固化する。トリアセチルセルロース球状粒子は、水酸基が保護されているため、セルロース分子鎖は、無秩序のまま固化される。けん化反応によって、部分的に水素結合を生じるものの、分子鎖の無秩序性が維持されたまま、アセチルの加水分解が完了する。それに対して、ビスコース法においては、加熱および酸処理によってザンテート基が直ちに離脱し、迅速に水酸基同士の水素結合が生じる。これにより、柔軟な丸い液滴から硬い球状の固体へ変化し、結晶性が高くなる。一方、セルロースザンテートとイオン性ポリマーとの電荷的に反発している中に、第三の無機機能材料を添加すると、セルロースザンテートへの分配により、無機材料による微粒子の表面改質を行うことができる。

3　ビスコース相分離法による無機材料の複合化

　前項で説明したビスコース相分離法による粒子化方法は，さまざまな無機，金属微粉末などを担持させたまま，球状粒子化できる。その典型的な例として，光触媒，TiO_2 微粒子を分散させたビスコースを用いて，酸化チタン微粒子が複合されたセルロース微粒子に関して概説する[15]。分散性が異なる TiO_2 微粒子を用いて，2種類のセルロース/TiO_2 複合粒子を調製したところ，ビスコース溶液中の酸化チタン微粒子の分散度は得られる粒子の酸化チタンの分布に大きく影響す

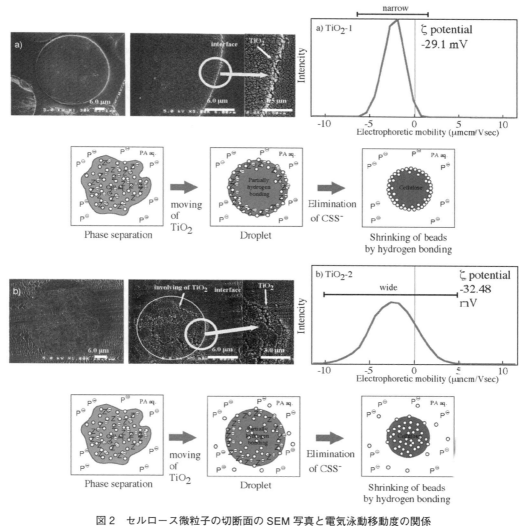

図2　セルロース微粒子の切断面の SEM 写真と電気泳動移動度の関係
a)　TiO_2 表面分散型セルロース微粒子の切断面，b)　TiO_2 内包型セルロース微粒子の切断面

ることが確認された。図2にこれら複合粒子の断面 SEM および球状化の pH 条件の水溶液中における TiO$_2$ 粒子の電気泳動移動度を示した。移動度のピーク幅が狭く，ゼータ電位がマイナス側にシフトしている TiO$_2$ 微粒子は，均一に移動することが示唆される。したがって，このタイプの TiO$_2$ 微粒子（TiO$_2$-1）は，マイナスに荷電するセルロースザンテート相からの排斥も均一に生じると考えられる。

球状化のプロセスは，図1の反応式に示すように，生成するセルロースザンテートを含む液滴の加熱により，CSS-基が二硫化炭素として離脱し，水酸基が生成する。水酸基同士の分子間水素結合により，セルロースドメインの収縮が生じ，球状固化が起こる。その際に界面あるいは界面近傍に存在する TiO$_2$-1 が液滴の収縮，固化とと

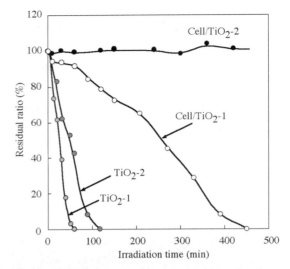

図3　酸化チタン／複合粒子および酸化チタンによる
　　　アセトアルデヒドの減少挙動
○　TiO$_2$ 表面分散型セルロース微粒子（Cell/TiO$_2$-1）
●　TiO$_2$ 内包型セルロース微粒子の切断面（Cell/TiO$_2$-2）
◐　TiO$_2$-1（電気泳動移動度分布が狭い）
◐　TiO$_2$-2（電気泳動移動度分布が広い）
アセトアルデヒド：85 ppm，酸化チタン重量：165 mg，
UV 照射強度：1.0 mW/cm^2

もに，セルロースドメインの表面に露出し，粒子の表面に凝集固化された。それに対して，電気泳動移動速度が不均一な酸化チタンは拡散速度が速い粒子と遅い粒子が存在する。拡散速度が遅い粒子は，セルロースザンテート相中から系外へ拡散する速度よりも，セルロース中の水酸基同士の水素結合の生成速度の方が速いため，TiO$_2$-2 はビスコース中に留まったまま，固化したことが考えられる。図3の紫外光によるアセトアルデヒド分解実験に示すように，酸化チタンがセルロースの微粒子界面に濃縮されている微粒子において光触媒活性が観察された[16]。これら複合粒子を不活性ガス中，600℃で加熱することにより，セルロース分をカーボン化し，吸着力を高めた光触媒複合体も調製できることが確認されている[17]。

酸化チタンと同様，微粒子の表面分布の影響は微粒子となる液滴中での分散性が影響しており，凝集させた無機材料は内包されたまま，複合粒子化され，分散状態が良好な無機材料は表面に分布することが確認された。無機微粒子の界面特性を調査すれば，ダイヤ紛やシリコンカーバイト，セリア，アルミナ，ジルコニアなど硬質無機粉体が表面分散された複合粒子化も調製可能であることも確認されており，これらは半導体部品であるシリコンウエハや石英ガラスなどのような硬い材料に対して，独特な研磨特性を示す[13]。

4　三元造粒

　現在，光触媒酸化チタン微粒子は様々な用途展開がなされ，その中のひとつに，環境浄化コーティング剤としての用途が挙げられる。光触媒，酸化チタン微粒子は不定形でナノオーダーの微細な粒子であるため，取り扱いが難しく，塗装面が不均一になりやすい難点がある。市販酸化チタンコーティング剤は，何層も塗膜しなければ，満足いく光触媒能を発現できない場合もある。これに対してセルロース／酸化チタン複合球状粒子は真球状でミクロンオーダーの適度な大きさをもつ球状粒子であり，均一な塗装が可能であると考えられる。前項で概説した複合粒子は酸化チタンに表面が覆われているため，その色を反映して白色となる。「色」は製品の意匠性を高め，付加価値を向上させる重要な要素となる。開発複合粒子を光触媒機能を維持したまま，色を付与させることができれば，コーティング剤への応用が可能となると考えた。そこで本項ではセルロース／酸化チタン球状粒子の有色化について概説する。

　前項で概説したビスコース相分離造粒法は，酸化チタンだけでなく，他の機能材料を複合させた多元複合粒子の調製も可能である。そこでコバルト系の無機材料を用いて，白色のセルロース／酸化チタン複合球状粒子に青色の色調を付与することを検討した。青色無機顔料としてCoO-Al_2O_3（大日精化工業㈱製　複合酸化物顔料ダイピロキサイドブルー＃9410）を用いた。本複合酸化物は耐薬品性に優れ，ビスコース中でも加水分解を生じない材料であり，600℃以上の高温でも組成的に安定で，耐候性にも非常に優れていることから採用した[18]。

　三元複合粒子は前項の無機材料である酸化チタンの配合比に合わせて，セルロースに対して，無機材料30 wt％を配合し，調製した。セルロース/酸化チタン/CoO-Al_2O_3の複合比率70/15/15により調製した。予想どおり，CoO-Al_2O_3により青色を呈した。レーザー顕微鏡写真およびSEM画像から，粒子表面は密にCoO-Al_2O_3微粒子及び酸化チタン微粒子に覆われていることが確認された。しかしながら，粒子表面には凝集したCoO-Al_2O_3と考えられる大きな粒子が粗に存在し，さらに粒子表面を拡大すると，部分的に基材のセルロースが露出していることが確認できた。紫外光によるアセトアルデヒド分解実験においては，ほとんど分解することができず，複合比率70：15：15で調製されたセルロース/酸化チタン/CoO-Al_2O_3/複合粒子は光触媒能をほとんど示さなかった。この原因としては，青色顔料であるCoO-Al_2O_3の複合比率が大きいため，複合粒子表面のCoO-Al_2O_3による被覆が大きく，酸化チタンの光触媒作用に必要な380 nm以下の波長の紫外光を遮断したことに起因している。

　そこで，CoO-Al_2O_3の複合割合を減少させ，酸化チタンを増加させることにより，CoO-Al_2O_3による紫外光の吸収が小さく，酸化チタンの能力が発現できる複合粒子の調製を考え，前項に示す方法により，酸化チタンP-25とCoO-Al_2O_3を用いて，セルロース/酸化チタン/CoO-Al_2O_3の

図4　Cellulose/TiO$_2$/CoO-Al$_2$O$_3$ 複合粒子のレーザー顕微鏡と SEM 画像
a)　Cellulose/TiO$_2$/CoO-Al$_2$O$_3$ 複合粒子の外観図（配合比 Cellulose/TiO$_2$/
　　CoO-Al$_2$O$_3$＝左：70/15/15，右：50/40/10）
b)　Cellulose/TiO$_2$/CoO-Al$_2$O$_3$（50/40/10）複合粒子のレーザー顕微鏡画像
c)　Cellulose/TiO$_2$/CoO-Al$_2$O$_3$（50/40/10）複合粒子の SEM 画像
d)　Cellulose/TiO$_2$/CoO-Al$_2$O$_3$（50/40/10）複合粒子の表面 SEM 画像

複合比率 50/40/10 の複合粒子の調製を行った。図 4-a に示すように，複合比率 50/40/10 で調製した粒子は 70/15/15 と比較して白色度が増大した。これは酸化チタンの複合割合が増加したことに起因する。図 4-d に示すように，複合比率 50/40/10 の粒子の表面は酸化チタン及び CoO-Al$_2$O$_3$ で粒子表面が完全に覆われていることが観察された。図 5 に示すように，ビスコースに配合する際の超音波照射による分散・凝集制御により，光触媒能特性も制御できる。同様に，表 1 の顔料，赤 Fe$_2$O$_3$，黄 TiO$_2$-BaO-NiO および緑 TiO$_2$-CoO-NiO-ZnO の各色を用い，セルロース／酸化チタン／無機顔料の仕込み比を 50/40/10 として，複合粒子を調製した。黄，緑においては青色顔料と同様に，複合酸化物系の顔料を用いた。赤色の顔料に関しては耐熱性，耐候性にすぐれ，化学的にも安定な酸化鉄顔料を用いた。それぞれのセルロース／酸化チタン／無機顔料の実際の複合比率を蛍光 X 線分析装置 ZSX100e 型（リガク㈱）を用いて，含有している元素量を測定した。表 2 に示すように，各複合粒子ともに，仕込み比に近い割合で構成されていることが確認された。青，赤，黄，緑の各複合粒子は，それぞれ CTB-50/40/10，CTR-50/40/10，CTY-50/40/10，CTG-50/40/10 と略記する。

　図 6 に CTB-50/40/10，CTR-50/40/10，CTY-50/40/10，CTG-50/40/10 の各複合粒子および用いた無機顔料の紫外可視拡散反射スペクトルおよびそれらのレーザー顕微鏡を示した。

　得られた CTR-50/40/10，CTY-50/40/10，CTG-50/40/10 の各複合粒子のスペクトルは，酸化

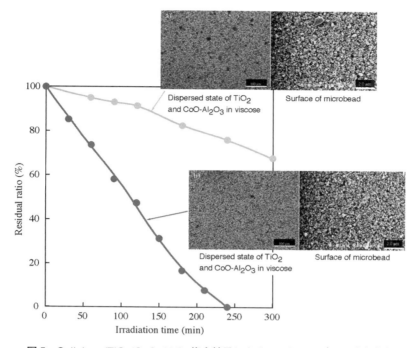

図5　Cellulose/TiO$_2$/CoO-Al$_2$O$_3$ 複合粒子によるアセトアルデヒド減少挙動
a)　超音波照射された TiO$_2$/CoO-Al$_2$O$_3$ 混合物のビスコース中の分散状態（左），複合粒子表面の SEM 画像（右）
b)　未処理の TiO$_2$/CoO-Al$_2$O$_3$ 混合物のビスコース中の分散状態（左），複合粒子表面の SEM 画像（右）
アセトアルデヒド：85 ppm，酸化チタン重量：500 mg，UV 照射強度：1.0 mW/cm^2

表1　採用した顔料の物性

Chemical formula	Product name	Color	Particle size
Al$_2$O$_3$–CoO	Daipyroxide #9410	Blue	0.70 μm
Fe$_2$O$_3$	160 ED	Red	0.27 μm
TiO$_2$–BaO–NiO	Daipyroxide #9110	Yellow	1.10 μm
TiO$_2$–CoO–NiO–ZnO	Daipyroxide #9320	Green	1.10 μm

*the value in the manufacture's literature.

表2　蛍光 X 線分析による顔料，酸化チタンおよびセルロースの含有量

Microbeads	Pigment	TiO$_2$ (wt%) content		Pigment (wt%) content		Cellulose (wt%) content	
		Calcd.	Found	Calcd.	Found	Calcd.	Found
CTB-50/40/10	Al$_2$O$_3$–CoO	40.0	40.7	10.0	5.4	50.0	47.9
CTR-50/40/10	Fe$_2$O$_3$	40.0	44.7	10.0	9.7	50.0	42.1
CTY-50/40/10	TiO$_2$–BaO–NiO	40.0	44.2	10.0	6.5	50.0	44.3
CTG-50/40/10	TiO$_2$–CoO–NiO–ZnO	40.0	42.1	10.0	9.9	50.0	44.7

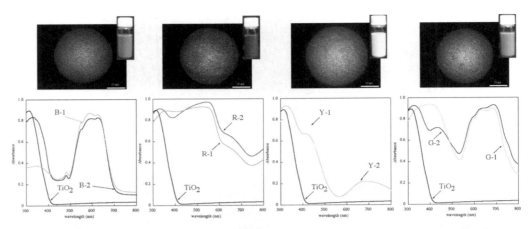

図6 TiO₂, 無機顔料および複合粒子の紫外可視拡散反射スペクトルとそのレーザー顕微鏡画像およびバルクの外観

T：TiO₂, B-1：Al₂O₃-CoO, B-2：CTB-50/40/10, R-1：Fe₂O₃, R-2：CTR-50/40/10,
Y：TiO₂-BaO-NiO, B-2：CTY-50/40/10, G-1：TiO₂-CoO-NiO-ZnO, G-2：CTG-50/40/10

チタンとそれぞれ調製に用いた顔料 Fe₂O₃, TiO₂-BaO-NiO, TiO₂-CoO-NiO-ZnO のスペクトルを反映したものであることが確認できる。このことより，各複合粒子表面は酸化チタン及び複合に用いたそれぞれの顔料に覆われていることが推測できる。図7に示すように，紫外線照射下でのアセトアルデヒド濃度変化を調査した。CTB-50/40/10，CTR-50/40/10，CTY-50/40/10，CTG-50/40/10，いずれの場合においても，アセトアルデヒド濃度は時間経過とともに減少し，最終的に完全に分解できることが確認された。これらの三元複合粒子は酸化チタン単体で用いる場合と比較して分解時間は長くなるものの，アセトアルデヒドの検知閾値（においを知覚することができる値）は 0.0015 ppm[19]，強い臭気を感じる濃度は 0.5 ppm ということを考慮すると，分解能力としては充分であると考えられる。

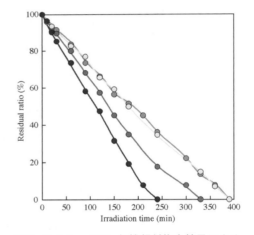

図7 Cellulose/TiO₂ 無機顔料複合粒子によるアセトアルデヒド減少挙動

● CTB-50/40/10, ● CTR-50/40/10,
○ CTY-50/40/10, ● CTG-50/40/10

アセトアルデヒド：85 ppm, 酸化チタン重量：500 mg, UV 照射強度：1.0 mW/cm²

5　流動特性（コロガリ度）の評価

　元来，微粒子の流動性はロートなどを介して，粉体を落下させ，富士山型に層を形成した時の斜面が水平面となす角，安息角測定法が用いられる。しかしながら，本研究で開発した粒子は真球に近い形を成しているため，微粒子の層を形成することができず，安息角が0°となるため，表面状態との関係など，詳細な評価ができない。

　そこで，開発したセルロース／酸化チタン／無機顔料複合粒子の塗膜性を評価するため，パウダーレオメーターFT-4型（シスメックス㈱製）により，各複合粒子及び複合に用いた顔料粒子の流動性の比較を行った。ここで図8にパウダーレオメーターの測定原理を示す。パウダーレオメーターはシリンダー内に充填した微粒子にブレードを回転させながら挿入し，その時にブレードが受ける垂直荷重と回転トルクの和をトータルエネルギーとして，これを流動性の指標とした。図9に複合に用いた酸化チタン，無機顔料，セルロースの微粉砕粒子，酸化チタンを50%複合させたCT-50/50，CTB-50/40/10，CTR-50/40/10，CTY-50/40/10，CTG-50/40/10および非複合型セルロース球状粒子の測定結果を示した。

　ここで測定1回目～8回目まではブレードの先端速度100 mm/sの一定速度で繰り返し測定を行い9回目以降70，40，10 mm/sと徐々に速度を遅くしたときの測定結果である。ここで8回目の測定値を基本データBFE（Basic Flowability Energy）とし，この値を1回目の測定値で除

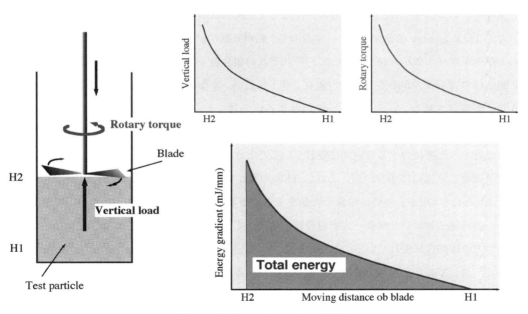

図8　パウダーレオメーターの原理

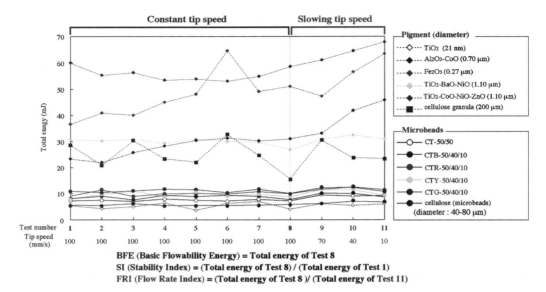

BFE (Basic Flowability Energy) = Total energy of Test 8
SI (Stability Index) = (Total energy of Test 8) / (Total energy of Test 1)
FRI (Flow Rate Index) = (Total energy of Test 8)/ (Total energy of Test 11)

図9　複合した顔料と複合粒子のパウダーレオメーターによる流動性の評価

した値を流動安定性の指標 SI（Stability Index）として表す。また基本データ BFE を先端速度を最も遅くしたときの11回目の測定値で除した値を流速に対する安定性の指標 FRI（Flow Rate Index）で表す。この SI および FRI の値は1に近い程より安定である。これらの特性値を表3に示した。

　顔料粒子およびセルロース微粉砕粒子に比べてそれぞれの複合粒子およびセルロース球状粒子の方が Total energy の値が小さい，すなわち，転がり抵抗が小さいことが確認できる。顔料粒子およびセルロース微粉砕粒子に比べて，それぞれの複合粒子およびセルロース粒子の方が繰り返し測定値のばらつきが小さく，SI の値もより1に近い，すなわち，流動安定性に優れているということが確認された。一方，ブレードの移動速度を遅くした場合，顔料粒子では Total energy の値は徐々に上昇する傾向にあるのに対して，複合粒子では変化は小さく安定であり，FRI の値も1に近く，流速に対する安定性に優れていることが確認された。一方，TiO_2 の BFE の値が顔料粒子の値より極端に小さいが，これは TiO_2 の嵩比重が小さく，測定に供した量が小さい。そこで1g あたりの BFE の値に換算した値を表3の下段に示しているが，このようにして比較すると，顔料粒子およびセルロース微粉砕粒子に比べてそれぞれの複合粒子およびセルロース球状粒子の方が流動性に優れていることがわかる。本測定方法は，塗膜性やハンドリングの評価方法として，適しており，本開発微粒子が塗膜性に優れることが裏付けられた。

表3　パウダーレオメーターによる顔料および微粒子の流動性評価

	TiO$_2$	Al$_2$O$_3$-CoO	Fe$_2$O$_3$	TiO$_2$-BaO-NiO	TiO$_2$-CoO-NiO-ZnO	Cellulose (granule)
BFE（mJ）	3.92	31.0	51.0	26.8	58.6	15.4
SI	0.72	1.33	1.39	0.87	0.98	0.54
FRI	1.57	1.48	1.25	1.15	1.16	1.51
Bulk density	0.11	0.73	0.78	0.37	0.65	0.26
Split mass（g）	1.06	7.28	7.83	3.68	6.54	2.56
Energy per unit weit（mJ/g）	3.70	4.26	6.51	7.28	8.96	6.02

	CT-50/50	CTB	CTR	CTY	CTG	Cellulose (microbeads)
BFE（mJ）	7.07	7.53	9.92	8.70	9.90	5.75
SI	0.99	0.94	1.10	1.10	0.91	1.07
FRI	1.33	1.16	1.17	1.06	1.09	1.20
Bulk density	0.99	0.99	1.01	1.02	1.09	0.87
Split mass（g）	9.89	9.85	10.1	10.20	10.9	8.70
Energy per unit weit（mJ/g）	0.71	0.76	0.98	0.85	0.91	0.66

6　紫外線照射による退色性の評価

　今回調製した各カラー粒子の紫外線照射による色の変化（退色性）を調べるために，ガラス製シャーレに複合粒子を均一に敷き詰めて，紫外線を照射し，一定時間経過毎の紫外可視拡散反射スペクトルを測定した。

　図10に青，赤，黄，緑のCTB-50/40/10，CTR-50/40/10，CTY-50/40/10，CTG-50/40/10の各粒子および酸化チタンのみを複合したCT-70/30における紫外可視拡散反射スペクトルの経時変化を示した。紫外可視拡散反射スペクトルの紫外線照射による変化は少なく，外観上の色の変化もほとんどなかった。それに対して，図10-aに示すように，酸化チタンのみを複合したCT-70/30では表面層に存在する酸化チタンの光触媒反応によるセルロースが分解されることにより変色し，チョーキング現象が確認された。

　このことはCTB-50/40/10，CTR-50/40/10，CTY-50/40/10，CTG-50/40/10においては，顔料粒子の層により，基材のセルロースが保護されているためであると考えられる。複合粒子中のセルロース分は，無機顔料によって保護されるため，酸化チタンによるチョーキングは抑制され，屋外の環境浄化用の塗料としても適用可能となる[20]。

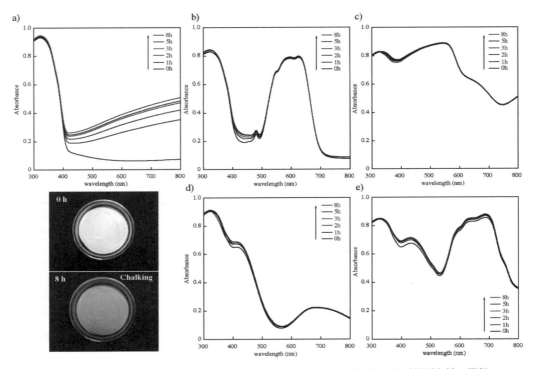

図 10　紫外可視拡散反射スペクトルを用いた複合微粒子の紫外線照射の経時的耐色性の評価
a）　CT-70/30，b）　CTB-50/40/10，c）　CTR-50/40/10，d）　CTY-50/40/10，e）　CTG-50/40/10
写真は a）の複合粒子の照射前後の外観（上：照射前，下：照射 8 時間後）
UV 照射強度：1.0 mW/cm²，ブラックライト：300-400 nm

7　おわりに

　現在，光触媒酸化チタン微粒子は様々な用途展開がなされ，その中のひとつに，環境浄化コーティング剤としての用途がある。しかしながら，酸化チタン微粒子は不定形で，しかも，ナノオーダーの非常に微細な粒子であるため，ハンドリングが難しく，塗装面が不均一になりやすい。

　一方，本章で概説した，環境に優しいセルロースをコアとする酸化チタン複合球状粒子は，真球状でミクロンオーダーのハンドリングが良好な球状粒子であるため，簡単に均一に塗膜することが可能となる。

　色という機能は多くの製品において，様々なバリエーションを持たせて，製品の意匠性を高め，その価値を向上することに一役買っている。本技術であるビスコース相分離法をコア技術としてセルロースの酸化チタンと無機材料の表面への分散度を制御しながら，無機顔料を三元複合化させ，光触媒能を維持したまま，有色化させることにより，消臭機能を有するコーティング剤や環境浄化用塗料として，展開が期待できる。

文　　献

1) H. A. Peterson, H. A. Sorber, *J. Am. Chem. Soc.*, **78**, 751 (1956)

2) S. Ohkuma, K. Yamagishi., M. Hara, K. Suzuki, T. Yamamoto, 特開平 05-048772

3) H. Determann, H. Rehner, T. Wieland, *Makromol. Chem.*, **114**, 263 (1968)

4) S. Kuga, *J. Chromatogr.*, **221**, 195 (1980)

5) Y. Motozato, K. Matsumoto, C. Hirayama, *Nippon Kagaku Kaishi*, 1883 (1981)

6) Y. Motozato, H. Ihara, T. Tomoda, C. Hirayama, *J. Chromatogr.*, **355**, 434 (1986)

7) C. Hirayama, H. Ihara, M. Shiba, M. Nakamura, Y. Motozato, T. Kunitake, *J. Chromatogr.*, **409**, 175 (1987)

8) T. Adachi, J. Ida, M. Wakita, M. Hashimoto, H. Ihara, C. Hirayama, *Polym. J.*, **31**, 319 (1999)

9) H. Ihara, T. Yoshinaga, Y. Motozato, C. Hirayama, *Polym. J.*, **17**, 1301 (1985)

10) C. Hirayama, H. Ihara, S. Nagaoka, H. Furusawa, S. Tsuruta, *Polym. J.*, **22**, 614 (1990)

11) C. Hirayama, H. Ihara, X. Li, *J. Chromatogr.*, *B : Biomed. Appl.*, **530**, 148 (1990)

12) C. Hirayama, H. Ihara, M. Shibata, T. Hirai, T. Fujiyasu, Y. Yamauchi, *Polym. J.*, **23**, 161 (1991)

13) 永岡昭二, 平川一成, 小林清太郎, 佐藤賢, 永田正典, 高藤誠, 伊原博隆, 高分子論文集, **65**, 80 (2008)

14) S. Nagaoka, M. Nagata, K. Arinaga, K. Shigemori, M. Takafuji, H. Ihara, *Coloration Technology*, Vol.123, pp.344–350 (2007)

15) S. Nagaoka, K. Arinaga, H. Kubo, S. Hamaoka, M. Takafuji, H. Ihara, *Polym. J.*, **37**, 86 (2005)

16) S. Nagaoka, K. Arinaga, H. Kubo, S. Hamaoka, M. Takafuji, H. Ihara, *Trans. Mat. Res. Soc. J.*, **30** (4), 1135 (2005)

17) S. Nagaoka, Y. Hamasaki, S. Ishihara, M. Nagata, K. Iio, C. Nagasawa, H. Ihara, *J. Mol. Cat. Chem. A.*, **255**, 177 (2002)

18) 堀内正二郎, 色材入門, 米田出版 (2005)

19) G. Leonard, D. Kendall, N. Barnard, *J. Air Poll. Controll Asociation*, **99**, 19, 2 (1969)

20) R. J. Hunter, *Zeta Potential in Colloid Science*, Academic Press, New York (1981)

21) 武田進, 粉体塗料の開発, シーエムシー出版 (1999)

22) J. F. Hughes, "Electrostatic Powder Coating", Coatec (1986)

カプセルトナー

日本ゼオン㈱　岸本琢治

　電子写真用トナーは，種々の機能性材料を樹脂微粒子中にナノオーダーで分散させた複合材料である。トナーは，その製造法により粉砕法トナーと重合法トナーに大きく二分される。電子写真の課題である高速印刷，低温定着化に対するひとつの解答として，当社は重合法カプセルトナーを開発した。

　懸濁重合法では粒子を構成する材料の選択，反応条件をコントロールすることで容易にカプセルトナーを製造することが可能である。

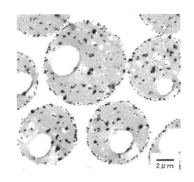

図1　Cross section of encapsulated toner

1　開発の背景

　電子写真方式の画像形成方法の進化とともに，現像剤であるトナーの高性能化が成されてきた。それは，高画質化，耐久性向上といった現像特性の観点と，高速プリント，低温定着といった生産性，省エネルギー化への対応の歴史と言って過言ではない。当社では，早くから重合法トナーの実用化検討に着手した。そして，懸濁重合法の特長である真球状のトナーを開発し，真球という形状由来のメリットである高転写性を活かしたクリーナーレス電子写真システムに採用されている。さらに，コアシェル型のカプセル構造を有した省エネルギー対応カプセルトナーや，着色顔料としてシアン，マゼンダ，イエローの各有機顔料を配合した，フルカラー用カプセルトナーを開発し市場でも高い評価を得ている。ここでは主に，当社懸濁重合法によるカプセルトナーについて紹介する。

2　懸濁重合法トナー

　懸濁重合法は球形粒子を調製する簡便な方法である。モノマー相中に溶解・分散する内部添加剤を，モノマーの重合により粒子内部に固定化することで容易に球形の複合粒子を調製することが可能である。懸濁重合法トナーの一般的構成は，樹脂粒子中に情報可視化の為の顔料，所望の帯電能力を与える帯電制御剤，定着ローラからの離型性を向上させるためのワックス等の内部添加剤と，粒子間の凝集力を低減させるためのナノオーダーの外部添加剤からなる。

　電子写真現像システムに求められる重要な性能に高速印刷性や低消費電力化が挙げられるが，いずれも定着システムとトナーの両面からの改良が施され年々性能が向上している。このうちトナーでは，低温定着化と保存安定性の両立のため，粒子構造の制御による機能分離が検討されてきた。トナーは定着工程で熱と圧力を定着ローラから受け溶融し，紙に浸透し画像と

して固定化される。しかし，カプセルトナーでは，所望のレオロジー特性を発現するための低Tgでシャープメルト性を有したコア樹脂を保存安定性を向上させるため，比較的高Tgのシェル樹脂で包んだコアシェル構造として，シャープメルト性と保存安定性・機械的安定性の両立を図っている。さらに，定着ローラへの離型性や印字物のグロスを制御するための低融点のワックス成分を閉じ込めることで，多層カプセル構造の粒子を調製することも可能となった。

3 調整法

次に具体的にコアシェル型カプセルトナーの調製法を示す。

①ケミカル法，粉砕法によらずコアとなる母粒子を調製後，機能付与成分を外部から結合あるいはコーティングさせることによりカプセル化する方法。

②重合モノマー中にシェルとなる樹脂を予め溶解させ，重合後コアとシェルを相分離させる方法。

③コアとなるモノマー成分と親水性の高い高Tg成分モノマーを共存させ重合を進行させ，重合反応により結着樹脂の一部を水相近傍（粒子の外側）に偏析させる方法。

④結着樹脂の流動開始温度より低い融点を持つ化合物を内包させる方法。

⑤母粒子をシェル成分が溶解した媒体中に添加し母粒子上にシェルを析出させる方法等が例示される。

当社では，真球状のカプセルトナーを設計するに当たり懸濁重合法を採用し，モノマーには共重合による機能化が容易なスチレンとアクリル酸エステルを用いている。懸濁重合により母粒子を製造する技術と上記の方法を組み合わせることで，トナー製造技術を確立した。

近年，フルカラープリントシステムの簡素化，ビジネスドキュメントとして最適なグロス設計のため，定着器のオイルレス化と塗布オイルに代わる離型効果を担うワックス成分のトナーへの高濃度内包が実施されている。ワックスの機能化も図られており，結晶構造の差異，融点や溶融挙動など，定着工程でのトナーにかかる温度，圧力，定着ローラ表面との親和性などから改善が試みられている。図1に示したトナーは樹脂設計による低温定着化に加え，モノマー溶解型ワックスの配合により定着部材からの離型性を改良したカプセルトナーのTEM観察結果である。ワックスと樹脂のコアシェル型の相分離構造が確認できる。

4 おわりに

著者らは，この懸濁重合法によるカプセル化技術をブラッシュアップし，電子写真用トナーの定着性能向上に利用することはもちろんのこと，新たな機能性微粒子の用途展開も図っていく。

お問い合わせ
日本ゼオン㈱　機能性材料事業部
TEL　03-3216-1766

第2章 蛍光性ナノ粒子のバイオセンシング・イメージングへの応用

大庭英樹*

1 はじめに

　量子ドットと称する蛍光性ナノ粒子はサイズが10ナノメートル（10億分の1メートル）以下の微小な空間内に電子を閉じ込めるために人工的に作られた導電性の結晶である。大きな結晶ではエネルギー準位は連続的に分布しているのに対して，このような微小な結晶では量子閉じ込め効果によってエネルギー準位は原子のように飛び飛びになってしまうことが知られている。このような飛び飛びになったエネルギー準位の間隔，いわゆるバンドギャップがその粒子のサイズに依存することにより，異なる蛍光色を発することになる（図1）。つまり同じ元素の組み合わせでも，そのサイズを変えることによって，発する蛍光の色を自由に変化させることができる（図

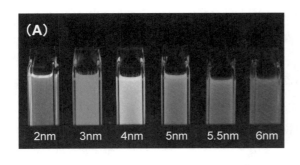
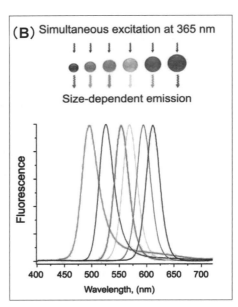

図1　量子ドットのサイズに依存した蛍光色(A)と蛍光スペクトル(B)

＊　Hideki Ohba　㈱産業技術総合研究所　生産計測技術研究センター　主任研究員

1 (A))。これは量子ドットと言う蛍光物質が持つ大きな特長のひとつであり，サイズの異なる，すなわち，蛍光色の異なる量子ドットを単一波長の光源で同時に励起できると言う利点がある。

　現在，バイオセンシングやイメージングの分野で広く汎用されているフルオロセインやヒーダミンのような有機系の蛍光色素や，GFP のような蛍光タンパク質と比べて，量子ドットには蛍光物質として他にも，

① 　幅が狭くシャープな蛍光スペクトルを示し，長波長側に裾を引かない（図 1 (B)），

② 　蛍光寿命は 20 ナノ秒で，この値は生体組織や細胞に含まれる NADPH やリボフラビンに
　　起因する自家蛍光の蛍光寿命（＜〜2 ナノ秒）よりもはるかに長い，

③ 　光吸収係数は吸収帯が短波長側に向かうほど増大し，かつ連続的に分布している，

④ 　光退色に対して堅牢である，等の優位な特長を持っている。

　まず，①の特長により，量子ドットの場合，互いの蛍光色を識別するのが容易となる。また，②の特長により，励起して 20 ナノ秒以降に蛍光測定を行えば，自家蛍光による背景蛍光の影響を最小限に抑えて，量子ドットの蛍光を高いコントラストで測定することが可能になる。次に，③の特長により，蛍光波長よりも十分に短波長側の波長で励起できるため，励起光の影響を受けることなく蛍光スペクトルの全領域で蛍光を測定することが可能である。さらに④の特長により，安定で長時間の蛍光観察に適している。

　本稿では，このような優れた蛍光特性を持つ量子ドットを用いての，検出，検知，探知と言った広義のバイオセンシング，及びバイオイメージングへの応用技術について，いくつかの実例を紹介する。

2　タンパク質や生体リガンドのバイオセンシング

2.1　イムノクロマトグラフィーによるバイオセンサーへの応用

　ここでは抗体と呼ばれる糖タンパク分子が利用される。抗体はリンパ球のうち B 細胞が産生するもので，特定のタンパク質などの分子（抗原）を認識して結合する性質がある。生体内では，抗体は主に血液中や体液中に存在して，体内に侵入してきた細菌やウイルスなどの微生物や，微生物に感染した細胞を抗原として認識して結合する働きを担っている。この抗原・抗体反応を利用して，目的とするタンパク質を検出する方法がイムノブロット法[1] と呼ばれるものである。このイムノブロット法が開発されたのは今から 20 年以上も前に遡るが，現在でも分子生物学や医学の分野において，細胞や組織中の特定のタンパク質を検出するための主要な方法として幅広く利用されている。さらに近年では，ゲノムの機能解析や全タンパク質解析（プロテオミクス）におけるマイクロアレイ技術の基本となる方法の 1 つでもある。筆者らのグループは量子ドットで

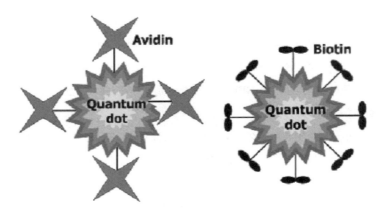

図2　アビジン及びビオチンを結合した量子ドットの模式図
左：量子ドット-アビジン，右：量子ドット-ビオチン

　タンパク質アビジンや生体分子ビオチンを標識し（図2），これらをビオチンで標識した抗体と組み合わせた新しいイムノブロット法を開発した[2]。この方法の有効性は従来の化学発光を利用したイムノブロット法では検出するのが困難であった，細胞分裂にかかわる Telomeric Binding Factor（TRF1，56 kDa）と TRF1-interacting nuclear Protein 2（Tin2，40 kDa）の2種類のタンパク質を非常に高感度に，かつ迅速に検出できたことで明らかとなった（図3）。この方法は，量子ドットを用いたイムノクロマトグラフィーによるバイオセンサーへ応用できる可能性がある。

　本来イムノクロマトグラフィー[3]はターゲットに対して結合する二種類の抗体と発色剤として主に金ナノ粒子を用いることによって行われている。具体的には，まずターゲットとなるタンパク質やウイルスを認識する二種類の抗体を作成し，一つは抗体1として金ナノ粒子（金ナノ粒子-抗体1ハイブリッド）に結合させ，もう一つは抗体2としてあらかじめクロマト用紙上に固定しておく。次にサンプル溶液に金ナノ粒子-抗体1ハイブリッドを添加・混合してから，クロマトグラフィーの操作を行うと，金ナノ粒子-抗体1ハイブリッドがターゲットを捉えて，金ナノ粒子と共にクロマト用紙上を移動していくことになる。さらに，このターゲットが抗体2によって捉えられると，ターゲットは抗体1と抗体2にサンドイッチされた形になり，抗体2が固定された場所に金ナノ粒子がターゲットと一緒に沈着し，スポットとして現れることになる。この方法を利用したキットは現在，市販の妊娠判定キットや糖尿病検査キットとして，また検査機関でのレジオネラ菌検出，さらに医療機関でのさまざまな検査の際に用いられるなど，幅広く使われている。発色剤として金ナノ粒子が用いられるのは，金ナノ粒子は発色性が良く，かつ退色しないことから，保存安定性や判定の容易性の点において優れている他に，特別な装置を必要としないなどの長所を発揮することによる。しかし，上述したように安定性や退色性の点では量子ドットも優れており，UV照射装置などの簡易な検出装置は必要であるが，蛍光色の異なる量子

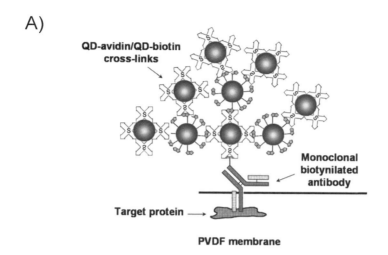

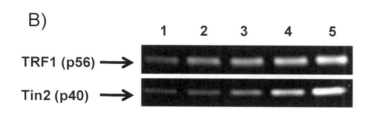

図 3　量子ドットのイムノブロットへの応用
A）スキーム，B）TRF1 および Tin2 のバンド
番号は細胞溶解液中での次のそれぞれの目的タンパク質の濃度を示す。
1，10 μg/ml；2，20 μg/ml；3，30 μg/ml；4，40 μg/ml；5，50 μg/ml

ドットと異なる抗体を組み合わせることにより，異なるターゲットを高い検出感度で，しかも同時にセンシングできる可能性がある。現在，筆者らは発色剤として，量子ドットを用いて，レジオネラ菌などの主に有害菌を対象にしてイムノクロマトグラフィーへの可能性試験を行っているところであり，結果次第では発色剤として金ナノ粒子と並んで，量子ドットを使ったさまざまなイムノクロマトグラフィーキットが実用化されることも十分に考えられる。

2.2　フローサイトメトリーへの応用

　フローサイトメトリーは非常に微細な粒子を流体中に分散させて，その流体を非常に細い管の中を流す際にレーザーを照射し，個々の粒子の情報を光学的に分析する手法[4] のことであり，現在では分子生物学をはじめ病理学，免疫学や海洋生物学などで広く用いられている。特に分子生物学的な手法である蛍光物質で標識した抗体を用いることにより，標的細胞を特定する方法は，細胞分化の研究のみならず，医学の分野においても利用価値が高く，移植をはじめ腫瘍免疫学，

量子ドット一抗CD抗体・ハイブリッドを用いた
フローサイトメトリーによる細胞の識別

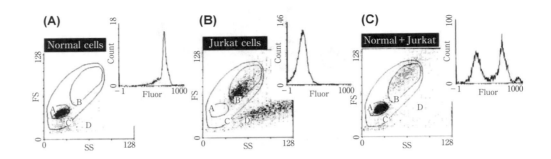

量子ドット一抗CD抗体・ハイブリッドを用いた
蛍光顕微鏡による細胞の識別

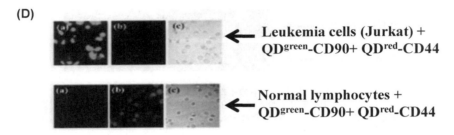

図4　量子ドットのフローサイトメトリーへの応用
(A)：QD^{red}–CD44 で蛍光標識された正常白血球細胞の細胞集団
(B)：QD^{green}–CD90 で蛍光標識された Jurkat 細胞の細胞集団
(C)：QD^{green}–CD90 で蛍光標識された Jurkat 細胞の細胞集団と QD^{red}–CD44 で蛍光標識された正常白血球
　　細胞の細胞集団
(D)：QD^{green}–CD90 で蛍光標識され緑色の蛍光を発する Jurkat 細胞と QD^{red}–CD44 で蛍光標識され赤色の
　　蛍光を発する正常白血球細胞

化学療法，遺伝学，そして再生医学などでも広く用いられている[5]。一方，白血球やその他の細胞は，細胞表面に糖タンパク質等で構成されたさまざまな分子を発現しており，この分子の違いを見分けることにより，細かい細胞の違いを識別することができる。これらの分子は，モノクローナル抗体が結合する抗原（CD抗原）として識別することができ，表面抗原，あるいは表面マーカーと呼ばれている。これら CD 抗原には細胞の機能や分化に関わる重要な分子が含まれている。筆者らのグループはモノクローナル抗体を違う蛍光色を発する2種類の量子ドットで標識し，フローサイトメトリーで細胞の検知を試みた[6]。正常な白血球に発現している CD 抗原と結合するモノクローナル抗体（CD44）を赤色の蛍光を発する量子ドット（QD^{red}）で標識したもの

（QD^{red}-CD44），また，ヒトの株化白血病細胞である Jurkat 細胞に発現している CD 抗原に対するモノクローナル抗体（CD90）を緑色の蛍光を発する量子ドット（QD^{green}）で標識したもの（QD^{green}-CD90）をそれぞれ準備した。QD^{red}-CD44 を正常な白血球と混和したものは，フローサイトメトリーで図4の(A)に示す箇所に細胞集団として観察された。また，QD^{green}-CD90 を Jurkat 細胞と混和したものはフローサイトメトリーで図4の(B)に示す箇所に細胞集団として観察された。検証のため，これら二つの細胞が混ざった細胞溶液を準備し，そこに QD^{red}-CD44 と QD^{green}-CD90 を添加し，同様にフローサイトメトリーを行ったところ，図4の(C)に示すように二つの細胞をそれぞれ別々の集団として明確に検知できることが分かった。これらの結果を蛍光顕微鏡を使って視覚的に評価した。図4の(D)に示すように，Jurkat 細胞に QD^{red}-CD44 と QD^{green}-CD90 を添加すると，QD^{green}-CD90 のみが Jurkat 細胞に結合し，緑色の毛光を発した。同様に QD^{red}-CD44 と QD^{green}-CD90 を正常な白血球細胞に添加した場合は，QD^{red}-CD44 のみが白血球細胞と結合して，赤色の蛍光を発した。

2.3　多色同時リガンドセンシング

　"蛍光色の異なる量子ドットを単一波長の光源で同時に励起できる" と言う量子ドットの利点を活かして，X. Wu 博士らは，量子ドットを用いて細胞内，あるいは細胞外のさまざまなリガンドの同時検出を行っている[7]。この実験ではまずヒト内皮細胞の培養液に抗核抗体，ビオチン化抗ヒト IgG，赤色の蛍光を発する量子ドット（QD630）で蛍光標識したストレプトアビジンを順次添加して，反応させることによりヒト内皮細胞の核内核抗原を赤色の蛍光色として鮮明に検知している。最初に抗核抗体を作用させないと，この検知は不可能であることから，この反応が抗原・抗体反応に基づいていることが確認できる。次に繊維芽細胞の株化細胞である 3T3 細胞の培養液に対して，同じように抗核抗体，ビオチン化抗ヒト IgG，赤色の蛍光を発する量子ドット（QD630）で蛍光標識したストレプトアビジンを順次反応させることにより，核内の核抗原を検知している。併せてマウス抗 α-tubulin 抗体，ビオチン化抗マウス IgG，緑色の蛍光を発する量子ドット（QD535）を反応させることにより，核の周りに存在する微小管も緑色の蛍光として鮮明にしかも同時に検知することも可能である。さらに，乳がん細胞の株化細胞である SK-BR-3 細胞の培養液にマウス抗 Her2 抗体，緑色の蛍光を発する量子ドット（QD535）で標識した IgG を順次反応させると乳がんの細胞表面がんマーカーである Her2 を緑色の蛍光として捉えることができる。併せて，抗核抗体，ビオチン化抗ヒト IgG，赤色の蛍光を発する量子ドット（QD630）で蛍光標識したストレプトアビジンを順次反応させると，乳がん細胞の核内抗原を同時に赤色の蛍光として鮮明に検知することが可能である。

3 量子ドットによるバイオアッセイ

3.1 蛍光共鳴エネルギー移動（FRET）への応用

　現在，ライフサイエンスの分野において，最も注目されているのが遺伝子機能の解明である。遺伝子機能の解明は，ゲノム解析等の基礎的な科学分野から，遺伝子診断をはじめ親子鑑定や犯罪捜査などでも広く応用されている。このような状況のなかで，今後遺伝子機能を解明する有効なツールとして，また，副作用のない遺伝子医薬として応用することが期待されている化合物がsiRNA分子である。siRNAは，通常20〜30塩基程度の短い配列を持つ分子ではあるが，一部に自身と相補的な配列を持つ遺伝子（mRNA）の機能を効率的に低下させることができる。しかし，ターゲットであるmRNAは通常2000〜3000塩基程度と大きく，また複雑な二次構造を形成していることから，どのような配列のsiRNA分子を設計するかの明確な指針がなく，通常合成したsiRNA分子のうち効果を示すのは10%以下と言われている。我々はこの問題を解決するために，量子ドットとFRETを組み合わせた有効なsiRNA配列のスクリーニング技術を提案している[8]。FRETはドナーである蛍光色素を励起した際に励起エネルギーがその近傍に存在するアクセプター分子に移動する現象である[9]。この現象はドナーとアクセプター分子間の距離が1〜10 nmという非常に広い範囲で起こることが知られている。アクセプター分子が蛍光物質である場合，アクセプター分子からの蛍光が観測される。FRETは別名分光学定規（optical ruler）とも称されるほどで，その効率はドナーとアクセプター分子間の距離を厳密に反映している。

　この技術ではまず，細胞から抽出したmRNAを蛍光色素であるCy5で蛍光標識を行った。さらに，mRNAの配列をもとに予測した数種の配列のsiRNA分子を合成し，それぞれを量子ドットで蛍光標識したものを準備した。いろいろと検討した結果，量子ドットとCy5の距離が5 nm以下程度になるとFRETの効率は高くなり，逆に距離が離れるとその6乗に比例して急激に効率が低下することが判明した。量子ドットの吸収スペクトルは波長が500 nm以下において幅広いため，Cy5の励起が起こらないような低い波長の光，例えば400 nm，で励起を行うことができる。エネルギーが遷移する際には，量子ドットと蛍光試薬の距離が最も重要なパラメータである。siRNAとmRNAの相互作用の度合い（距離）が，siRNAの遺伝子機能低下の効果に関連していると考えられるので，既に報告された種々の効果の異なるsiRNAについて，FRETシグナルの強度を測定したところ，両者は，ほぼ比例の関係にあることが分かった。このことから，量子ドットを用いる方法はsiRNAの効率を簡単に調べる方法として非常に有効であることが示唆された。

4　量子ドットを用いての生体変異検出

4.1　*in vitro* での変異検出

　抗体と並んでバイオの分野で生体リガンドを分子認識するために良く使われる生体分子が，レクチンと呼ばれるタンパク質のファミリーである。レクチンは糖鎖と呼ばれる生体リガンドの構造を厳密に識別して，結合するもので，これまでに植物の種子や動物の組織から数多く見出されており，認識する糖鎖の構造や種類によっていくつかのグループに分類されている[10]。この糖鎖は細胞膜を構成する重要な生体分子である糖タンパク質や糖脂質の末端に化学的に結合していて，細胞膜の構成成分としてだけではなく，細胞接着や細胞外部からの情報を細胞内部に伝えるレセプター分子やアンテナ分子として，生命活動における重要な役割も担っている。糖鎖の構造は細胞の種類によって異なっている。また，細胞が分化したり，がん化したりして変異した場合にも変化することが知られている。筆者らは様々なレクチンをスクリーニングした結果，大豆凝集素（SBA）と呼ばれるレクチンが白血病細胞に選択的に結合して，凝集することを見出した。そこで，この SBA を使って，細胞の変異を検出することを試みた。まず，SBA をサイズが3ナノメートルで緑色の蛍光を発する量子ドット標識したもの（QdotSBA）を調製し，これを株化白血病細胞の Jurkat 細胞の培養液中に添加して，共焦点レーザー蛍光顕微鏡で観察すると，Jurkat 細胞が鮮やかな緑色の蛍光を発しているのを観察できた（図5(A)）。これに対して，QdotSBA を正常な白血球細胞に添加してレーザー光を照射しても同様の蛍光は観察されなかった（図5(B)）。これはレクチンの分子認識機能，すなわち，SBA が白血病細胞だけに存在する細

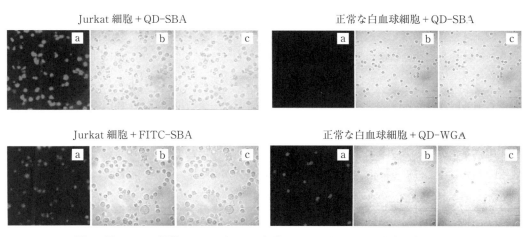

Jurkat 細胞＋QD-SBA　　　　　　　　正常な白血球細胞＋QD-SBA

Jurkat 細胞＋FITC-SBA　　　　　　　正常な白血球細胞＋QD-WGA

図5　量子ドット標識レクチンと FITC 標識レクチンを用いた細胞表面変異検出
Jurkat 細胞：急性リンパ性白血病細胞株，SBA：大豆レクチン，WGA：小麦胚芽凝集素
a：蛍光画像，b：透過画像，c：a＋b，撮影：Radiance2000（BioRad 社）

胞表面糖鎖を選択的に認識して結合する分子認識機能を反映したものである。この機能はレクチンの種類を変えることで，他の様々な細胞についても変異や分化の様子を簡便かつ正確に観察することに応用できる[6]。また，従来の蛍光標識試薬であるフルオロセインイソチオシアネート（FITC）で標識した SBA を用いて同様に行った結果と比較して，蛍光は非常に明るいことが分かる（図5(C)）。

4.2 *in vivo* での変異検出

がんの性質（悪性度）診断や転移・再発巣の診断として有用性が高い検査として，ポジトロンCT（PET）がある[11]。PET はポジトロンを放出するアイソトープで標識された薬剤を被験者に静注し，その体内分布を特殊なカメラで映像化する診断法である。最近では単にがんの診断法としての利用だけではなく，薬物の体内動態や組織のエネルギー代謝を調べる技術としても応用され，その有用性が高く評価されている。この PET システムを使って，X. Michalet 博士らが量子ドットの代謝と体内動態を調べた結果を紹介する[12]。ここでは，まず放射性同位元素の ^{64}Cu（半減期12.7時間）をキレート剤の DOTA（1,4,7,10-tetraazacyclododecane-1,4,7,10-tetraacetic acid）を用いて量子ドットに結合させたものを準備する。次にこれをマウスの尻尾から注入し，小動物用の PET システムを使って量子ドットの体内での代謝と体内動態を調べた。その結果，量子ドットは注入してから1分後に心臓に運ばれた後，次第に肝臓に集積しはじめ，30分後にかなり肝臓に集積されることが判明した。このような実験では量子ドットに水溶性を付与するためにポリエチレングルコースで表面修飾するが，このポリエチレン分子の大きさによって量子ドットが体内に残留する時間に差があることが，他の実験で明らかになっている。このように PET システムと組み合わせた量子ドットの利用技術は今後さらに増えていく可能性がある。

このような実験動物レベルではさほど問題にはならないが，人の場合，検査には放射性物質を使うため，検査に伴う被爆が大きな問題となっている。その点において，光は非侵襲であり，かつ高感度なためにこのような診断に応用できる可能性がある。そこで，上述したような高い蛍光強度と強い耐光性という2つの性質を併せ持つ量子ドットを利用して，生体内でがん細胞や組織のイメージングを行う試みが始まっている。代表的な例として，前立腺特異的膜抗原に対する抗体を融合させた量子ドットをマウスの尻尾の静脈に注射し，一定時間経過した後，マウスに紫外線を照射することにより，前立腺がんを検出した報告がある[13]。また，最近では転移性乳がんの抗がん剤である抗 HER2 モノクローナル抗体を量子ドットで標識化したものを，乳がんを担がんさせたマウスの尻尾の静脈に注射後，腫瘍内に集積した量子ドットを追跡することに成功した実験例の報告もなされている[14]。生体の場合は呼吸や血流に伴った振動や生体内からの自家蛍光に起因して蛍光シグナルが低下する可能性がある。しかし，量子ドットの中には近赤外部の波長

まで蛍光を有するものもあるため，これを利用すれば皮膚や組織の自家蛍光と区別するのが容易となる。加えて，一励起波長で同時多色観察ができるため，工夫すれば数種類のがんの診断を同時に行うことも可能になると考えられる。今後，このような基礎的な研究データが蓄積されると共に，量子ドットそのものの体内動態や毒性等の問題が解決されれば，近い将来，量子ドットを使った診断技術がPETの代替法として実用化される可能性も充分に考えられる。

5　まとめ

　生命科学研究の大きな目標のひとつに，生体内で機能している個々の生体分子の役割を，機能している"その場"で，客観的にそして精度良く明らかにすることが挙げられる。そのために非侵襲の光を用いて生体内で機能する分子をセンシングやイメージングすることができれば，細胞を破砕した状態では決して得ることができない生きた状態の分子の動態を明らかにすることが可能になる。

　本稿では量子ドットがこのような目標を達成させるための次世代の蛍光物質として如何に有効なものであるか，と言うことを紹介した。量子ドットには，①毒性の高い成分元素が含まれているために生体適合性や環境安全性の点で問題がある，②照射する励起光が紫外・可視であるために生体物質がダメージを受けてしまう可能性がある，などの解決すべき課題が残っている。しかし，量子ドットの毒性を低減できる優れた表面被覆剤も開発されつつあり，また，近赤外（波長にして1〜2μm：生体においてほとんど吸収のない波長域）を励起光として用いた蛍光バイオセンシングやイメージングなども提案されている[15, 16]。このようなことから，近い将来，より生体毒性が低く，そして安定な高輝度水溶性量子ドットが開発されることにより，この分野で量子ドットがさらに応用されるものと確信している。

文　　　献

1)　竹縄忠臣ほか，タンパク質実験ハンドブック，羊土社（2003）
2)　R. Bakalova *et al.*, *J. Am. Chem. Soc.*, **127**, 9328（2005）
3)　石原一彦ほか，バイオマテリアルサイエンス，東京化学同人（2003）
4)　中内啓光ほか，新版フローサイトメトリー自由自在－マルチカラー解析からクローンソーティングまで－，学研メディカル秀潤社（2004）
5)　日本サイトメトリー技術者認定協議会，スタンダードフローサイトメトリ，医歯薬出版

（2009）

6) H. Ohba *et al.*, *Chem. Commun. (Camb.)*, **15**, 1980 (2005)

7) X. Wu *et al.*, *Nature Biotechnol.*, **21**, 41 (2003)

8) R. Bakalova *et al.*, *J. Am. Chem. Soc.*, **12**, 11328 (2005)

9) 宮脇敦史ほか，実験医学増刊，Vol.26，No.17，「生命現象の動的理解を目指すライブイメージング」，羊土社（2008）

10) ナタン・シャロンほか，レクチン，シュプリンガー・フェアラーク東京（2006）

11) W. Mohnike *et al.*, Oncologic and Cardiologic PET/CT-Diagnosis：An Interdisciplinary Atlas and Manual, Springer (2008)

12) X. Michalet *et al.*, *Science*, **307**, 538 (2005)

13) X. H. Gao *et al.*, *Nature Biotechnol.*, **22**, 969 (2004)

14) H. Tada *et al.*, *Cancer Res.*, **67**, 1138 (2007)

15) H. Zhang *et al.*, *J. Phys. Chem. B*, **107**, 8 (2003)

16) R. E. Baily *et al.*, *J. Am. Chem. Soc.*, **125**, 7100 (2003)

自己組織型の３層構造ナノ粒子によるバイオプラスチックの強靭化

日本電気㈱　位地正年

　３つのユニットからなる有機シリコン化合物から自己形成する３層構造のナノ粒子状フィラーを開発した。この粒子の構造は，高弾性のコア，エラストマー中間層，そして樹脂と高親和性の最外有機層からなる。本粒子の添加により，バイオプラスチックのポリ乳酸の最大強度を保持しながら，この破断伸びを２倍以上改善でき，ポリ乳酸を強靭化できる。

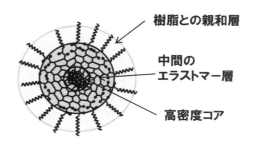

図1　３層構造ナノ粒子

1　開発の背景

　ナノサイズのシリカ（酸化珪素）や粘土鉱物（層状珪酸塩）等の無機物の微粒子（ナノ粒子）は，従来サイズの無機フィラーには実現できない低い添加量（数％）で，プラスチックの剛性（弾性率）や耐熱性（耐熱変形性）を大幅に改善できることが報告されている[1~3]。しかし，これらのナノ粒子には，従来のエラストマー（ゴム）粒子のような応力の低減効果や，可塑剤のような可塑化効果（ポリマー分子間の滑り）がないため，プラスチックの靭性（破断までの伸び）の改良は不十分であった。一方，これらのエラストマー粒子や可塑剤を添加すれば，靭性を向上できるが，強度や耐熱性（耐熱変形性）が低下してしまう問題があった。特に，植物原料を利用するバイオプラスチックとして注目されているポリ乳酸では，利用用途を拡大するために，本来の比較的高い強度を保ちながら靭性を向上させる。つまり，強靭性の改良が大きな課題であった[4]。

　これに対して，従来の無機ナノ粒子の特性とともに，エラストマーや可塑剤の特性を併せもつような多機能のナノ粒子，例えば，高密度のコア，その周囲のエラストマー層，さらに，樹脂と親和性をもつ最外層から成るような３層構造のナノ粒子を作成できれば，この課題を解決できると考えた（図1）。

　しかし，従来の分子構造の有機シリコン化合物によるゾルゲル工程や，通常の表面処理剤による無機粒子の表面処理では，このような多層構造のナノ粒子を形成させることは難しかった。

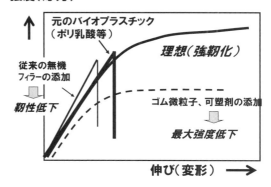

図2　従来のフィラーや添加剤によるバイオプラスチックの機械的特性への影響（例）

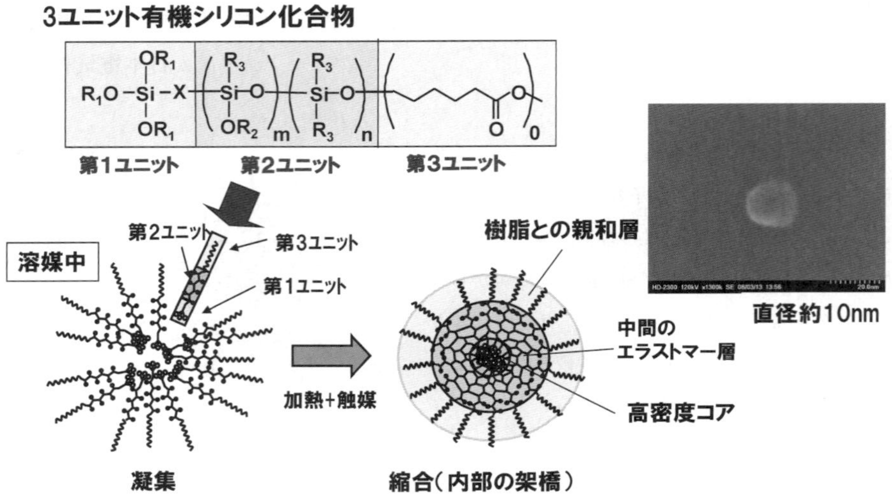

3ユニット有機シリコン化合物

図3　3ユニット有機シリコン化合物による3層構造ナノ粒子の自己形成

　そこで，3層構造ナノ粒子の各層をそれぞれ形成する3つのユニットからなる有機シリコン化合物を合成し，この化合物の凝集と縮合（架橋化）によって，自己組織的に3層構造ナノ粒子を製造する新技術を開発し，本ナノ粒子の添加によって，ポリ乳酸の強靭性を大幅に向上できることを実証した[5,6]。

2　3ユニット有機シリコン化合物による3層構造ナノ粒子の自己組織化

　図3に示すように，本ナノ粒子は，高密度に3次元架橋したポリシロキサンのコア，低密度に架橋（低弾性）したシリコーンエラストマーの中間層，そして，マトリックスの樹脂との親和性のある表面有機層の3層からなる。このナノ粒子は，溶媒中で，3つのユニットからなる有機シリコン化合物の凝集と縮合反応によって自己組織的に形成できる。

　すなわち，この3ユニット有機シリコン化合

物は，加水分解と縮合反応により高密度のポリシロキサンコアを形成するトリメトキシシランの第1ユニット，加水分解と縮合速度が第1ユニットより遅いため，コア形成後，中間のシリコーンエラストマー層を形成するプロピルオキシポリシロキサンの第2ユニット，さらに，マトリックスのポリ乳酸と適度に相溶（親和）するカプロラクタムオリゴマーの第3ユニットによって構成されている。この独自な分子構造のため，適切な溶媒中では，極性が高い第1ユニットを中心にナノオーダー（約10nm）で凝集し，加熱によって縮合してコア（複数個の場合あり）を形成する。そして，さらなる加熱と触媒の添加により，第2ユニットの縮合反応によりコア周囲で中間層を形成する。第3ユニットは，本有機シリコン化合物中での位置から，シリコン化合物が凝集した際に最外層を形成する。本ナノ粒子が分散している溶液中に，ポリ乳酸を溶解させ，溶媒を除去すれば，本ナノ粒

子が均一分散したポリ乳酸ナ
ノコンポジットを作成できる。

3 3層構造ナノ粒子の添加に
よるポリ乳酸の強靭化

図4に示す曲げ特性からわ
かるように，本ナノ粒子をポ
リ乳酸に添加すると，ポリ乳
酸の最大強度を保持しながら，
靭性（伸び）を大幅に向上で
きた。これは，変形初期では，
本ナノ粒子の高密度コアの剛

曲げ特性

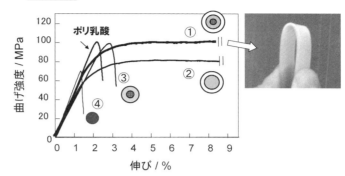

図4　ナノ粒子を添加したポリ乳酸複合材の曲げ特性
各粒子をポリ乳酸に5％添加。①3層構造ナノ粒子，②第2＋3ユ
ニットの有機シリコンによるコアなしの2層構造ナノ粒子，③第1＋
2ユニットの有機シリコンによる最外有機層なしの2層構造ナノ粒
子，④ナノサイズのシリカ粒子（凝集物）

性と最外層のポリ乳酸との親和性によって，弾
性率と強度を保持し，変形中期以降は，中間エ
ラストマー層による応力低減と最外層による可
塑化の効果により，伸びを改良できたものと考
える。さらに，引っ張り特性でも同様な効果が
あった。

一方，第1ユニットや第3ユニットを持たな
い有機シリコン化合物から製造したコアや最外
有機層のない2層構造のナノ粒子，ナノシリカ
粉（樹脂中で凝集）では，このような強靭化効
果を発現できなかった（図4）。そのため本ナ

ノ粒子の3層構造の重要性が明確となった。

また，本ナノ粒子のポリ乳酸への耐熱性への
影響も調べ，通常のゴム粒子や可塑剤とは異な
り，ほとんど悪影響しないことも確認した（高
荷重での荷重たわみ温度は数℃低下する程度）。
これは，本ナノ粒子中のコアによって熱変形が
抑制された，ためと考える。

以上のように，本ナノ粒子は，ポリ乳酸の強
靭化に有効であることを実証した。さらに最外
層の分子構造を変更すれば，他のプラスチック
にも効果があるものと考える。

文　献
1)　F. Hussain, *et al.*, *J. Compos. Mater.*, **40**, 1511-1575（2006）
2)　J. Jordan, *et al.*, *Mater. Sci. Eng.*, A **393**, 1-11（2005）
3)　A. Ushuki, *et al.*, *Adv. Polym. Sci.*, **179**, 135-195（2005）
4)　位地正年，工業材料，**56**, 2, 45-49（2008）
5)　森下直樹ほか，日本化学会89春季年会予稿集，505（2009）
6)　位地正年ほか，ファインケミカル，**39**, 3, 49-52（2010）

お問い合わせ
日本電気㈱
グリーンイノベーション研究所
TEL　029-850-1512

第3章 コアシェル型温度応答性ミクロゲルの二段階体積相転移と蛍光エネルギー移動

前田　寧[*]

1　温度応答性ミクロゲルとは

　ある種の高分子の水溶液は，一定の温度（相分離温度（T_p）と呼ぶ）以上に加熱すると白濁し，それ以下の温度に冷却すると再び溶解して透明に戻るという可逆的な相分離挙動を示す。このような温度応答性高分子の例として，ポリ（N-置換（メタ）アクリルアミド）[1, 2]，ポリ（アルコキシ（メタ）クリレート）[3]，ポリビニルエーテル[4]，メチルセルロースを挙げることができる。この現象は高分子—水間の相互作用の温度変化に密接に関係している。温度応答性高分子には親水基と疎水性の主鎖および側鎖アルキル基が共存するが，相分離温度以下では水と親水基（例えばアミド基やエーテル酸素）との強い相互作用（主に水素結合）により高分子鎖は水に溶解してランダムコイル状のコンフォメーションをとる。相分離温度以上に加熱されると親水基—水間の水素結合が切れると伴に疎水部の脱水和が起こり，ポリマー鎖が収縮して球状（グロビュール）になる。続いて疎水性相互作用によりグロビュールの会合が起こり可視光の波長程度の大きさにまで成長すると，光が散乱されて白く濁り，相分離を視認できるようになる。このような高分子は，温度により吸水性や吸着能，親疎水性，光学特性を変化させる性質を利用して薬剤の感温放出や有用物質の分離，表面物性の温度制御などに応用することが期待されており，一部は実用に供されている。

　温度応答性モノマーと架橋剤モノマーを共重合すると，三次元網目構造を有する温度応答性ゲルができる。このようなゲルは対応する直鎖状高分子が相分離を起こす温度以上に加熱すると，内部の水を吐き出して急激に収縮する。この現象を体積相転移と呼んでいる。さらに，界面活性剤を加えて高温水中で撹拌しながら重合を行うと，界面活性剤で安定化された粒子状のゲルが水に分散した状態で得られる。このとき，イオン性モノマーを共重合させると，表面に電荷を持つ微粒子になり，より分散安定性が増す。このような方法で合成された温度応答性微粒子は，数100 nm の直径を持ち，体積相転移温度（T_p）を境に可逆的に膨潤—収縮を繰り返す。図1(a)に温度応答性モノマーとして N-イソプロピルアクリルアミド（NiPAm），架橋剤として N,N-メチ

＊　Yasushi Maeda　福井大学　大学院工学研究科　生物応用化学専攻　教授

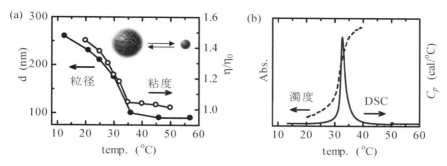

図1　温度応答性ミクロゲルの(a)粒径と粘度，および，(b)濁度と熱容量の温度変化

レンビスアクリルアミド，イオン性モノマーとして 2-acrylamido-2-methylpropane sulfonic acid を用いて合成した温度応答性ミクロゲルの動的光散乱法で測定した直径，および分散液の粘度の温度変化を示す。20℃で230 nm であった直径が，50℃では80 nm になっており，直径で約1/3，体積で約1/24 に収縮していることが分かる。それに伴って粘度も低下する。示差走査熱量計（DSC）による熱容量（C_p）測定では，相転移に伴い高分子や周りの水の水素結合のネットワークが変化することに起因する吸熱ピークが同じ温度範囲に観察される（図1(b)）。また，赤外吸収スペクトルの測定により高分子鎖の脱水和が起こっていることを確認することができる（2節と図3(d)を参照）。

2　コアシェル型温度応答性ミクロゲルの二段階体積相転移

　複数の温度応答性モノマーを含むミクロゲルは，モノマーユニットの分布により相転移挙動が異なる。二種類のモノマーが不規則に分布するランダム共重合体のミクロゲルは単一の相転移温度を持つ。その組成依存性は直鎖状のランダム共重合体の場合と同様で，一般に組成に対して直線的に変化する。たとえば，NiPAm と N-イソプロピルメタクリルアミド（NiPMAm）の共重合ゲルの相転移温度は，それぞれのホモポリマーゲルの相転移温度を両端とする直線上に乗る（図2(a)）。また，有機溶媒などの添加物の効果も相加的である。しかし，特殊な例として NiPAm と dEA の組み合わせのように異種モノマーユニット間の水素結合などの相互作用の効果により，モル比が1：1のときに転移温度が最小になるような挙動を示す場合もある[5]。また，NiPAm ゲルの相転移は協同性が高く狭い温度範囲で起こるのに対して，dEA ゲルの相転移は広い温度範囲で起こることが知られているが，共重合ミクロゲルでは NiPAm 含量が増えるにしたがって転移がシャープになるという挙動を示す（図2(b)）。

　一方，それぞれのモノマーユニットが別々の層に分かれて分布しているコアシェル型のミクロ

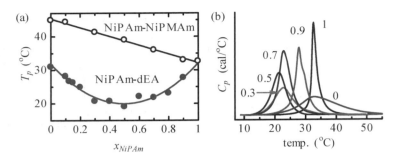

図2 (a) NiPAm–NiPMAm ゲルと NiPAm–dEA ゲルの体積相転移温度と組成
の関係
(b)組成の異なる NiPAm–dEA ゲルの DSC 曲線

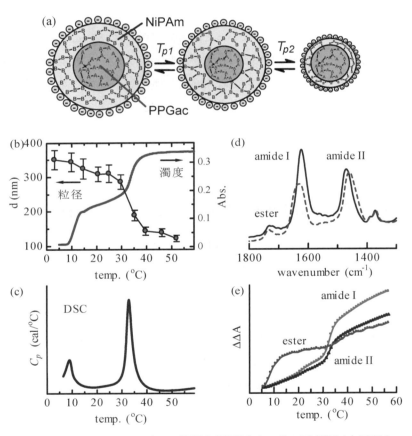

図3 PPGac コア–NiPAm シェル型温度応答性ミクロゲルの(a)構造と(b)直径と
熱容量（C_p）の温度変化

ゲルでは，コアとシェルが別個の相転移を示す（図3(a)）。このようなミクロゲルは，コアになる温度応答性ミクロゲルの存在下で第二の温度応答性モノマーを重合するシード重合により合成することができる。例としてコアがポリプロピレングリコールのマクロモノマーであるpoly（propylene glycol）acrylate（PPGac）の架橋体，シェルがNiPAmの架橋体であるコアシェル型温度応答性ミクロゲルの特性を図3に示す。温度の上昇に伴い，10℃付近と33℃付近の二段階で粒径と濁度が変化し，DSC曲線も二つの吸熱ピークを持つ。赤外スペクトルでは，コアのPPGacのエステルおよびエーテルバンドとシェルのNiPAmのアミドⅠ（主にC＝O伸縮振動）およびアミドⅡ（主にC-N-H変角振動）バンドが，それぞれのモノマーユニットに特異な吸収帯である。それぞれのバンドの強度と位置の温度変化を解析することにより低温側の転移はPPGacの脱水和，高温側の転移はNiPAmの脱水和に起因することがわかる。したがって，10℃付近ではPPGacのコアが収縮して，それにつられて全体の粒径が少し小さくなり，33℃付近ではNiPAmのシェルが収縮して全体の粒径が大きく減少するということになる。同じモノマーの組み合わせでもコアの転移温度の方が低い場合と，逆にシェルの転移温度の方が低い場合の二通りがある。また，コアとシェルの架橋度によっても特性は変化する。

3　温度応答性ミクロゲルによる調光

　温度応答性ゲルを表示材料や調光材料へ応用する試みが数多く行われている。例えば，NiPAmゲルが持つ相転移温度以下では透明で，それ以上の温度では白濁する性質を利用して自律調光材料が開発されている[6, 7]。窓ガラスとして使うことで，高温時には白濁状態になって外光を遮り，低温時には透明になり日差しを取りこむことができる。これは，光の透過と散乱，反射を制御した例であるが，温度の変化により色を変化させる素材もいくつか提案されている。その一つに，温度応答性ゲルに色素を内包させる方法がある。ゲルの内部に色素を入れておくと，低温ではゲルを通して色素の色が透けて見えるが，高温では収縮したゲル層で光が散乱されて白色になる。異なる色の着色剤を内包させた，相転移温度の異なる2種類のゲルを混合すれば，二段階の色変化がおこる。すなわち，両方のゲルの相転移温度より低い温度では両者の混合色，中間の温度では高温側ゲルの色と白の混合色，両方の相転移温度より高い温度では白色になる[8]。また，ゲルの表面と内部に別の色素を結合させておけば，低温で両方の色素の混合色，高温で表面の色素の色を示すような材料になる。

　構造色と呼ばれる発色は，色素や発色団による光の吸収や反射に基づくものではなく，微細な構造により光が干渉して特定の波長の光だけが反射されるために生じる色である。身近な例としてシャボン玉やコンパクトディスク，宝石のオパールの発色を挙げることができる。構造色の特

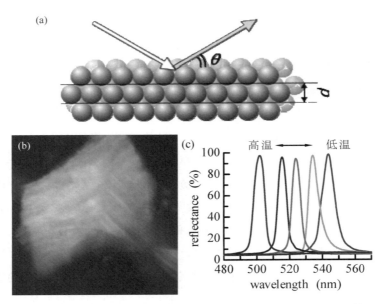

図4 (a)温度応答性ミクロゲルの作るコロイド結晶と可視光の Bragg 反射の
　　　温度による変化
　　 (b)コロイド結晶の写真
　　 (c)異なる温度で作成したコロイド結晶の反射スペクトルの重ね合わせ

徴は見る角度により色が変化することである。微粒子が3次元的な規則性を持って配列して作る
コロイド結晶においても，可視光の干渉が起これば構造色が生じる（図4(a)）。粒径のそろった
温度応答性ゲル微粒子も，適切な濃度範囲にあれば水中でコロイド結晶を形成して構造色を呈す
る[9]。図4(b)は温度応答性ミクロゲルが水中で形成する三次元コロイド結晶の写真である。コロ
イド結晶による可視光の Bragg 反射により構造色（図4(b)の白色部分，実際は緑色に見える）が
観察される。このとき強く反射される光の波長 λ と入射角 θ の関係は Bragg の式で与えられる。

$$m\lambda = 2nd\,\sin\theta$$

ここで m は反射次数，n は屈折率，d はコロイド結晶の面間隔を表わす。温度応答性ミクロゲル
は温度により粒径が変化するため，結晶化温度により粒子間隔が異なり反射光の波長も変化す
る。図4(c)に，さまざまな温度でガラス面から結晶化させた温度応答性ミクロゲルのコロイド結
晶に，垂直に白色光を入射したときに観察される反射光のスペクトルを示す。結晶化温度が高い
ほど粒子径が小さくなるため，粒子間隔と面間隔が低下して，反射スペクトルのピーク波長が短
波長側にシフトすることが分かる。しかし，いったん結晶化させたコロイド結晶の温度を変えて
色を変化させるには，微粒子の再配置という時間のかかる過程が含まれるため，非常に長時間を

要する。一方，シリカゲルのコロイド結晶を鋳型として，その空隙を埋める形で温度応答性ゲルを作った後に，シリカゲルを溶かして作るポーラスゲルは，温度変化に追随して速やかに構造色を変化させる[10]。

4　温度応答性蛍光ミクロゲル

　温度応答性ミクロゲルの色を温度で変化させるもう一つの方法では蛍光を利用する。温度応答性高分子に結合させた蛍光色素の周りの微視的な環境は相転移に伴って変化するため，その変化に敏感な蛍光色素においては蛍光強度や蛍光波長の変化が起こる[11]。図5にcoumarin系蛍光色素を導入したNiPAmミクロゲルの蛍光スペクトルの温度変化を示す。転移温度の33℃付近で急にピークが短波長側にシフトして，強度が低下することが分かる。

　蛍光エネルギー移動（fluorescence resonance energy transfer，FRET）を応用する方法では，より大きな蛍光波長のシフトを実現することができる。蛍光エネルギー移動とは，2種類の蛍光色素が近接して存在するとき，高エネルギー状態に励起された第一の色素（ドナー）のエネルギーが，分子間の双極子—双極子カップリングによって第2の色素（アクセプター）に移動し，直接は励起されていないアクセプターから蛍光が発せられる現象である（図6(a)）。FRETにおける「ドナー」とは，励起光を吸収しそのエネルギーの一部分を蛍光として発光し，他の一部分を近接するアクセプターに移動する蛍光物質であり，「アクセプター」とは，直接励起光を受けなくてもドナーからのエネルギーを吸収し蛍光を発する蛍光物質である。エネルギー移動が起こるための必要条件は，ドナーとアクセプターの間の距離（R）が10 nm程度以下であることと，ドナーの蛍光スペクトルとアクセプターの吸収スペクトルが部分的に重なることである。蛍光エネルギー移動効率（E）はRが減少すると次式に従って急激に増大することが知られている。

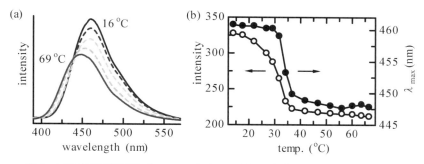

図5　(a)温度応答性蛍光（coumarin）ミクロゲルの蛍光スペクトルの温度変化
　　　(b)蛍光波長と蛍光強度の温度変化

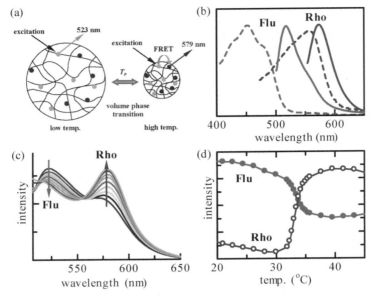

図6　(a)温度応答性蛍光ミクロゲルの体積相転移と蛍光エネルギー移動の概念図
　　　(b)フルオレセインとローダミンBの吸収（破線）および蛍光（実線）ス
　　　　ペクトル
　　　(c)蛍光スペクトルの温度変化
　　　(d)ドナーとアクセプターの蛍光強度の温度変化

$$E = \frac{R_0{}^6}{R_0{}^6 + R^6}$$

ここで R_0 は $E = 0.5$ になるドナー―アクセプター間距離（後述するフルオレセイン―ローダミンでは 5.96 nm）である。この方法は 10 nm 程度までの距離の変化に敏感であるため分子の分光的物差しとしても利用されている。

　ドナーとアクセプターを温度応答性ミクロゲルに固定化すると，温度変化により移動効率 E を変化させることができる。すなわち，低温ではミクロゲルが水で膨潤しているために粒子間の距離 R は大きい。したがって，移動効率 E は低く，ドナーからの発光が優先する。温度を上昇させて相転移温度を超えると，ミクロゲルが収縮して R は小さくなりエネルギー移動が起こってアクセプターから発せられる蛍光が強くなる。このようにして温度でミクロゲルの膨潤状態を変化させることにより，蛍光色を変化させることができる。先に述べたコロイド結晶において微粒子集団の集合状態の変化により発色が変化するのとは異なり，この方法では単一の粒子の色を温度で変化させることが可能であり，また，応答も速い。

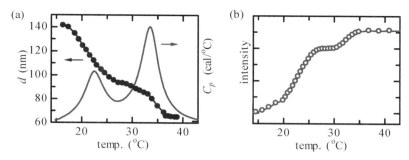

図 7 コアシェル温度応答性蛍光ミクロゲルの(a)直径の温度変化と DSC サーモグ
ラム，(b)ローダミン B の蛍光スペクトルの温度変化

　実際にフルオレセインをドナー，ローダミン B をアクセプターとして温度応答性蛍光ミクロ
ゲルの合成を行った。フルオレセインとローダミン B の吸収および蛍光スペクトルは図 6 (b)に
示した通りであり，FRET が起こるための条件であるドナーの蛍光スペクトルとアクセプターの
吸収スペクトルの重なりが存在する。フルオレセインの吸収極大の 497 nm で励起した時の蛍光
スペクトルの温度変化を図 6 (c)，(d)に示す。温度が上昇するとともにミクロゲルの粒径が小さく
なり，フルオレセインとローダミンの距離が近づき FRET の効率が高くなると，フルオレセイン
の蛍光強度が低下し，ローダミンの蛍光強度が増大する。このように蛍光分光光度計を用いる測
定により約 32℃で急激にスペクトルが変化することが分かるが，目視でもその変化を確認する
ことができる。この例のように，可視光で励起する場合には励起光が散乱されて蛍光に混ざるた
めに色の変化が不鮮明になるという問題がある。しかし，散乱光は 2 枚の偏光板を用いることで
簡便に除くことができる。すなわち，第一の偏光板を用いて直線偏光で色素を励起して，それに
垂直な偏光を通す偏光板を通して観察することで，散乱光を除くことができる。一方，光を吸収
してから蛍光が発せられるまでの間に色素の配向が変わることで，蛍光の偏光面は回転するので，
蛍光は第二の偏光子を通過することができる。
　先に述べたコアシェル型の温度応答性ミクロゲルに蛍光色素を結合させれば，コアとシェルの
収縮に伴い二段階で色の変化を起こす微粒子を作ることができる。図 7 にコアに NiFAm と dEA
の 1 : 1 の共重合ゲルを，シェルに NiPAm ゲルを用い，さらに，コアとシェルの両方にフルオレ
セインとローダミン B を結合させたコアシェル型温度応答性ミクロゲルの特性を示す。先に述べ
たように NiPAm と dEA の共重合によりコアの転移温度は 23℃と低くなっており，33℃付近の
シェルの転移と合わせて二つの DSC 吸熱ピークと二段階の粒径変化とが観察される。それに伴っ
て 583 nm のローダミンの発光も二段階で増強される。コアとシェルに別々のドナー—アクセプ
ター対を結合させれば多波長の蛍光強度が温度で変化するマルチカラーの微粒子を作ることも可

能である。

　ここまでは，コアもシェルも温度応答性を持つゲルについて述べてきたが，コアがポリスチレンやシリカの微粒子であるコアシェル型温度応答性蛍光微粒子についての報告もある[12]。Liu らは二段階の原子移動ラジカル重合（ATRP）により，シリカ粒子の表面からブロック共重合体のポリマーブラシを生長させ，その各ブロックに FRET のドナーとアクセプターになる蛍光色素を導入した。相転移に伴うポリマーブラシの伸張─収縮により，ドナー─アクセプター間の距離，しいては，FRET の効率を変化させて蛍光色の変調を行っている。

5　おわりに

　本稿では温度応答性ミクロゲルの体積相転移とその現象を利用して用いて色を変化させる方法について解説した。このような素材はシート状の温度計や，高感性で遊び心を満たす色剤としてインテリア，文具，玩具，化粧品，服飾の分野で利用されることが期待される。また，温度以外の条件（pH や化学物質の濃度など）の変化により膨潤─収縮を起こすミクロゲルを用いれば，それらに対するセンサーや指示薬，検査薬を開発することも可能である。しかし，基本的に水媒体中でしか起こらない現象であるので，実用に供するためにはマイクロカプセル化など水分を保持する方法をさらに検討する必要がある。

文　　　献

1)　Y. Maeda *et al.*, *Langmuir*, **16**, 7503-7509 （2000）
2)　Y. Maeda *et al.*, *Macromolecules*, **35**, 10172-10177 （2002）
3)　Y. Maeda *et al.*, *Langmuir*, **23**, 11259-11265 （2007）
4)　Y. Maeda *et al.*, *Langmuir*, **23**, 6561-6566 （2007）
5)　K. Martina *et al.*, *Angew. Chem.*, *Int. Ed.*, **47**, 338-341 （2008）
6)　特開昭 61-148423
7)　特開昭 61-148824
8)　特開平 11-228850
9)　L. A. Lyon *et al.*, *J. Phys. Chem. B*, **108**, 19099-19108 （2004）
10)　Y. Takeoka *et al.*, *Langmuir*, **19**, 9104-9106 （2003）
11)　S. Uchiyama *et al.*, *Anal.Chem.*, **75**, 5926-5935 （2003）
12)　T. Wu *et al.*, *Chem. Mater.*, **21**, 3788-3798 （2003）

第4章　コアシェル型粒子の合成とその粒子からなるコロイド結晶

中村　浩*

1　はじめに

　大きさが数 nm〜数 μm のいわゆるコロイド粒子は，球状で単分散な（粒子径のばらつきがない）場合，その分散液の乾燥あるいは沈降等により，3次元的に最密充填された規則構造を形成する（図1）。また，分散液中でも，液中の低分子イオンを取り除く（脱塩する）ことによって，粒子間の相互作用が強くなり，その結果，粒子同士が離れた状態で3次元規則構造を形成する（図2）。これらの3次元規則構造は一つ一つのコロイド粒子を原子と置き換えると，いわゆる“結晶”の形を取っていることから，“コロイド結晶（colloidal crystal あるいは colloidal crystalline array）”と呼ばれており，自然界ではオパールがこのコロイド結晶であることが知られている。

　オパールは，粒子径が 100〜500nm の単分散な SiO_2（シリカ）粒子が積み重なってできており，シリカ粒子の積み重なりが回折格子と同じ役割を果たすため，原子からなる結晶が X 線でブラッグ回折を示すように可視光の回折現象が起こる。この回折現象を起こす構造が繰り返し組み合わされることで，特徴的な虹彩色（イリデセンス）を示す。なお，このように，色素や発光

図1　コロイド結晶（乾燥／最密充填型）

＊　Hiroshi Nakamura　㈱豊田中央研究所　研究推進部　副部長

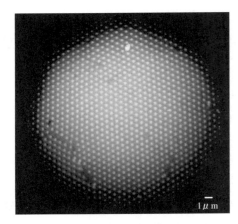

図2　コロイド結晶（液中／粒子間相互作用型）

によらずに，回折や干渉など物質の構造に由来して発色する色を構造色と呼び，モルフォ蝶や玉虫，熱帯魚などの生物に多く見られ，近年は新たな色材としても注目されている[1, 2]。

2　コロイド結晶の応用展開とコアシェル粒子の必要性

コロイド結晶の応用については，前述のオパールにみられるように可視光領域でブラッグ回折による干渉色を示すことから，構造色としての色材が考えられ，人工のオパールの作製例が知られている。さらに最近では構造色を発色するフィルムや構造色塗料などが報告されている[3, 4]。

一方，1987年にYablonobitchとJohnらが光を自在に制御できる新たな光機能材料としてフォトニック結晶の存在を発表した後[5, 6]，そのフォトニック結晶を実現する材料として，粒子とマトリックスが3次元的な周期構造を形成することからコロイド結晶が脚光を浴び，その作製法から，光学特性，シミュレーションまで非常に多くの研究が実施されるようになった[7]。

このようにコロイド結晶を色材やフォトニック結晶など光学的な応用に展開するためには，コロイド結晶の光学特性を制御することが必要である。コロイド結晶の光学特性は後述するように，ブラッグの回折式のパラメータであるコロイド結晶の格子面間距離と屈折率に依存している。このうち格子面間距離は，液中で形成されるコロイド結晶の場合は粒子間の相互作用の制御によって変化させることが可能であるが，乾燥あるいは沈降等によって形成される，粒子同士が接触したコロイド結晶では粒子径のみで決まってしまい，自在に制御することはできない。そこで，この場合に光学特性を制御するためにはコロイド結晶の屈折率，すなわち粒子の屈折率を制御することが必須である。しかし，コロイド結晶を作製するための必要条件である単分散な粒子は，これまでエマルション重合で合成したポリスチレン粒子やポリメチルメタクリレート粒子，

あるいはストーバー法で合成したシリカ粒子に限られておりいずれも屈折率が高くないことから，新たな組成の単分散粒子の合成とその粒子からなるコロイド結晶の作製が期待されている。

そこで一つの方法として，これらの既に合成方法が確立している単分散粒子をコアとして，屈折率の高い成分をシェルとして粒子表面に吸着あるいは積層させて得られる，いわゆるコアシェル型粒子を合成して，その粒子からなるコロイド結晶を作製する方法が検討されており[8～14]，さらに，コアシェル型粒子からなるコロイド結晶の光学特性についてもシミュレーションによって種々の検討されている[15～17]。

一方，上記の液中で形成されているコロイド結晶の格子面間距離の制御や有機溶媒中でのコロイド結晶の作製，さらにはコロイド結晶の固定化を目的としても単分散粒子のコアにポリマーシェルをグラフトさせてコアシェル型粒子を合成し，その粒子からなるコロイド結晶を作製する方法も検討されている[18～27]。

本稿では上記二つの目的のコアシェル型粒子の中から，特に高屈折率のチタニアの層状化合物の単層剥離物質（ナノシート）をシェルとしてコートにしたコアシェル型粒子，およびポリマーをシェルとしてグラフトしたいくつかのコアシェル型粒子を取り上げ，それらの作製法とそれらの粒子からなるコロイド結晶について解説する。

3　チタニアナノシートをコートしたコアシェル型粒子[14, 15]

3.1　高屈折率シェルを有するコアシェル型粒子

コロイド結晶をフォトニック結晶などの光学材料や新規な物性制御材料に応用する場合，その特性は粒子そのものの物性に最も影響を受けることから，新規な単分散コロイド粒子を合成し，その粒子からなるコロイド結晶を作製して構造と特性を評価することが重要である。そのためにはこれまで種々の研究が行われているが，中でも，既にある単分散粒子（コア）に他の物質（シェル）を均一にコーティング，あるいは吸着させてコアシェル型粒子を合成することが有効であり，特に，フォトニック結晶を狙った場合，単分散なポリマー粒子やシリカ粒子をコアとして，高屈折率の無機物質をシェルとしたコアシェル型粒子の合成が多く検討されている[8, 9]。

単分散なコア粒子に他の成分を吸着させてコアシェル型粒子を合成する報告例としては，ポリスチレン粒子に ZnS や TiO_2（チタニア）をコートしたもの[10, 11]や ZnS 粒子にシリカをコートしたもの[12]などいくつか知られているが，均一にシェルを吸着させて単分散性を維持する方法として Layer-By-Layer（LBL）法が有効である。この LBL 法とは Decker によって示された，カチオン性の物質とアニオン性の物質とを交互に積層する方法であり[28]，静電的な相互作用を利用することによって吸着量が少なくなったり過剰になったりすることなく，簡便に均一なコー

ティングができる方法として近年種々の系に多用されている。そして実際に Carso らはこの LBL 法を用いて種々の単分散なコアシェル型粒子を合成している[29~32]。

　我々は，これまでに単分散なポリスチレン粒子やシリカ粒子にチタニアの層状化合物の単層剥離物質であるチタニアナノシートを LBL 法で均一にコーティングした単分散コアシェル型粒子を合成し，さらに，その粒子からなるコロイド結晶を作製して光学特性を評価したので以下にそれを解説する[14, 15]。

3.2　LBL 法によるチタニアナノシートコート粒子の合成

　ナノシートとは層状化合物を層状構造を形成する最小基本単位である単一層1枚にまで剥離して得られるナノスケール物質である。厚みは1nm前後と極めて薄いのに対し，面方向のサイズは通常サブミクロンからミクロン（μm）オーダーであり，非常に大きなアスペクト比を有している。粘土鉱物以外の層状化合物は一般にホスト層の電荷密度が高いことなどから剥離は困難と考えられていたが，近年様々な層状ホストについていろいろな化学反応を駆使した剥離の例が報

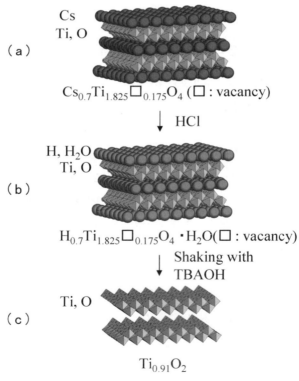

図3　チタニア層状結晶からのチタニアナノシートの合成方法

告されてきた。我々は，フォトニック結晶など光学デバイスを実現する上で必要とされる高屈折率を示すチタニアに着目し，佐々木らの手法[33~36]を参考にチタニアナノシートを合成するとともに，正の電荷を持つ物質と負の電荷を持つ物質とを交互に積層する LBL 法でチタニアナノシートをコートした単分散コアシェル型粒子の合成を行った。

　レピドクロサイト型層状チタン酸化合物（$Cs_{0.7}Ti_{1.825}\square_{0.175}O_4$，$\square$ は空孔）をチタニアナノシートの出発原料とし，図3に示す方法でチタニアナノシートを合成した。この結晶構造は図3(a)に示すように，チタンが酸素原子により6配位された八面体が稜共有で2次元方向に連鎖してホスト層を形成している。チタンサイトには一部空孔を含むため層全体として負電荷を帯びている。これを層間の Cs イオンが補償して電気的中性が保たれている。$Cs_{0.7}Ti_{1.825}\square_{0.175}O_4$ は，Cs_2CO_3 とアナターゼ型 TiO_2 をモル比で 1：5.2 の割合に混合し，700℃の大気中で 10 時間焼成後，室温に急冷して合成した。$Cs_{0.7}Ti_{1.825}\square_{0.175}O_4$ は活性なイオン交換性を示すため，合成した粉末試料を 1 N の塩酸水溶液中で 1 日攪拌し，洗浄後，再び 1 N の塩酸で処理を行う操作を 3 回繰り返した。この操作により，層状構造を保持したまま層間の Cs イオンを全て水素イオンと交換でき，$H_{0.7}Ti_{1.825}\square_{0.175}O_4 \cdot H_2O$ という組成の水素型物質が誘導された（図3(b)）。このようにして得られた水素型物質は一種の固体酸であり，塩基性物質を含む溶液を作用させると層間に塩基性物質をゲストとして取り込むことができる。この反応を利用して $H_{0.7}Ti_{1.825}\square_{0.175}O_4 \cdot H_2O$ にテトラブチルアンモニウムイオン（$(C_4H_9)_4NOH$，以下 TBAOH）を等モル量作用させて，激しく攪拌することでナノシートを得た（図3(c)）。

　次にソープフリーエマルション重合で合成した単分散なポリスチレン粒子[37]（平均粒子径 260 nm）や単分散なシリカ粒子（日本触媒製シーホスター KEW30 平均粒子径 280 nm）をテンプレートとして LBL 法でチタニアナノシートをコートした。合成スキームを図4に示す。イオ

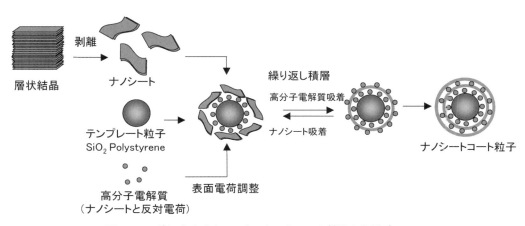

図4　LBL 法によるチタニアナノシートコート粒子の作製プロセス

ン交換水に分散したポリスチレン粒子にカチオン性高分子電解質であるポリジアリルジメチルアンモニウムクロライド（PDADMAC）を混合し，静電的に吸着させてから，遠心分離と水洗で過剰な PDADMAC を除去した。そこへ，あらかじめ合成しておいたチタニアナノシートを混合し，静電的に吸着させ，遠心分離と水洗で過剰なチタニアナノシートを除去した。この操作を繰り返すことでチタニアナノシートが多層コートされた粒子を得た。

3.3 チタニアナノシートコート粒子の特性

図5に，ポリスチレン粒子およびチタニアナノシートコートポリスチレン粒子の透過型電子顕微鏡（TEM）写真を示す。チタニアナノシートをコートした粒子（図5(b)）は，ポリスチレン粒子（図5(a)）と同様に非常に単分散で，粒子表面も滑らかであることがわかった。さらにチタニアナノシートコート粒子の表面を拡大して観察する（図5(c)）と粒子表面に筋状の模様が見え，このことからナノシートがテンプレート粒子表面にコートされていることが確認できた。

次に，紫外（UV）吸収スペクトル測定でチタニアナノシートの粒子への吸着の有無を調べた。図6に，チタニアナノシート，ポリスチレン粒子，およびチタニアナノシートコートポリスチレン粒子の UV 吸収スペクトルを示す。チタニアナノシートの場合265nm に吸収があることが知られており，ポリスチレン粒子の場合もその組成に由来する230nm に吸収が認められた。合成した粒子からはこれらの両方の吸収が認められ，このことからも，ポリスチレン粒子にチタニアナノシートがコートされているといえる。

さらに，X線回折（XRD）測定でチタニアナノシートと PDADMAC の周期構造を評価した。図7に，ポリスチレン粒子とチタニアナノシートコートポリスチレン粒子の XRD チャートを示

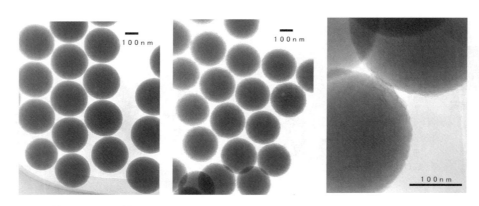

（a）ポリスチレン粒 子　（b）チタニアナノシートコートポリスチレン粒 子（c）

図5　コロイド粒子の TEM 写真
(a)ポリスチレン粒子，(b)チタニアナノシートコートポリスチレン粒子，(c)(b)の拡大写真

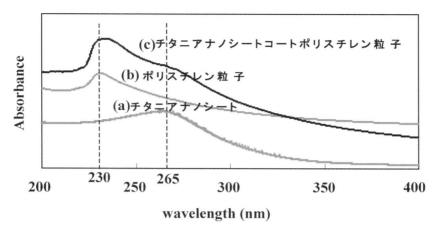

図6　コロイド粒子の UV スペクトルチャート
(a)チタニアナノシート，(b)ポリスチレン粒子，(c)チタニアナノシートコートポリスチレン粒子

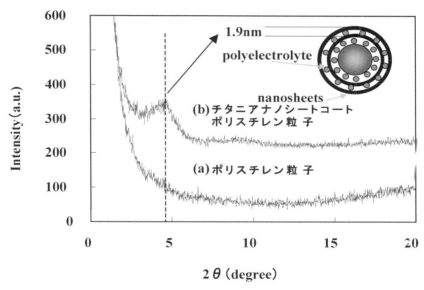

図7　コロイド粒子の XRD チャート
(a)ポリスチレン粒子，(b)チタニアナノシートコートポリスチレン粒子

す。チタニアナノシートコートポリスチレン粒子の場合，約5°にピークが認められた。このことからこの粒子には周期構造があることがわかり，このピーク位置（角度）をブラッグの回折式に代入することでその周期が約 1.9nm であることがわかった。この値はナノシート厚みの 0.7nm と PDADMAC の厚み約 1.0〜1.5nm を足し合わせた厚さに相当することから，ナノシートと高分子電解質が規則的に積み重なった構造を形成していることがわかる。

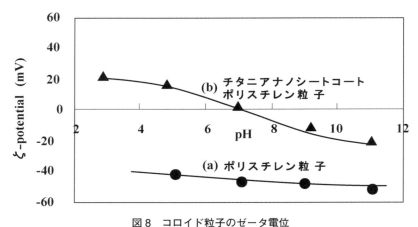

図8　コロイド粒子のゼータ電位
(a)ポリスチレン粒子，(b)チタニアナノシートコートポリスチレン粒子

　そして，粒子の表面電荷をゼータ電位で評価した。具体的には顕微鏡電気泳動法により35Vの電圧を印加したときの粒子の移動速度から求めた。図8に，ポリスチレン粒子およびチタニアナノシートコートポリスチレン粒子のゼータ電位を示す。ポリスチレン粒子の場合，粒子合成の重合開始剤である過硫酸カリウムに由来するスルホン酸を含有しているためにpHによらず絶対値が40mV以上の強いマイナス電荷を帯びた。これに対して，チタニアナノシートコート粒子の場合，pHに伴ってゼータ電位が変化し，低pHではプラスの電荷を，高pHではマイナスの電荷を有し，等電点がpH7近傍にあることがわかった。この特性はチタニアに特徴的な挙動として知られていることから，粒子表面がチタニアナノシートで覆われていることが裏付けられた。

3.4　チタニアナノシートコート粒子からなるコロイド結晶の作製

　チタニアナノシートコートポリスチレン粒子の水分散液をイオン交換樹脂を共存させて脱塩した後，コロイド結晶作製に有効な独自のガラスセル（図9）[38]の液だめ部に注入し，自然乾燥させることにより，乾燥型のコロイド結晶膜を作製した。図10に，ポリスチレン粒子およびチタニアナノシートコート粒子の水分散液をガラスセル中で自然乾燥させて作製したコロイド結晶膜のSEM写真を示す。いずれの場合も粒子は配列したが，ポリスチレン粒子の場合に比べて，チタニアナノシートコート粒子の場合の方が配列に乱れがあった。これは，チタニアナノシートコート粒子の場合，LBLコート時に脱離したチタニアナノシート等の混在物があることに加えて，前述のように表面電荷が小さく，かつpHによってプラス，マイナスが変化することから，粒子同士の静電的な反発力が小さく，凝集しやすくなったことによると考えられる。

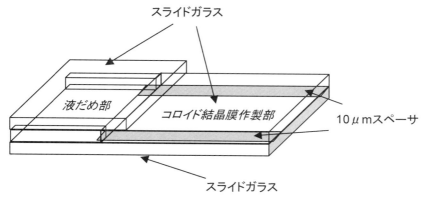

スライドガラス

液だめ部

コロイド結晶膜作製部

10μmスペーサ

スライドガラス

図9　乾燥コロイド結晶作製用ガラスセル

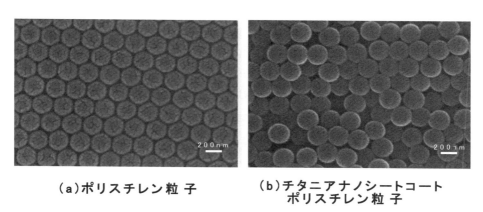

（a)ポリスチレン粒 子　　　**（b)チタニアナノシートコート ポリスチレン粒 子**

図10　乾燥コロイド結晶膜の SEM 写真
(a)ポリスチレン粒子，(b)チタニアナノシートコートポリスチレン粒子

3.5　チタニアナノシートコート粒子からなるコロイド結晶の光学特性

　作製したコロイド結晶膜について角度分解反射スペクトル測定を行った。角度分解反射スペクトルはマルチチャンネル分光計を用い，入射角を 9-40°の間で変化させて測定した。求めた反射ピーク波長 λ_{peak} と入射角 θ からブラッグの回折式(1)に代入し，結晶型を fcc 構造と仮定してコロイド結晶の格子面間距離 d と有効屈折率 n_{eff} を求めた。

$$\lambda_{peak} = 2d\sqrt{n_{eff}^2 - \sin^2\theta} \tag{1}$$

　図11に，それぞれのコロイド結晶膜の反射スペクトルを示す。いずれの場合もコロイド結晶のブラッグ回折に由来する反射ピークが認められ，チタニアナノシートコートによって反射ピークは長波長側にシフトした。このシフトの要因を明らかにするために，以下に角度分解反射スペ

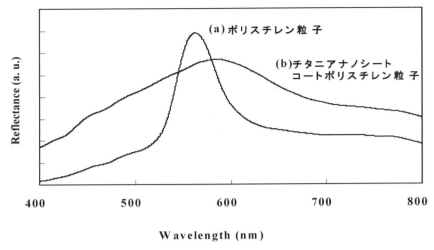

図11　乾燥コロイド結晶膜の反射スペクトル
(a)ポリスチレン粒子，(b)チタニアナノシートコートポリスチレン粒子

クトル測定を行う。なお，チタニアナノシートコート粒子の場合，ポリスチレン粒子の場合より
もピーク強度は弱く，半値幅も広かった。これは上記 SEM 観察の結果（図 10）に見られるよう
にチタニアナノシートコート粒子の場合の方が結晶性が低いことによると考えられる。

　図 12 に，それぞれの粒子からなるコロイド結晶膜について角度を変化させて反射スペクトル
を測定した結果を示す。ポリスチレン粒子とチタニアナノシートコート粒子のいずれの場合も角
度が増大するのに伴って，反射ピークが短波長側にシフトした。この挙動からこの反射が周期構
造のブラッグ回折によるものであることがわかり，fcc 構造を形成していることが裏付けられる。
なお，いずれの場合も角度が増大するのに伴ってピーク強度が減少し，ピークがブロードになっ
たが，これは光が進入する厚みが薄くなり，その結果反射光強度が弱くなったことなどが考えら
れる。

　図 12 の入射角度とピーク波長の関係をプロットしたものを図 13 に示す。ポリスチレン粒子と
チタニアナノシートコート粒子のいずれの場合も滑らかな曲線に乗ることがわかり，この曲線を
(1)式のブラッグの回折式でフィッティングした。その結果，ポリスチレン粒子の場合，格子面間
距離 d が 187.8nm でコロイド結晶の有効屈折率 n_{eff} が 1.512，チタニアナノシートコート粒子の
場合，d が 187.7nm で n_{eff} が 1.566 となり，チタニアナノシートコートによって d はほとんど変
化しないが，コロイド結晶の n_{eff} が増加することがわかった。このことはポリスチレン（$n:1.59$）
よりもチタニア（$n:2.20$）の方が屈折率が高いことから，チタニアナノシートコートによって
粒子の屈折率が増加したことによると考えられる。

　以上のように，単分散なポリスチレン粒子に LBL 法でチタニアナノシートを積層することに

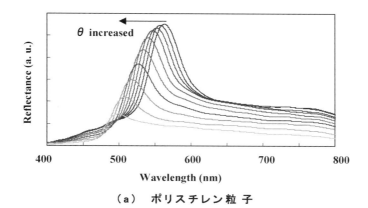

（a）　ポリスチレン粒 子

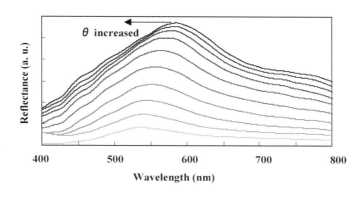

（b）チタニアナノシートコートポリスチレン粒 子

図12　乾燥コロイド結晶膜の角度分解反射スペクトル
(a)ポリスチレン粒子，(b)チタニアナノシートコートポリスチレン粒子

よってコアシェル型の単分散なチタニアナノシートコート粒子を合成することができ，さらに，この粒子からなるコロイド結晶を作製することができた。そして，チタニアナノシートコートによる屈折率の増加によってコロイド結晶による反射ピークが長波長側にシフトすることがわかった。このコアシェル型粒子はコアを単分散なシリカ粒子とした場合にも合成でき，さらに，ナノシートコートの厚みに依存して反射ピークが長波長シフトし，それが屈折率の増加によることも明らかにした（図14）[15]。すなわち，ナノシートコートの厚みを制御することによって粒子，そしてコロイド結晶の屈折率を制御できることを明らかにした。

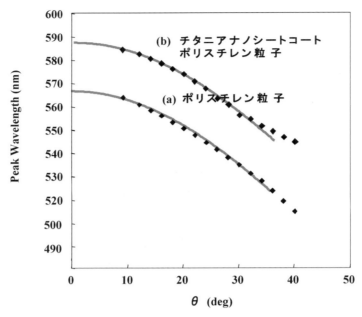

図 13　乾燥コロイド結晶膜の入射角と反射ピークの関係
(a)ポリスチレン粒子，(b)チタニアナノシートコートポリスチレン粒子

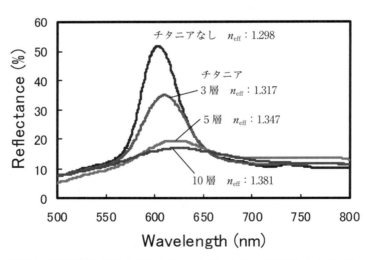

図 14　層厚が異なるチタニアナノシートコートシリカ粒子からなる乾燥
　　　　コロイド結晶膜の反射スペクトル

4　ポリマーをグラフトしたコアシェル型粒子

4.1　コロイド結晶の固定化と有機溶媒に分散するコアシェル型粒子

　コロイド結晶をフォトニック結晶などの光学材料やその他の種々の物性制御材料として利用するためには，コロイド結晶を何らかの形で固定化する必要がある。これまで Asher らは水中で形成したシリカ粒子からなるコロイド結晶をアクリルアミドゲルで固定化し，さらに種々のセンサーとして可能性を検討した[39~42]。一方，Foulger らはアクリルアミドモノマーの代わりにポリエチレングリコール系モノマーを用いて，ゲル固定化を行った[43~46]。これらの方法によって，さらに多くのグループがポリマーゲルで固定化したコロイド結晶を作製し，特性を評価している[47~52]。

　また，水中で形成されたコロイド結晶を親水性モノマーによって固定化するだけでなく，有機溶媒中でもコロイド結晶を作製し，それをゲルで固定化する試みも行われている。吉永うは，単分散なシリカ粒子の表面をポリメチルメタクリレートや無水マレイン酸／ポリスチレン共重合体などのポリマーで修飾し，その粒子からなるコロイド結晶をアセトニトリルやアセトン，ジメチルホルムアミドなどの有機溶媒中で作製することに成功している[21~23]。そして，表面修飾したポリマーと親和性が高く，溶媒にも溶解するメチルメタクリレートなどのモノマーを溶媒中に共存させ，光重合することによって有機溶媒中でポリマーゲルで固定化することやさらにポリマーフィルム中に固定化することにも成功している[24, 25, 53, 54]。

　この単分散シリカ粒子にポリマー修飾したコアシェル型粒子は有機溶媒中でコロイド結晶を作製できるため，溶媒や固定化させるためのモノマーの選択性が高いことなどから応用展開を考えた場合有効性が高い。そこで，以下に単分散シリカ粒子へのポリマー修飾によるコアシェル型粒子の合成法とその粒子からなるコロイド結晶とそのポリマーゲル，ポリマーフィルム中への固定化について解説する。さらにその後に，最近報告されている，ポリマーをグラフトしたいくつかのコアシェル型粒子の合成法とそのコロイド結晶についても解説する。

4.2　PMMA グラフトシリカ粒子の合成

　メチルメタクリレート（MMA）モノマーとテトラヒドロフラン（THF）と重合開始剤のアゾビスイソブチロニトリル（AIBN），さらにシランカップリング剤の 3-メルカプト-トリメトキシシラン（SiOMe$_3$）を入れ，N$_2$ 置換した後に 60℃のウオーターバス中で 5 時間撹拌して反応させた。得られた合成物をエーテル中で再沈後，吸引ろ過して精製して，PMMA-Si(OMe)$_3$ を合成した。合成した PMMA-Si(OMe)$_3$ を THF に超音波をかけながら撹拌して溶解させ，さらに，エタノールに分散した単分散シリカ粒子（触媒化成製　スフェリカスラリー 12C　平均粒子径

120nm）と 1,2-ジメトキシエタン（DME）を入れ，90℃のシリコーンオイルバス中で共沸させて，メタノール，THF，DME を除去し，濃縮した。さらに THF を添加して 70℃で濃縮する操作を 4 回繰り返し行った。一晩撹拌後，アセトンで洗浄を繰り返した後，エーテルで再沈し，PMMA グラフトシリカ粒子を得た。

4.3 PMMA グラフトシリカ粒子からなるコロイド結晶の作製と固定化

アセトニトリル中に，PMMA グラフトシリカ粒子と MMA モノマー，架橋剤のジメタクリル酸エチレンを混合し，さらに開始剤の AIBN を添加した。そして，水銀ランプを 2 時間照射してモノマーを重合させ，PMMA グラフトシリカ粒子からなるコロイド結晶を PMMA ポリマーゲルで固定化した。

上記プロセスにおいて PMMA グラフトシリカ粒子を MMA モノマー等を含むアセトニトリル中に分散させたところ，虹彩色を発現し，モノマーを含む有機溶媒中でもコロイド結晶を形成することがわかった。さらに，水銀ランプで MMA モノマーを光重合したところ，アセトニトリルで膨潤したゲルを形成したが，そのゲル中にも虹彩色を示す部分が見られ，反射ピーク位置からモノマーを含む有機溶媒中で形成したコロイド結晶は，MMA モノマーの重合に伴う収縮などによって歪みを生じるもののほぼコロイド結晶を維持されることがわかった（図 15）。

この PMMA ポリマーゲルで固定化したコロイド結晶を MMA モノマー中に一昼夜浸漬し，ゲル中の溶媒であるアセトニトリルと MMA モノマーを置換した後，再び水銀ランプを 8 時間照射して重合を行ったところ，半透明のフィルムが得られた。このフィルムの反射スペクトル測定

図 15　PMMA フィルム固定化シリカコロイド結晶

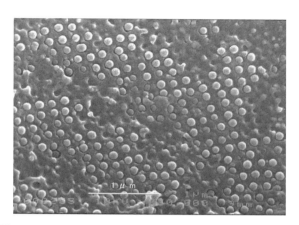

図16　PMMA フィルム固定化シリカコロイド結晶の SEM 写真

からブラッグ回折に由来する反射ピークが認められ，かつフィルム断面の SEM 写真から粒子同士が離れた状態で規則的に配列していることが確認でき，液中で形成したコロイド結晶構造が保持されていることが確認された（図16）。

　以上の結果から，単分散シリカ粒子に PMMA ポリマーをグラフトして得られたコアシェル型粒子は，有機溶媒やモノマー中で規則配列してコロイド結晶を形成させることができ，モノマーを重合させることでコロイド結晶をポリマーゲル中に固定化させることができた。さらにポリマーゲルの溶媒をモノマー中に浸漬して溶媒をモノマーに置換し，再硬化させることで，コロイド結晶をポリマーフィルム中に固定化することも可能であった。

4.4　高密度ポリマーブラシをグラフトしたコアシェル粒子の合成とその粒子からなるコロイド結晶

　近年大野らは，表面開始リビングラジカル重合（LRP）法により，単峰性かつ単分散性の高い濃厚ポリマーブラシを付与したシリカ微粒子（SiP）の合成に初めて成功し，この単分散コアシェル型粒子が良溶媒中において高度に膨潤伸張した濃厚ポリマーブラシ間の長距離相互作用を駆動力とするコロイド結晶を形成することを発見した[26, 27]。

　具体的には単分散シリカ粒子と LRP 開始基を有するシランカップリング剤を，アンモニアおよび水の存在下エタノール中で反応させ，表面に LRP 開始基を有する SiP を合成した。表面開始 LRP は，重合を制御するための遊離開始剤であるエチル 2-ブロモイソブチレート，MMA，$Cu(I)Cl$／4,4'-ジノニル-2,2'-ジピリジル錯体および開始基を有する SiP を混合し脱気下 70℃ で行った。そして，シリカ粒子の粒子径が 130nm でグラフトポリマーの数平均分子量（Mn）が 158,000 と 432,000 の PMMA-SiP を作製した。この PMMA-SiP 粒子分散液を共焦点レーザー顕

微鏡で観察した結果，PMMA-SiP が規則正しく配列し，Mn が 158,000 の場合には，粒子間距離が 560nm で，Mn が 432,000 の場合には，粒子間距離が 950nm と大きくなった。つまり，本系ではグラフトポリマーの分子量によって，粒子間距離を nm から μm オーダーに達するまで容易に制御できることがわかった。

　さらに，シンナモイル基を有する光架橋性のシンナモイルエチルメタクリレートと MMA の共重合体をブロック重合することで，外郭部に光架橋性側鎖を有する濃厚ポリマーブラシ／SiP 複合微粒子を合成し，これを用いてコロイド結晶を作製した後，光照射による粒子間架橋を施してコロイド結晶の固定化を試みている[55]。

4.5　架橋ポリマーコア／非架橋ポリマーシェル粒子の合成とその粒子からなるコロイド結晶

　一方，最近，ポリマー粒子のコアにさらにポリマーシェルをグラフトしたコアシェル型の単分散ポリマー粒子を合成し，コロイド結晶を形成する例がいくつか報告されている[5, 56~58]。日本ペイントの貴田，高口らは，架橋ポリマー粒子のコアに非架橋のポリマーをシェルとしたコアシェル型の単分散ポリマー粒子を合成し，コロイド結晶を形成した後にシェルポリマーを融着させることでコロイド結晶の固定化を実現し，構造色色材を作製することに成功している[5, 56]。

　具体的には，乳化重合法を用いて，MMA のシード粒子にトリフルオロエチルメタクリレートとエチレングリコールジメタクリレートを加えて成長させた架橋粒子をコア部とし，次に MMA，n-ブチルアクリレート，メタクリル酸を用いて非架橋のシェル部を形成し，融着性シェルを有したコアシェル型粒子（粒子径 189~273nm，コア部の屈折率 1.44，シェル部の屈折率 1.48，シェル部のガラス転移温度 64.5℃）を作製した。このコアシェル型粒子の水分散液を PET フィルムにアプリケータを用いて乾燥膜厚が 10μm になるように塗装し，温風乾燥した後，70℃で 1 時間焼成してから剥離，粉砕して構造色フレークを作製した。この構造色フレークを合成樹脂クリヤー塗料に分散させ，スプレー塗装することで，角度依存性のある構造色を発現する新しい意匠を有する塗膜が得られることを明らかにした。

5　おわりに

　コアシェル型粒子として，高屈折率のチタニアのナノシートをシェルとしたコアシェル型粒子，およびポリマーをシェルとしてグラフトしたいくつかのコアシェル型粒子を取り上げ，それらの作製法とそれらの粒子からなるコロイド結晶について作製方法と特徴などについて解説した。コロイド結晶をフォトニック結晶を始めとする光学材料や新たな物性制御材料として大きく展開するためには粒子特性の制御とコロイド結晶の固定化は引き続き重要課題であり，そのため

にはコアシェル型粒子を適用することは大変重要なアプローチ方法である。最近ではコロイド結晶を直接モノマー中で形成させポリマー固定化することに成功している例も報告されているが[59, 60]，今後も新たな単分散コアシェル型粒子が合成されることおよびその粒子からなるコロイド結晶が創製されて新たな材料開発につながることが期待される。

文　　献

1) S. Kinoshita, S. Yoshioka, "Structural Colors in Biological Systems", OSAKA Univ. (2005)
2) 特集：構造色とその応用，*O plus E*，No.3（2001）
3) 吉田哲也，色材，**77**（9），405（2004）
4) 高田健二，貴田克明，2009 年色材研究発表会要旨集，70（2009）
5) E. Yablonovitch, *Phys. Rev. Lett.*, **58**, 2059（1987）
6) S. John, *Phys. Rev. Lett.*, **58**, 2486（1987）
7) フォトニック結晶に関する論文，例えば
   a special issue on "Photonic Crystals", *Adv. Mater.*, **13**, 6（2001）
   a special issue on "Materials Science Aspects of Photonic Crystals", *MRS Bull.*, **26**, 608（2001）
8) F. Caruso, *Adv. Mater.*, **13**, 11（2001）
9) U. Jeong, Y. Wang, M. Ibisate, Y. Xia, *Adv. Func. Mater.*, **15**, 1907（2005）
10) K. P. Velikov, A. van Blaaderen, *Langmuir*, **17**, 4779（2001）
11) M. L. Breen, A. D. Dinsmore, R. H. Pink, S. B. Qadri, B. R. Ratna, *Langmuir*, **17**, 903（2001）
12) A. Imhof, *Langmuir*, **17**, 3579（2001）
13) H. Nakamura, M. Ishii, A. Tsukigase, M. Harada, H. Nakano, *Langmuir*, **21**, 8918（2005）
14) H. Nakamura, M. Ishii, A. Tsukigase, M. Harada, H. Nakano, *Langmuir*, **22**, 1268（2006）
15) H. Takeda, K. Yoshino, *Appl. Phys. Lett.*, **80**, 4495（2002）
16) H. Takeda, K. Yoshino, *J. Appl. Phys.*, **93**, 3188（2003）
17) M. Harada, M. Ishii, H. Nakamura, *Jpn. J. Appl. Phys.*, **45**, 7729（2006）
18) O. Kalinina, E. Kumacheva, *Chem. Mater.*, **13**, 35（2001）
19) J. M. Jethmalani, H. B. Sunkara, W. T. Ford, *Langmuir*, **13**, 2633（1997）
20) J. M. Jethmalani, W. T. Ford, G. Beaucage, *Langmuir*, **13**, 3338（1997）
21) K. Yoshinaga, M. Chiyoda, A. Yoneda, H. Nishida, M. Komatsu, *Colloid Polym. Sci.*, **28**, 481（1999）

22) K. Yoshinaga, M. Chiyoda, H. Ishiki, T. Okubo, *Colloid Surfaces A*, **204**, 285 (2002)

23) K. Yoshinaga, K. Fujiwara, Y. Tanaka, M. Nakanishi, M. Takasue, *Chem. Lett.*, **32**, 1082 (2003)

24) K. Yoshinaga, E. Mouri, J. Ogawa, A. Nakai, M. Ishii, H. Nakamura, *Colloid Polym. Sci.*, **283**, 340 (2005)

25) K. Yoshinaga, K. Fujiwara, E. Mouri, M. Ishii, H. Nakamura, *Laugmuir*, **21**, 4471 (2005)

26) K. Ohno, T. Morinaga, K. Koh, Y. Tsujii, T. Fukuda, *Macromolecules*, **38**, 2137 (2005)

27) K. Ohno, T. Morinaga, K. Koh, Y. Tsujii, T. Fukuda, *Macromolecules*, **39**, 1245 (2006)

28) G. Decher, *Science*, **277**, 1232 (1997)

29) F. Caruso, R. A. Caruso, H. Mohwald, *Science*, **282**, 1111 (1998)

30) R. A. Caruso, A. Susha, F. Caruso, *Chem. Mater.*, **13**, 400 (2001)

31) F. Caruso, X. Shi, R. A. Caruso, *Adv. Mater.*, **13**, 740 (2001)

32) Z. A. Liang, A. Susha, F. Caruso, *Chem. Mater.*, **15**, 3176 (2003)

33) T. Sasaki, M. Watanabe, *J. Am. Chem. Soc.*, **120**, 4682 (1998)

34) T. Sasaki, S. Nakano, S. Yamauchi, M. Watanabe, *Chem. Mater.*, **9**, 602 (1997)

35) L. Wang, Y. Ebina, K. Takada, T. Sasaki, *J. Phys. Chem. B*, **108**, 4283 (2004)

36) L. Wang, T. Sasaki, Y. Ebina, K. Kurashima, M. Watanabe, *Chem. Mater.*, **14**, 4827 (2002)

37) 月ヶ瀬あずさ, 中村浩, 高分子論文集, **64** (3), 147 (2006)

38) M. Ishii, H. Nakano, H. Nakamura, A. Tsukigase, M. Harada, *Langmuir*, **21**, 5347 (2005)

39) J. M. Weissman, H. B. Sunkara, A. S. Tse, S. A. Asher, *Science*, **274**, 959 (1996)

40) J. H. Holtz, S. A. Asher, *Nature*, **389**, 829 (1997)

41) J. H. Holtz, J. S. W. Holtz, C. H. Munro, S. A. Asher, *Anal. Chem.*, **70**, 780 (1996)

42) S. A. Asher, J. H. Holtz, Z. Wu, *J. Am. Chem. Soc.*, **116**, 4997 (1994)

43) S. H. Foulger, P. Jiang, Y. Ying, A. C. Lattam, D. W. Smith Jr., J. Ballato, *Adv. Mater.*, **13**, 17 (2001)

44) S. H. Foulger, P. Jiang, A. C. Lattam, D. W. Smith Jr., J. Ballato, *Langmuir*, **17**, 6023 (2001)

45) S. H. Foulger, P. Jiang, A. C. Lattam, D. W. Smith Jr., J. Ballato, D. E. Dausch, S. Grego：B. R. Stoner, *Adv. Mater.*, **15**, 685 (2003)

46) P. Jiang, D. W. Smith Jr., J. Ballato, S. H. Foulger, *Adv. Mater.*, **17**, 179 (2005)

47) Y. Iwanuma, J. Yamanaka, Y. Takiguchi, M. Takasaka, K. Ito, T. Shinohara, T. Sawada, M. Yonese, *Langmuir*, **19**, 977 (2003)

48) J. Yamanaka, M. Murai, M. Yonese, K. Ito, T. Sawada, *J. Am. Chem. Soc.*, **126**, 7156 (2004)

49) H. Nakamura, M. Ishii, *Langmuir*, **21**, 11578 (2005)

50) H. Nakamura, T. Mitsuoka, M. Ishii, *J. Appl. Polym. Sci.*, **102**, 2308 (2006)

51) H. Nakamura, T. Mitsuoka, M. Ishii, *Colloid Polym. Sci.*, **285**, 693 (2007)

52) T. Kanai, T. Sawada, A. Toyotama, J. Yamanaka, K. Kitamura, *Langmuir*, **23**, 3503

(2007)

53)　吉永耕二，毛利恵美子，辛川弘行，石井昌彦，中村浩，第 55 回高分子討論会予稿集，**55** (2)，5099 (2006)

54)　渡邉美和，毛利恵美子，吉永耕二，中井明美，第 57 回高分子討論会予稿集，**57** (2)，3206 (2008)

55)　田井祐吾，森永隆志，大野工司，辻井敬亘，福田猛，第 55 回高分子討論会予稿集，**55** (2)，3420 (2006)

56)　公開特許広報，特開 2008-165030

57)　深澤憲正，金仁華，第 55 回高分子討論会予稿集，**55** (1)，1275 (2006)

58)　D. H. LEE, Y. Tokuno, S. Uchida, M. Ozawa, K. Ishizu, 第 58 回高分子討論会予稿集，**58** (2)，3318 (2009)

59)　P. Jiang, M. J. McFarland, *J. Am. Chem. Soc.*, **126**, 13778 (2004)

60)　石井昌彦，月ヶ瀬あずさ，中村浩：第 57 回高分子討論会予稿集，**57** (1)，1132 (20C8)

コアシェル型単分散球状メソポーラスシリカ触媒

㈱豊田中央研究所　鈴木登美子，矢野一久

コアに触媒サイト，シェルに吸着サイトを有するコアシェル型単分散球状メソポーラスシリカ（MMSS）触媒を開発した。吸着サイトであるシェルの有機基の種類を変えることにより，反応に応じて触媒活性を向上させることが可能である。コアとシェルで組成が異なるコアシェル型構造を利用した，全く新しいタイプの触媒である。

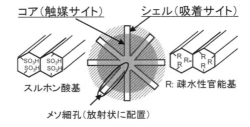

図1　コアシェル型 MMSS 触媒の概念図

1　開発の経緯

我々は規則性の高い単分散球状メソポーラスシリカ（Monodispersed mesoporous silica spheres：MMSS）の合成に成功している[1,2]。MMSS は均一な粒子径，細孔径を有するため，メソポーラスシリカ触媒の基礎研究用材料として有用である[3]。さらに，放射状細孔に起因して，他のメソポーラスシリカに比べて高い触媒性能を有している[4,5]。MMSS は，核が生成した後，均一に成長することにより，単分散球状粒子として合成される[6]。この生成機構を利用して，コアに触媒サイトを，シェルに特性の異なる種々の有機基を導入したコアシェル型MMSS 触媒の開発を検討した（図1）。その結果，シェルの有機基が反応物の吸着サイトとして作用することにより，触媒活性が顕著に増大することを見出した[7]。

2　コアシェル型 MMSS 触媒の構造

コアシェル型 MMSS 触媒は，コアとシェルの化学的特性が大きく異なっている。図2(a)に，触媒活性点であるスルホン酸基をコアに，吸着サイトとしてシェルにエチル基を有するコアシェル型 MMSS 触媒の構造を示す。コアが金の吸着により黒く見えており，金が吸着していないシェル部分との対比により明確なコアシェル構造を有していることが分かる。粒子内には規則性の高いヘキサゴナル細孔が放射状に配置されており，コアとシェルの細孔は繋がっている。一つの細孔内に，触媒サイトと吸着サイトとを構成する各有機基が共存していることになる。図2(b)に粒子の走査型電子顕微鏡写真を示す。粒子径が均一な単分散粒子であり，

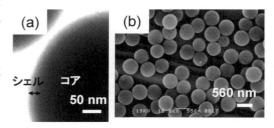

図2　(a)金を導入したコアシェル型 MMSS の TEM 像（コアはスルホン酸基の前駆体であるメルカプト基となっている），(b)コアシェル型 MMSS の SEM 像

0.3-1.2μm の範囲で粒子径を変えることができる。

3 コアシェル型 MMSS 触媒の酸触媒性能

　吸着サイトの有機基の種類が，2-メチルフラン（**1**）とアセトン（**2**）との酸触媒反応（表1）にどのように影響を及ぼすかについて調べた。表1に示すように，シェルへの疎水性有機基導入により，コアのスルホン酸基に基づく酸触媒活性（反応速度定数および収率）が顕著に向上することが分かる。特に，シェルの吸着サイトにエチル基またはプロピル基を導入した場合は，反応物のメソ細孔内への吸着が促進されるため，反応速度定数が最大 1.8 倍向上する。このように，触媒活性サイトと吸着サイトから構成されるコアシェル構造体は，新しいコンセプトに基づく高活性触媒として有用である。

　コアシェル型 MMSS 触媒は合成時の溶媒組成やシリカ源の組成・量を変化させることにより，粒子径，シェルの厚み，有機基の種類等を制御できる。したがって，種々の選択触媒や多段階反応触媒としての設計・応用が可能である。

表1　コアシェル型 MMSS 触媒の酸触媒反応結果[a]

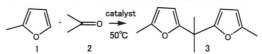

シェルの有機基	反応速度定数 ($\min^{-1} g_{cat}^{-1}$)	収率 （%，4h）
有機基なし	0.09	65
メチル基	0.09	69
エチル基	0.15	87
プロピル基	0.14	85
イソブチル基	0.12	80
シェルなし	0.09	69

a 反応条件：サンプル 60mg，2-メチルフラン 0.3g，アセトン 1.1g，50℃で反応。収率はガスクロマトグラフィより算出。

文　献
1)　K. Yano, *et al.*, *J. Mater. Chem.*, **13**, 2577-2581（2003）
2)　K. Yano, *et al.*, *J. Mater. Chem.*, **14**, 1579-1584（2004）
3)　T. M. Suzuki, *et al.*, *J. Catal.*, **251**, 249-257（2007）
4)　T. M. Suzuki, *et al.*, *J. Mol. Catal. A*, **280**, 224-232（2008）
5)　T. M. Suzuki, *et al.*, *Microporous Mesoporous Mater.*, **111**, 350-358（2008）
6)　T. Nakamura, *et al.*, *J. Phys. Chem. C*, **111**, 1093-1100（2007）
7)　T. M. Suzuki, *et al.*, *J. Catal.*, **258**, 265-272（2008）

お問い合わせ
㈱豊田中央研究所
材料基盤研究部
無機材料研究室
TEL　0561-71-7570

第5章　バインダーラテックス

荒井健次[*]

1　はじめに[1, 2]

　ラテックスは一般的に「ゴムの木の分泌する乳液，生ゴムの原料」を意味しているが，この天然のラテックスは観葉植物の「ゴムの木」のみからでなく400種類以上の植物から得られると言われている[3]。

　一方，化学工業の観点からは合成ゴムが水中に分散した白色乳濁液がラテックスと呼ばれ，水性媒体中で安定な高分子物質のコロイド分散物と定義される。分散質であるポリマー粒子の大きさはおおむね0.03〜1μmであり，分散媒は水を主成分とし，電解質，界面活性剤，親水性ポリマー，重合開始剤残基などを含む希薄水溶液である。

　合成ゴムを含むラテックスは，石油化学工業の著しい発展に伴って年々伸長を遂げ，製造技術はもちろん，品質，生産量においても日本は世界のトップ水準となった。合成ゴムラテックスには，スチレンブタジエンゴム（SBR）ラテックス，ポリブタジエンゴムラテックス，クロロプレンゴムラテックス，ニトリルゴムラテックス，メチルメタクリレート・ブタジエンゴムラテックスなどがある。これらの中でも，SBRラテックスは最初に国産化されて以来，使用量が最も多くなり，多岐にわたる用途に使用されている実績がある。SBRラテックス出荷量は1975年以降から紙加工用，繊維処理用，プラスチック用，建築資材用などのゴム工業以外の分野で年々増加し，2008年実績で国内出荷の約69％を紙加工用が占めている（図1）[4]。紙加工用としては，顔料塗工紙，含浸紙，ビーター添加紙などの用途が挙げられるが，数量的には顔料塗工紙がほとんどである。これらの用途において，ラテックスは分散媒である水を蒸発させ，次いでポリマー粒子が融着し，連続フィルムとなってバインダーとしての機能を発現するものであり，ラテックスのフィルム形成能がそのバインダー機能を大きく左右している。

2　バインダー機能

バインダーとしての機能は，「同種または異種物質の接触面がバインダーによって結合される

＊　Kenji Arai　日本ゼオン㈱　総合開発センター　エラストマーC5研究所　主任研究員

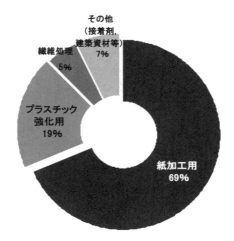

図1　合成ゴムラテックスの用途別内訳（2008 年）
（日本ゴム工業会）

こと」と定義できる。

　バインダー力は接着接合したものの破壊強さであり，バインダーと被着体の間の界面の相互作用の強さだけでなく，被着体への濡れ，バインダー自身の凝集力，バインダー層の厚さ，粘弾性等の力学特性など，数多くの因子が働いている。一般に被着体表面は，平滑表面といっても数100Åの凹凸があるため，バインダーの役割は，まずこのギャップを埋め，且つ被着体表面を完全に濡らし，この表面の極性基とバインダー自身の有する極性基との間で，イオン結合や水素結合などの相互作用を強く働かせることである。

　このため，①先ずバインダーは液体として流動しなくてはならず，②細かい凹凸や空隙に流れ込まなければならず，③そのためには被着体表面をよく濡らし，④最終的には固化し　強靭な高分子相を形成しなければならない[5]。

　このバインダーとしての機能発現には，ラテックスの高いフィルム形成能が有効に作用していることは，ラテックスの用途の多くが成膜性を利用する用途にあり，なかでも接着剤，塗料および紙加工における消費量が群を抜いていることからも，容易に理解できる。

3　ラテックスのフィルム形成過程[6]

　ラテックスからのフィルム形成過程は，大まかに粒子の充填，融着および拡散の過程に分けられる。ラテックスを乾燥すると，水の蒸発とともにラテックス粒子は相互に近接して最密状態または擬最密状態に充填され，その空隙には乳化剤（界面活性剤）および無機塩を溶解した水が残

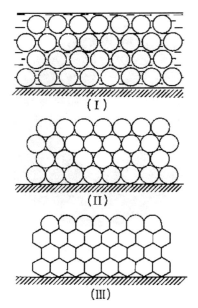

図2　水の蒸発に伴うラテックス状態の変化
Ⅰ：ポリマー濃度50%におけるラテックス
粒子の分散状態（粒子間隔は粒子径0.2μm
として計算）
Ⅱ：最密充填状態
Ⅲ：乾燥状態において変形・充填された粒子

される（充填過程）。さらに乾燥がすすむと，粒子上の吸着保護層が破壊され，露出したポリマー粒子の接触が起きるが，以後の変化はラテックスの最低成膜温度と乾燥温度の関係において2通りに分かれる。乾燥温度が最低成膜温度よりも高い場合には乾燥の進行とともにラテックス粒子は変形・融着して連続フィルムを形成する（融着過程）。この状態に至るまでのラテックスの変化を図式的に図2に示す。

　融着過程に引き続き，時間の経過とともに，粒子間隔および融着粒子間の水溶性物質（乳化剤および無機塩）はポリマー中に溶解・拡散され，同時に融着粒子間においてポリマー鎖自由末端の相互拡散が進行して，ラテックスフィルムは均質となり，かつその機械的性質は向上する（拡散過程）。他方，乾燥温度が最低成膜温度よりも低い場合には，粒子の変形は起こらずに，ラテックスは単に白色の乾燥粉末を与えるのみであり，バインダーとしての機能を発現しない。

4　ラテックスの製造方法とコアシェル構造

　合成ゴムのラテックスは一般に乳化重合で製造される。乳化重合の方法としては，モノマー及

び重合副資材を全て，重合反応器へ一括して仕込んで重合を開始するバッチ重合法と，モノマー又はモノマーエマルションを重合反応器へ添加しながら重合反応を進行させるモノマーフィード重合法とに大別することができる。モノマーフィード重合法は，フィードするモノマー組成をフィード中一定とするシングルステージフィード（SSF）重合方式と，モノマー組成を各フィード毎に変更するマルチステージフィード（MSF）重合方式とに分類できる。

　コアシェル構造のラテックスは，通常このMSF重合方式で製造される。一番単純な方法としてはステージ数を2段とした2段階フィード重合であり，芯（コア）と殻（シェル）でポリマー組成が異なる，コアシェル構造のラテックスを得ることができる[7]。

　但し，2段階フィード重合で得られるラテックスのコアシェル構造は，1段目の重合で形成されるシード粒子と，2段目にフィードされるモノマーの相対的な親水性，溶解性，分子量および量比などの影響を受けることが知られている[8, 9]。

　従って，2段階フィード重合において，1段目と2段目のモノマー組成，分子量等を適宜選択することにより，2段目にフィードされたモノマーが，1段目の重合で形成されたシード粒子内部へ拡散・重合してコアを形成する場合がある。この場合は特に相転換重合と呼ばれる。

　また，コアシェル構造のコア部とシェル部とを明確に分離させたくない場合には，フィードするモノマーの組成を連続的に変化させるパワーフィード重合法が提案されている[10, 11]。

　このように様々な手法を組み合わせることによって，目的とするコアシェル構造のバインダーラテックスを自由に設計することができる。

5　コアシェル構造とフィルム形成性

　ここでは，スチレンを主体とする硬いコアと，ブタジエンを主体とする軟らかいシェルからなるコアシェル構造のラテックス粒子について，そのフィルム形成性の評価結果を図3に示す。シェル部のポリマーのガラス転移温度（T_g）を低下させることにより，均一構造のラテックスに比べフィルム形成性が向上し，トータルのT_gが高くともバインダー機能を有することを示している。詳細には，スチレンを主体としたハードモノマーが全組成中約65%を占める均一構造ラテックス（D）は，ポリマーT_gが約20℃となり，室温でのフィルム形成は実用面では不良となる。一方，ハードモノマーの一部をコアに局在させ，トータルT_gが同一のコアシェル構造ラテックス（C）は室温で充分なフィルム形成能を発揮した。更には，コアシェル比率を最適化することによりトータルT_gが約50℃のコアシェルラテックス（B）が室温でフィルム形成することが報告されている[12]。

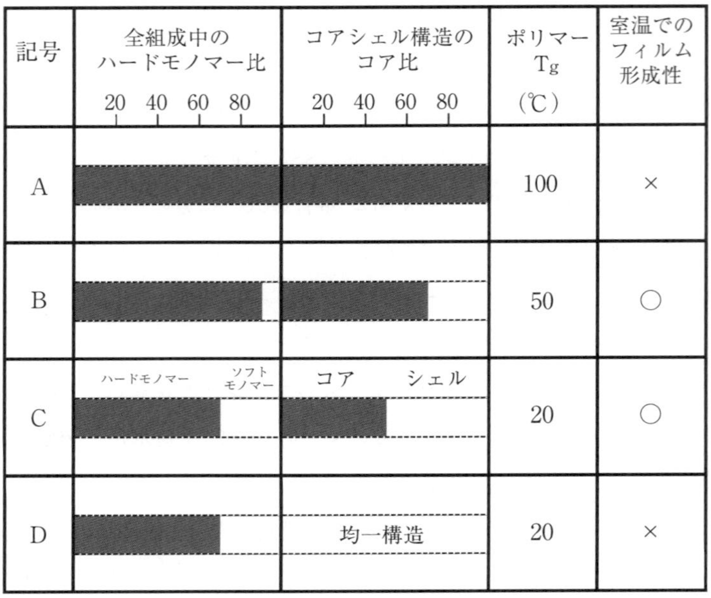

記号	全組成中のハードモノマー比 20 40 60 80	コアシェル構造のコア比 20 40 60 80	ポリマーTg(℃)	室温でのフィルム形成性
A			100	×
B			50	○
C	ハードモノマー ソフトモノマー	コア シェル	20	○
D		均一構造	20	×

図3 コアシェル構造組成，組成分布とそのフィルム形成性
注：ラテックス A，B，C のコア部はハードモノマー 100％組成

6 顔料塗工用ラテックスへの応用

6.1 顔料塗工用バインダーラテックス

ラテックスはそのフィルム形成性を利用して，紙加工（主に顔料塗工）用途に多くが使用されている。顔料塗工に使用される塗工カラーは，基本的に顔料，水溶性ポリマーそしてラテックスを含むバインダーから構成され，これに主原料の機能を最大限に発揮させる為に各種添加剤が加えられる。顔料としては，クレイ及び炭酸カルシウムを主体として，サチンホワイト，酸化チタン及びプラスチックピグメント等も塗工紙の要求に合わせて配合されている。バインダーラテックスとしては，コスト及び顔料結合力にまさる，スチレンとブタジエンを主組成とした SBR ラテックスが中心的位置を占めている。日本における顔料塗工用の SBR ラテックスは，粒子の安定性と顔料塗工紙の表面強度の観点から，アクリル酸，メタアクリル酸，イタコン酸，フマル酸等のエチレン系不飽和（ジ）カルボン酸を共重合させたカルボキシ変性 SBR ラテックスである。また，国内においては塗工紙の表面強度や印刷光沢など，印刷適性の向上を目的として，メチルメタクリレートやアクリロニトリルを使用した，多元共重合体のラテックスが一般的に使用されている。

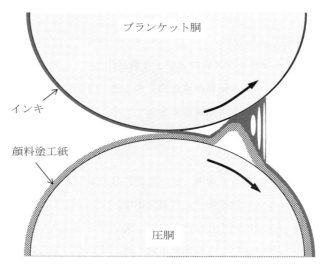

ブランケット胴

インキ

顔料塗工紙

圧胴

図 4　オフセット印刷時のインキ転移におけるインキ層の分裂

6.2　顔料塗工紙の表面強度とラテックス物性

　印刷適正の向上を目的として生産された顔料塗工紙の多くは，商業印刷のためにオフセット印刷される。オフセット印刷では，ブランケット上のインキが顔料塗工紙に引っ張られて分裂し，紙に転移する（図 4）。このとき，顔料塗工紙表面の強度が弱いと，即ちラテックスのバインダー力が低いと，インクのタックで塗工層が引っ張られてブランケット側に剥ぎ取られてしまい，その結果印刷不良（欠陥）を生じる問題がある。そのため，顔料塗工用ラテックスには顔料塗工紙の表面強度を強くするために，バインダー力を高めることが常に求められてきた。さらにまた，最近の商業オフ輪印刷では生産性を高めてコスト削減を図るため，印刷速度が 600〜800rpm から 1200〜1400rpm（周速：約 900m/min.）[13, 14] へと高速化していることも，高いバインダー力が要求される一因となっている。

　顔料塗工紙の表面強度に与えるラテックス物性は，①ポリマー組成（及びその粒子内分布）からはじまり，②高分子の分子構造（ゲル含有率：溶剤不溶分率，ゲル部の架橋点密度，溶剤可溶部の分子量とその分布），③ラテックス粒子径とその分布，④ガラス転移温度とその分布等，であることは良く知られている[15]。

　ポリマー組成はそのままガラス転移温度に影響を与えるものであるが，そのポリマー組成としては，ハードモノマーであるスチレンとソフトモノマーであるブタジエンとの比率がバインダー力に大きく影響する。実際には，スチレン共重合率が 55％程度で最大のバインダー力を示し，60％を超えると急激な低下をきたすことが知られている[16]。これは，55％程度まではポリマーの凝集力が次第に大きくなることに起因しているが，60％を超えるとラテックス粒子の成膜性が低

下するためであると考えられる。

6.3 顔料塗工用バインダーラテックスのコアシェル構造化

バインダーラテックスは，ガラス転移温度を高くすると，ラテックスの成膜性が低下してバインダー強度が発現できず，逆にガラス転移温度を低くするとポリマーの凝集力が低下して強度が発現されない。このような成膜性と凝集力のバランスを高めるため，顔料塗工用ラテックスにはコアシェル構造化が導入されてきた。

図5に，コア部にブタジエンを多く含み，シェル部にスチレンを多く含有したコアシェル型ラテックスから得られたフィルムの電子顕微鏡写真を示す。

電子顕微鏡観察用サンプルは次のように作製した。先ずラテックスを23℃，55%RHの条件で乾燥させてフィルムを作製後，80℃で6時間熱処理した。次いで，得られたフィルムを四酸化オスミウム雰囲気下にて染色した後，クライオミクロトームにて膜厚約50nmの超薄切片を得た。

ブタジエンユニットは四酸化オスミウムにより選択的に染色されているため，コアシェル型ラテックスの電子顕微鏡写真では，ブタジエンユニットが多い箇所は比較的黒く，逆にブタジエンユニットが少ない部分は比較的白く（色が薄く）観察される。

このコアシェルラテックスは粒子中心部にあるコア部のガラス転移温度を低く，粒子の外側に位置するシェル部のガラス転移温度を高く設計したものであり，粒子内部が軟らかいためにラテックス粒子は変形し易く，フィルム形成に有利であると考えられる。

また，フィルム構造としては，イメージ図に示すように，コアシェルラテックスのシェル層を形成しているガラス転移温度の高いポリマーが三次元構造を構築し，そのフィルム内にはブタジエンユニットが多く含まれるドメインが均等に存在した構造を形成していることが確認できる。

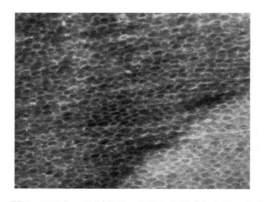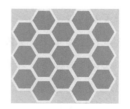

図5　コアシェル型ラテックスから形成したフィルムの超薄切片の電子顕微鏡写真
　　　（左）とイメージ図（右）

図6　均一組成ラテックスから形成したフィルムの超薄切片の電子顕微鏡写真
（左）とイメージ図（右）

　従って，ガラス転移温度が高く，すなわち凝集力の高いポリマーが三次元骨格を形成し，且つガラス転移温度が低いドメインは印刷時の耐衝撃性を高める効果を発揮できるものと考えられる。

　一方，前記コアシェルラテックスのトータル組成を一緒にし，均一組成でフィードして製造（SSF 重合）したラテックスの電子顕微鏡写真を図6に示す。

　均一組成のラテックスから得られたフィルムでは，コアシェルラテックスに見られたように明確な層構造は形成されず，ラテックス粒子間の界面がうっすらと確認できるだけである。このように均一組成のラテックスからは比較的均一なフィルムは得られるものの，異相構造に由来する耐衝撃性と凝集力を発揮することは期待できない。

　実際にコアシェル型，及び均一型の両者のバインダーラテックスを用い，塗工紙表面強度を確認したところ，ラテックスの粒子径，ゲル含有量およびトータル組成がほぼ等しいにも関わらず，コアシェル型のバインダーラテックスの方が，均一組成ラテックスよりも強度が高くなることを確認している[17, 18]。

6.4　有機白色顔料

　顔料塗工紙に用いられる白色顔料のほとんどはクレイ，炭酸カルシウム，チタン白などの無機顔料である。これらの無機顔料はそれぞれ塗工紙の艶や白さなどの光学的特性を付与するために有効であり，かつ必須である。

　一方，ポリスチレンなどの合成高分子樹脂エマルションを顔料として用いる有機顔料（プラスチックピグメント）が塗工紙の軽量化や高光沢の付与を目的として開発されてきたが，一般の無機顔料に比べて高価格であるため，その使用は一部にとどまっていた。そこで，プラスチックピ

グメントのコスト上の欠点を軽減させるため，プラスチックピグメントにバインダーの機能を付与した高機能な有機顔料が開発されてきた。このバインダー機能を付与した有機顔料は，まさにコアシェル微粒子の技術を応用したものである。

6.5　バインダーピグメントラテックス

　プラスチックピグメントとして最も一般的なものは粒子径 0.2〜0.5 μm のポリスチレンである。ポリスチレンの比重は 1.05g/cm^3 であり，カオリナイトクレイの比重 2.58g/cm^3 の半分以下であって軽量化に有効である。ポリスチレンの屈折率は 1.59 でカオリナイトクレイの屈折率 1.57 と同等であり，また，サブミクロンオーダーの微粒子であるため光を拡散させる効果が大きく，白色度や不透明度を向上させる[19〜21]。

　バインダーピグメントラテックスはこれらのプラスチックピグメントの特徴を保持し，さらにバインダー機能を併有させたものである[22]。

　図7にバインダーピグメントラテックスのコアシェル構造モデルを示す。

　コアシェル構造のコア部はポリスチレンで構成されており，シェル部はスチレン─ブタジエン共重合体で構成されている。コア部（ポリスチレン）がプラスチックピグメントとしての機能を有し，シェル部（スチレン─ブタジエン共重合体）がバインダーとしての機能を有している。

　それぞれのラテックス粒子が顔料機能とバインダー機能の二つの機能を有している点に大きな特徴がある。図8にバインダーピグメントラテックスの透過型電子顕微鏡写真を示した。バインダーピグメントラテックスはいわゆる金平糖型のコアシェル構造を形成していることがわかる。

　また，モデル配合を用いてバインダーピグメントラテックスの顔料塗工紙物性を表1にまとめた。その結果，バインダーピグメント5部，10部を用いた配合3，4では白紙光沢が高く，同時

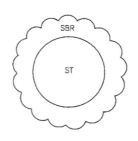

**図7　バインダーピグメントの
　　　コアシェル構造モデル**

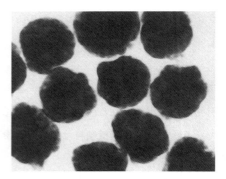

**図8　バインダーピグメントラテックス
　　　の電子顕微鏡写真**
バインダーピグメント：日本ゼオン社製，
Nipol® LX 407 BP

表1　バインダーピグメントラテックスを用いた塗工紙物性

			基本配合		Nipol LX 407 BP 使用	
			1	2	3	4
配合	一級カオリン		80		76	72
	炭酸カルシウム		20		19	18
	分散剤		0.3		0.29	0.27
	澱粉		6		5.7	5.4
	Nipol LX 407 BP		—		5	10
	Nipol LX 407 G		12		10	8
塗工紙物性	塗工量	g/m²	12	7	7	7
	白色度	%	78.3	78.7	78.8	79.1
	白紙光沢	%	55	47	52	55
	接着強度（ドライピック）	5点法	4.5	4.5	4.7	4.7
	耐水強度（ウエットピック）	5点法	4.5	4.5	4.8	4.5

5点法：5（優）→1（劣）
Nipol LX 407 G：日本ゼオン社製，カルボキシ変性 SBR ラテックス（バインダー）

にバインダーラテックスであるカルボキシ変性 SBR ラテックスの配合量を−2部，−4部と減量しても接着強度と耐水強度は低下しておらず，バインダーピグメントがバインダー機能を発揮していることが確認できる。

7　電子線トモグラフィー法を用いた粒子内部構造の観察[23]

　また，バインダーピグメントと同様な機能を有するポリスチレン─ブタジエン系ラテックスについて，その内部構造を電子線トモグラフィー法を用いて詳細に観察する方法が提案されている。
　電子線トモグラフィー法とは，高分解能透過型電子顕微鏡を用いて，目的とするラテックス粒子に対して約140°の範囲で角度を変えながら観察を行い，各角度で得られた観察データをコンピュータにより三次元に再構築して，ラテックス粒子の内部構造を立体像として観察する方法である。従来の超薄切片の観察では，ラテックス粒子の内部構造は数枚の超薄切片の観察結果から想像することしかできなかったが，この観察方法を用いることにより，粒子内部の構造をそのまま三次元的に観察することが可能となった。
　図9に，ポリスチレン─ブタジエン系ラテックスを観察して三次元に再構築した後の立体像を，Z軸方向にスライスした画像を示す。
　ここで観察したポリスチレン─ブタジエン系ラテックスは，ポリスチレンシード粒子の存在下，

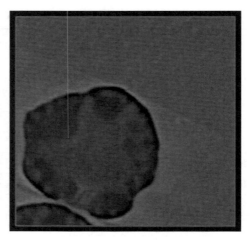

図9　ポリスチレン―ブタジエン系ラテックスの
立体像を Z 軸方向にスライスした画像

スチレンとブタジエンとからなるモノマーを重合させて得られるものである。粒子径約 0.4μm のラテックス粒子の外周部位に，2 段目として重合されたブタジエン比率の高い直径約 0.04〜0.15μm のドメインが，集中して複数存在していることが観察されている。

8　おわりに

　顔料塗工用バインダーラテックスの技術の変遷として，当初天然ゴムラテックスが補助バインダーとして使用されたが，その後の要求品質の向上に伴い，各種の新技術が織り込まれた SBR ラテックスが開発された。粒子構造も初めは均一であったが，現場での操業性や顔料塗工紙物性の要求を同時に満たすために昭和 40 年代後半からコアシェル構造を含む異相構造技術が盛り込まれ[24〜30]，昭和 50 年台半ばからパワーフィード重合による連続的に組成を変化させる技術が導入されてきており，現在，本用途のバインダーラテックスにおいてはコアシェル化技術が活発に活用されている。

　今回，バインダー機能に着目し，中でも組成変更におけるコアシェル構造ラテックスを中心にまとめたが，本文にも記載したように，バインダーの機能は，ポリマーの分子構造（ゲル含有率：溶剤不溶分率，ゲル部の架橋点密度，溶剤溶解部の分子量及び分子量分布）を制御することなくして高めることはできない。このことは，塗工紙表面強度に関する出願特許の内容が高分子の分子構造に関するものが一番多いことからも分かる[31]。

　今後のバインダーラテックス開発においても，そのアプリケーションを考慮し，ポリマーの分

子構造に加えてコアシェル構造を含む異相構造化技術を活用しつつ，最適な微粒子設計が行われるであろう。

文　　　献

1)　室井宗一，紙塗工，高分子刊行会，39（1992）
2)　宮本健三，紙パルプ技術タイムス，1997 年 7 月号，12（1997）
3)　野口徹，日本ゴム協会誌，74，254（2001）
4)　ゴム年鑑 2010，㈱ポスティ　コーポレーション，258（2010）
5)　中前勝彦ほか，接着・粘着の化学と応用，大日本図書，3（1998）
6)　室井宗一，高分子ラテックスの化学，高分子刊行会，235（1987）
7)　室井宗一ほか，紙パ技協紙，41（10），948（1987）
8)　D. I. Lee, T. Ishikawa, *J. Polymer Sci.*, A-1, 21, 143（1983）
9)　森野邦夫，室井宗一共著，高分子ラテックス，高分子刊行会，39（1988）
10)　D. R. Bassett, K. L. Hoy, Symposium on Emulsion Polymerization, ACS National Meeting（1980）
11)　特公昭 51-46555
12)　前田大春，月間「接着」別冊，34（10），457（1990）
13)　赤塚正和，磯野仁，中尾芳紀，'98 冬期セミナー講演要旨，㈳日本印刷学会，8（1998）
14)　藤原秀樹，2000 年冬期セミナー講演要旨，㈳日本印刷学会，17（2000）
15)　杉村孝明ほか，合成ラテックスの応用，㈱高分子刊行会，76（1993）
16)　D, A, Taber, R. C. Stein, Tappi, 40（2），107（1957）
17)　特開 2002-194036
18)　特開 2005-343934
19)　E. J. Heiser, A. Shand, Tappi, 56（1），70（1973）
20)　E. J. Heiser, A. Shand, Tappi, 56（2），101（1973）
21)　宮本健三ほか，紙パ技協誌，43（2），159（1989）
22)　関谷正良ほか，接着，28（11），505（1984）
23)　荒井健次ほか，第 15 回高分子ミクロスフェア討論会要旨集，22（2008）
24)　特開昭 57-151606
25)　特開昭 53-144951
26)　特開昭 56-43310
27)　特開昭 57-66196
28)　特開昭 57-153012
29)　特開昭 57-13679
30)　特公昭 57-26692
31)　荒井健次，紙パルプ技術タイムス，2000 年 7 月号，41（2000）

有機中空粒子

日本ゼオン㈱　中村良幸

コアシェル構造を有する粒子（以下，コアシェル粒子）を工業的に利用する場合，コアに機能性を持たせ，シェルにマトリックスとの相溶性を付与させることで，コアとシェルで機能分担を行うことが多い。当社では，塗工紙の光沢や白色度向上を目的とした，コアがポリスチレン，シェルがスチレン-ブタジエン共重合体からなるコアシェル粒子を製造・販売している。一方，乾燥後にコア部の水が空気に置換されて中空構造になる中空粒子も販売している。

図1　塗工紙中の中空粒子

1　製法

中空粒子の製造方法はいくつか発表されているが，ここでは代表的な3例を紹介する[1]。

A)　アルカリ膨潤を利用する製造方法

コアにアルカリ膨潤物質を含むようにして，コアシェル粒子を重合した後，アルカリを加えて膨潤させ内部を中空にする。アルカリ膨潤物質としては，カルボキシル基を含むモノマーが使用される（図2-A）。

B)　塩基・酸2段階処理法による製造方法

不飽和カルボン酸を共重合させた粒子を作り，塩基を加えて加熱した後，酸を加え中和する。これらの処理で粒子は膨潤し，カルボキシル基が表面に析出するが，このとき粒子に歪みが生じて内部に小孔が発生する。やがてこの小孔が単一の中空となる（図2-B）。

C)　重合収縮を利用する製造方法

まずポリスチレンのシード粒子を重合し，次にこのシード粒子に重合収縮率の大きいメタク

リル酸メチルと架橋性モノマーを加えて膨潤させる。その後水溶性重合開始剤を添加すると，粒子外側から重合が進行する。架橋性モノマーを用いるため硬い外殻が形成され，その後内部に重合が進行し，モノマー体積と重合後のポリマー体積の差が生じ，中空粒子となる（図2-C）。

粒子内部の空隙の形成有無の確認方法としては，透過型電子顕微鏡（TEM）で観察する手法が一般的である。近年は，TEMにコンピュータトモグラフィー法を組み合わせた三次元可視化技術が進歩しており，中空粒子のシェルの構造を三次元像で観察できるようになった[2]。中空粒子の三次元TEM写真を図3に示す。

2　用途

これら中空粒子は，高い白色度を有し，更に酸化チタン等の無機顔料に比べて非常に軽いのが特長である。また，乾燥させると内部の水が

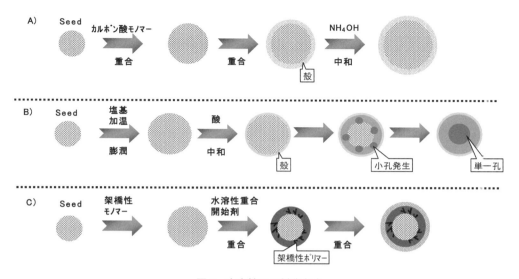

図2　中空粒子の製造方法

空気に置き換わるため，高い断熱性を有する。

　このような特徴を生かして，有機顔料，不透明化剤，断熱剤等として紙塗工用組成物や水系塗料の分野で多く使用されている。一例として，中空粒子を用いた塗工紙の断面写真を図1に示す。

　塗工紙用途では白色度や不透明性を高くするため，空隙率の高い中空粒子が渇望されている。しかしながら，高空隙率化することでシェルの厚さが薄くなって形状を維持できない。弊社は体積空隙率が50％を越えるような高空隙率中空粒子の製造方法として，特定の連鎖移動剤を用いる製造方法を提案している[3]。

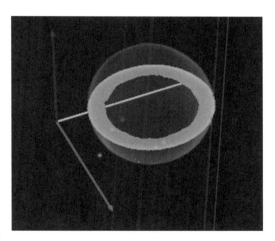

図3　中空粒子の三次元 TEM 写真

文　献
1)　松井尚，高分子微粒子の最新技術と用途展開，第2章，シーエムシー出版（1997）
2)　荒井健次，第15回高分子ミクロスフェア討論会，講演要旨集，P43（2008）
3)　特許第4333357号

お問い合わせ
日本ゼオン㈱　ラテックス事業部
TEL　03-3216-2344

第6章　コアシェル型微粒子を組み込んだ　ゲル・シート状バイオマテリアル

村上義彦[*1]，内田裕介[*2]，諸石　眸[*3]

1　はじめに

　外科手術において，特に重要な手技は何であろうか？　外科手術は，切開・縫合・止血という確実かつ単調な作業の積み重ねによって進行する。切開が多少荒くても，縫合が多少下手でも，ほんどの場合，実際の手術の成否には無関係である。しかし，止血が下手では患者の命に関わる。つまり，外科手術で必要とされる手技の中で最も重要な位置を占めるのは，止血作業であると言っても過言ではないであろう。出血に対する処置が悪いと人の命は容易に失われてしまう。実際，人間の体重の約8％を占める血液のうち，約20％が急速に失われると人はショック状態におちいる。

　出血の形態は，出血部位や出血状態によって，動脈・静脈性の噴水状出血，動脈性の拍動性出血，動脈性の湧出性出血，毛細血管性の溢出性出血などに分けることができる。これらの様々な形態の出血部位全てに気をつかうのは，非常に困難であることは想像に難くない。悪性腫瘍の切除を専門とする一般外科でそこまで気をつかう止血作業は，循環器外科ではさらに気をつかう作業になってしまう。循環器外科では，再建を主な目的とするため，血管吻合・縫合閉鎖などの基本的な手技が重要になるのである。さらに，循環器外科領域においては，血圧が高い心臓や大血管そのものが手術部位であるため，縫合線から血液が漏出しやすいことが，止血作業の大きな妨げになる。また，抗血小板剤・抗凝固剤等を服用している患者（狭心症や弁膜症など）が多いため，血が固まりにくく，止血が本質的に困難である場合が多い。近年の手術は，高度な技術や迅速な作業が求められているため，手術の進行を小刻みに止めてしまう止血作業に要する手間は，出来るだけ簡便であるほど都合が良い。そこで必要とされているのが，止血のために使われる補助的なバイオマテリアル（本質的には，生体組織に接着するゲル）である。

　また，生体組織再生の場における細胞増殖因子の徐放等は，バイオマテリアルが担う重要な役

＊1　Yoshihiko Murakami　東京農工大学　大学院工学研究院　准教授

＊2　Yusuke Uchida　東京農工大学　大学院工学府　応用化学専攻

＊3　Hitomi Moroishi　東京農工大学　大学院工学府　応用化学専攻

割である。そのような場面で用いられるバイオマテリアルは，タンパク質の徐放特性を制御できる仕組みが組み込まれており，さらに，組織に接着して必要な部位でのみの薬物徐放が可能となる性質を示すことが望まれる。このような性質の材料は，例えば癒着防止剤や創傷被覆材としての応用も見込まれるであろう。しかし，生体組織と材料の「接着」を積極的に促すと，その接着面には炎症などが生じることがある。「接着」性ほどではない生体組織との接触，すなわち「密着」性を材料に付与するためには，材料の厚さを薄くして（＝材料をシート状に加工する）生体組織に貼付するアプローチが最も有効であると考えられる。

　そこで本章では，「生体組織に接着（あるいは密着）するゲル・シート状バイオマテリアル」について紹介する。

2　生体組織に接着するゲル

　ここで，生体組織に接着する材料を開発する上でまず初めに着目した素材は，ゲルである。高分子が架橋した三次元網目構造体であるゲルは，含水性・構造柔軟性・物質吸収性に富み，温度などの特定の外的因子や，特定の分子に応答して体積が変化する特徴的な分子設計も可能である。特に，多量の水分子を保持したゲルであるハイドロゲルは，ソフトコンタクトレンズ，人工筋肉，人工乳房，人工皮膚，創傷治癒材，ドラッグデリバリーシステムにおける薬物封入キャリアーなど，幅広い医療応用が検討されている。

　現在までに，さまざまな組織接着性ゲルが開発されている（表1）。フィブリン系組織接着性ゲル[1, 2]は，血液凝固の最終過程を利用しており，外科手術の現場において幅広く用いられてきた。しかし，ヒト由来材料を用いているため，肝炎ウィルスやヒト免疫不全ウィルス（HIV）の

表1　組織接着性ゲルの種類と形成原理

種類	形成原理	特徴
フィブリン系ゲル	血液凝固の最終過程の原理を利用（フィブリンがトロンビン等の作用で凝固）	ヒト由来ウィルス感染の危険性が高い 毒性はないが接着力が弱い 調製時間が長いため，迅速な手術には不向き
シアノアクリレート系ゲル	水を開始剤としてシアノアクリレートが重合	分解物の毒性が高い 血管閉塞等の後遺障害の可能性がある
ゼラチン／アルデヒド系ゲル	アルデヒドがゼラチンを架橋	低分子アルデヒドの毒性が高い 抗原タンパク質（ゼラチン）によるアナフィラキシーショックの可能性がある
合成高分子系ゲル	光重合性モノマーや架橋性高分子がゲルを形成	生体適合性が低く，炎症や細胞毒性を示す場合があるが，安全性は高い

感染の危険性をぬぐえない（実際に，フィブリン系組織接着性ゲルが間違いなく原因であると考えられる肝炎感染が報告されている）。また，毒性はないが接着強度が低く，調製時間が長いため迅速な手術には適さないという問題点も指摘されている。シアノアクリレート系組織接着性ゲル[3]は，水を開始剤としてシアノアクリレートが重合する原理を利用しており，フィブリン系組織接着性ゲルと比較すると接着強度が高い。しかし，分解物として毒性の強いホルムアルデヒドが生成する上，血管閉塞等の後遺障害が生じるという報告もある。ゼラチン／アルデヒド系組織接着性ゲル[4]は，アルブミンやゼラチンがグルタルアルデヒドで架橋される原理を利用しているが，毒性が高いグルタルアルデヒドを使用することや，抗原タンパク質（ゼラチン）によるアナフィラキシーショックの可能性があることが問題点である。一方，近年報告が増えつつあるのが，光重合[5]や合成高分子の架橋形成[6]を利用した，合成高分子系組織接着性ゲルである。接着強度が強く，安全性が高いという優れた特性を示す一方で，生体適合性が低く，炎症や細胞毒性を示す場合もあるのが問題点である。また，光重合反応を利用する場合には光源が必要となり，手術の現場では煩雑な手間がかかりすぎる。しかし，接着強度や安全性の面から，合成高分子系組織接着性ゲルは最も有力な組織接着性材料である。ここで必要となるのは，合成高分子の適切な設計である。

3　コアシェル型「二層構造」微粒子を組み込んだ「ゲル」状バイオマテリアル

組織接着性材料を実現するためには，主に三つの条件の下で材料開発を進める必要がある。

一つ目の条件は，原料が「もともと」液体であることである。粉末を溶液に溶解しないと使用できない組織接着性材料もあるが，手術の際にはその煩雑な使用法が問題となっている。最も望ましいのは，二液を混合するとゲル形成反応が進む，という単純な調製法に基づく組織接着性材料である。また，出血部位を覆う組織接着性材料は，臓器や組織の微細な凹凸面にしっかりその足場を固める必要がある。従って，固化する直前までは，凹凸面に入り込みやすい液状の方が都合が良い。

二つ目の条件は，得られた材料が適度に軟らかいことである。軟らかい生体にとって，固い材料は明らかに異物であり，その接触面において炎症反応が起きやすくなる。当たり前のようではあるが，「臓器や組織に対して最も優しい材料」は，「臓器や組織とまったく同じ柔らかさの材料」である。「自在に形を変えられる構造的柔軟さ」は，止血材にとって重要な性質となる。

三つ目の条件は，「自然に組織に接着する」ことである。ゲルの原料となる液状物質（モノマーや架橋剤の水溶液）は，臓器や組織表面の凹凸面に容易に行き渡り，凹凸面にしっかりフィット

した状態でゲル化する。従って，止血材料は凹凸面にフィットして自然に「接着」することが望ましい。この基本的な条件を押さえた上で，安全性，生体適合性，機械的強度などを最適化する必要がある。

　さらに，ゲルの特性（機械的強度などのさまざまな性質）に大きな影響を及ぼす因子は，「高分子主鎖の性質」「高分子主鎖同士のからみ合い」「架橋点の密度」である。一般に，ゲルに何らかの機能を付与する場合，高分子主鎖や，高分子主鎖に結合した側鎖に着目し，機能を発現する構造を導入する場合が多い。一方，位相幾何学的な拘束を伴った高分子鎖が形成するゲルは，滑車の働きをする架橋構造によってさまざまな特異な性質を示すことも報告されている[7]。しかし，「架橋構造そのもの」の性質がゲル全体の性質に大きな影響を及ぼすことは，ほとんど注目されていないのが現状であるように思える。「架橋構造そのもの」に何らかの機能を付与することができれば，新しい機能性ゲルが得られると期待される。

　そこで筆者らは，まず初めに，ブロック共重合体が形成するミセル状の自己組織化型微粒子である「二層構造（外殻：親水性，内核：疎水性）」の高分子ミセル[8]に着目した。親水性連鎖と疎水性連鎖からなるブロック共重合体は，水中において会合することによって，直径数ナノメートルの自己組織化体になる。このミセル状の自己組織化体は，疎水性の内核（core）と親水性の外殻（shell）が明確な二層構造を形成している。内核は非水的なミクロ環境を形成しており，疎水性物質のリザーバーとして用いることができる。一方，外殻は，水中への溶解性を高める役割があり，内核に内包した疎水性物質をあたかも親水性物質のように扱うことを可能とする。さらに低分子が形成するミセルと比較し，高分子が形成するミセルからのブロックポリマーの解離速度は小さいため，この自己組織化体の構造安定性は極めて高い。

　この「二層構造」高分子ミセルを「架橋構造を形成するビルディングブロック」として利用し，表面にアルデヒド基を有する自己組織化体，側鎖にアミノ基を有する高分子，及び生体組織表面がシッフ塩基を介して結合する現象を利用した，新しい組織接着性ゲルを開発した（図1）[9, 10]。高分子ミセルを内部構造に組み込んだ組織接着性ゲルは，①非生体由来物質のみを用いているため，エイズ，肝炎ウィルス，プリオンなどの感染や，異種タンパク質に対するアナフィラキシーショックの危険性が無い，②1秒程度という極めて早い時間でゲルが形成する，③二種類の水溶液を混合するのみでゲルが形成されるため，極めて簡便な操作性が保証される，④高分子ミセルは巨大分子（分子量は300〜400万程度）であるため，組織浸透性が低い，⑤ポリニチレングリコール及びポリ乳酸の生体適合性が高い，⑥接着強度・ゲル強度共に適度に高い，などの特性を示す。

　ミセル状の自己組織化体をビルディングブロックとしてゲルを得る方法を簡単に示す。まず，アセタール基を有する開始剤を用いて，親水性ブロックとしてエチレンオキサイドを重合したポ

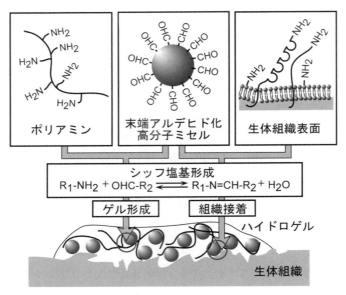

ポリアミン　　末端アルデヒド化高分子ミセル　　生体組織表面

シッフ塩基形成
R_1-NH_2 + OHC-R_2 $\rightleftharpoons$ R_1-N=CH-R_2 + H_2O

ゲル形成　　組織接着　　ハイドロゲル

生体組織

図1　末端アルデヒド化二層構造高分子ミセルとポリアミンが形成する
組織接着性ゲルの形成原理

リエチレングリコール，疎水性ブロックとして DL-ラクチドを重合したポリ DL-乳酸を有する末端アセタール化ブロックポリマー（acetal-poly(ethylene glycol)-b-polylactide）を合成する。ここで，ブロックポリマーの停止末端は，無水メタクリル酸で停止することによって二重結合を導入しても良い。これらのブロックポリマーを溶解した N,N-ジメチルアセトアミドを水に対して一晩透析し，塩酸で処理することによって，ミセルの外殻がアルデヒド基で覆われる（二重結合を有するブロックポリマーを用いた場合は，ミセル形成後に何らかの開始剤を添加することによって，内部が架橋された高分子ミセルが得られる）。このミセル水溶液とポリアミン水溶液を混合すれば，ゲルが容易に得られる。$in\ vitro$ や $in\ vivo$（マウスの肝臓・腸管・腹膜上）におけるゲル形成挙動を評価すると，1〜10秒程度でゲルが形成し，マウス腹膜に強固に接着することがわかる。これは従来より報告されている組織接着性ゲルのゲル化時間（数十秒〜数十分）よりも早い。患部においてゲルを形成させる場合，ゲル化時間が長いと，ゲル化する前に患部より流れ落ちてしまうため，ゲル化時間の短さは非常に重要な優れた特性となる。また，ゲルを形成する二成分の濃度が高いほど，架橋構造の割合が高くなるためゲル強度が高くなった。本技術を手術時に用いる場合は，適用患部において散逸することなく二液を混合させるため，粘性がある程度高い溶液が必要となる。そのため，二成分の濃度が高いほどゲル強度が高くなったのは好都合であろう。実際，マウスを用いて評価したところ，このゲルは高い組織接着性を示した（図2）。

このように生体組織に接着するゲルは，止血作業用のゲルとして利用することが可能である。

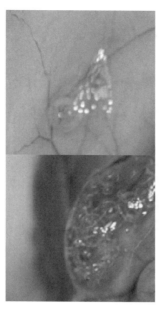

**図2　二層構造高分子ミセルを架橋構造とし
て組み込んだゲルの組織接着性評価**
（上：マウス腹膜，下：マウス肝臓）

ところで，止血材料の止血効果を定量的に評価する方法は，実は全く報告されていないのが現状である。そこで，筆者らは，止血効果を評価するための方法の確立を目指した[11]。まず初めに，麻酔薬をマウスの腹腔内に注射した後，麻酔下で開腹した。肝臓の下にパラフィルムと濾紙を置き，針で肝臓を刺して出血させた。針を抜くと同時に，新規ゲルあるいは市販の組織接着剤を滴下した。滴下してから3分後に，濾紙に染み込んだ血液量を計測することによって，ゲルの止血特性を評価した。また，コントロールとして，出血後にゲルを滴下しない実験も行った。なお全ての実験において，実験群と対照群の区別を実験者にはブラインドにして行った。この方法を用いて評価したところ，コントロール系と比較して，筆者らが開発を進めている組織接着性ゲルには，有意な止血効果が見られた（図3）。一方，市販のフィブリン系組織接着剤である Tisseel（Baxter 社）の止血特性も評価した。Tisseel は粘性が低い水溶液状態で供給されるため，固まるまでに水分が流出する。そのため，出血部位に適用した際に，血液を押し流す作用が生じた。また，コントロール系と比較しても有意な止血効果は見られなかった。Tisseel は固化後に肝臓表面より容易に除去できたが，本項で示した組織接着性ゲルは，組織に強固に接着することによって，止血効果が得られた。これは，接着組織表面へのアンカー効果のみではなく，生体組織表面と化学結合がこの組織接着性ゲルの組織接着性に大きく寄与していることを示唆している。

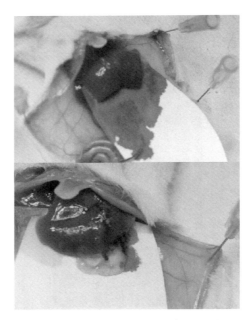

**図3 二層構造高分子ミセルを架橋構造として
組み込んだゲルの止血特性評価**
（上：ゲル非適用，下：ゲル適用）

これは従来の止血材料に無い特徴である。

4 コアシェル型「三層構造」微粒子を組み込んだ「ゲル」状バイオマテリアル

　薬物の体内動態を精密に考慮し，生体内の特異的な作用点への送達を時空間的に制御することによって，治療効果の最適化の実現を図る治療技術が，ドラッグデリバリーシステムである。ドラッグデリバリーシステムの実現は，現在の医療の大きな課題の一つである。現在までに，血中を安定に循環しながら患部へ届く薬物キャリアーの実現を目指した研究は数多く報告されている。しかし，ある所望の部位に薬物放出デバイスを留置し，そこから薬物を徐放する技術の研究はほとんど進んでいない。この理由は極めて単純である。すなわち，仮に，薬物放出デバイスの開発に成功し，そのデバイスを患部に留置しても，時間経過とともにデバイスが患部から徐々に移動してしまい，薬物治療効果が消滅してしまうためである。タンパク質や遺伝子などのさまざまな活性物質を患部局所においてのみ選択的に放出するデバイスの必要性は年々高まっているにもかかわらず，開発が進んでいないのが現状である。この問題点を解決するためには，「ある部

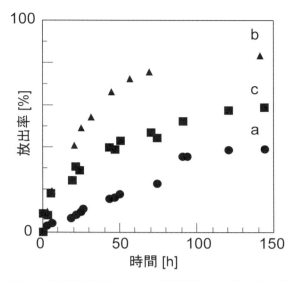

図4　二層構造高分子ミセルを架橋構造として組み込んだ
　　　ゲルのアドリアマイシン徐放特性評価
（a：二層構造高分子ミセルのみ，b：二層構造高分子ミセ
ルを組み込んでいないゲル，c：二層構造高分子ミセルを
架橋構造として組み込んだゲル）

位に強固に接着する」デバイスの開発が期待される。

　ところで，前項で紹介した二層構造高分子ミセルを組み込んだ組織接着性ゲルの大きな特徴
は，架橋構造に自己組織化体を導入していることである。この自己組織化体は，その形成時に疎
水性薬物を内包することが可能である。すなわち，このミセルを内部に組み込むことによって，
ゲル内部の「架橋構造にのみ局所的に」薬物を封入できることを意味する。架橋構造としてミセ
ル状の自己組織化体を用いた組織接着性ゲル，およびミセル単体に薬物を導入し，その薬物放出
特性を比較した結果を示す（図4）。組織接着性ゲルとしては，薬物を浸透させただけのゲル，
および架橋性自己組織化体に薬物を入れたゲル，の二通りを作製した。ゲルに薬物を浸透させた
のみの場合は，薬物流出を阻止する機構がないので，薬物はすぐに放出されてしまう。しかし，
ミセル内部に薬物を封入してからゲルを形成した場合には，薬物放出速度を大幅に抑えることが
できることがわかる。すなわち，ゲル内に薬物を保持する局所的空間を形成することによって，
単純にゲル内に薬物を保持した場合よりも薬物放出速度を低く抑えられることが示唆されたと言
えよう。これは，「創傷治癒を促すような因子を封入したゲルを，手術の際に体内術部に留置し，
手術後にも継続して治療を行う『術後療法』」や，「液状のゲル前駆体物質を体内に皮下注入し，
体内でゲル化させて得られる『体内留置型の薬物放出デバイス』」につながる結果であろう。

　ただし，この方法論にも限界がある。それは，二層構造高分子ミセルの構造的な特徴から，疎

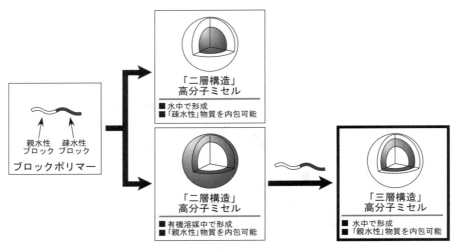

図5　三層構造高分子ミセルの調製法

水性低分子薬物しか内包できないことである。すなわち，親水性薬物（特に，タンパク質のような高分子）の徐放を制御するためには，新しいタイプのゲルが必要となる。そこで，さらに特徴的な物質放出・保持特性をゲルに与えるために，両親媒性ブロックポリマーが形成する新しいタイプのナノ粒子の開発を現在筆者らは検討している。例えば，ブロックポリマー共存下において調製したW/Oエマルション溶液に，ブロックポリマーを溶解した有機溶媒を加え，水に対して透析することによって，ブロックポリマーの「三層構造（外殻：親水性，中間層：疎水性，内核：親水性）」を有する自己組織化体（「三層構造」高分子ミセル）が得られることを近年明らかにした（図5）[12]。さらに，得られた三層構造高分子ミセル水溶液及びポリアミン水溶液を混合したところ，1秒以内にゲルが形成することを見いだした（図6）。現在，再生医療や外科手術領域において，タンパク質を特定の部位においてのみ徐放可能な新たな材料が求められている。この材料に必要とされる性質は，「親水性物質の徐放制御」及び「組織接着性」であるが，これら二つの性質を兼ね備えた材料の開発は困難であった。筆者らが開発を進めている新しい組織接着性ゲル（「三層構造」高分子ミセルを架橋構造として組み込んだゲル）が，その一つの答えになり得るのではないかと考えている。

5　コアシェル型「二層構造」微粒子を組み込んだ「シート」状バイオマテリアル

前項までは，「ゲル」状の組織接着性材料を紹介した。しかし，高すぎる組織接着性と生体「非」

図6　（上）三層構造高分子ミセル水溶液
および（下）三層構造高分子ミセ
ルとポリアミンから形成したゲル

適合性は表裏一体の関係にあり，「生体適合性が高く，生体に適度に接着する（あるいは適度に
「密着」する）」材料の開発が望まれている。このような性質を示す材料を得るためには，生体適
合性が高い物質を「シート」状に加工すれば良いが，得られた材料に「タンパク質徐放」等の機
能を付与することは容易ではない。そこで筆者らは近年，タンパク質を内包したミセル状の自己
組織化体からなるシート状の新材料の開発を検討している。

　両親媒性ブロックポリマーは，超音波，透析，膜乳化等の手法で処理することによって，「親
水的な」コアを有するミセルを「有機溶媒中において」形成することができる。このミセル溶液
を基板上にスピンコートすることによって，「内部に親水性物質を内包することが可能なシート
状材料」が得られる（図7）。例えば，ポリエチレングリコール-ポリ DL-乳酸ブロックポリマーが
形成した二層構造高分子ミセル（外殻：疎水性，内核：親水性）とシート補強剤としてのポリ乳
酸を有機溶媒に溶解し，スピンコートすることによって，「ポリ乳酸のマトリックス内部に高分
子ミセルが分散した」シート状材料が容易に得られる（図8）。蛍光性高分子（FITC-dextran（分
子量：20,000））をミセル内部に内包させてからシートを作製し，蛍光顕微鏡によって観察した
ところ，シート全体にほぼ均一な蛍光が観察された。すなわち，「内部に『親水性』な空間が均
一に分布した『疎水性』シート」という新しいタイプのシート状バイオマテリアルの試作に成功

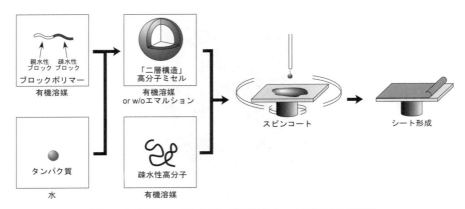

図7　高分子ミセルを内部に分散したシート状材料の作製法

図8　高分子ミセルを内部に分散した
シート状材料の外観

したと言える。このシートは本質的な意味での組織接着性はないが，その薄さに由来する組織密着性を示す。今後は，再生医療用の補助材料や，癒着防止材料としての応用が考えられる。

6　おわりに

　両親媒性ブロックポリマーが形成する「外殻：親水性，内核：疎水性」タイプの自己組織化体（「二層構造」高分子ミセル）の応用については，ドラッグデリバリーシステム分野における薬物キャリアーを中心に多くの報告例がある。しかし筆者らは，両親媒性ブロックポリマーは医療分野においてまだまだ多くの可能性を秘めているのではないか，と考えている。本章で示した通り，

「二層構造」あるいは「三層構造」高分子ミセルを組み込んだゲル・シート状材料は，従来の材料にない特徴的な性質を示す。これらの新規材料の今後の可能性に期待したい。

文　　　献

1) T. Morikawa, *Am. J. Surg.*, **182**, 29S（2001）
2) T. E. MacGillivray, *J. Card. Surg.*, **18**, 480（2003）
3) P. A. Leggat *et al.*, *Industrial Health*, **42**, 207（2004）
4) H.-H. Chao, and D. F. Torchiana, *J. Card. Surg.*, **18**, 500（2003）
5) D. F. Torchiana, *J. Card. Surg.*, **18**, 504（2003）
6) D. G. Wallace *et al.*, *J. Biomed. Mater. Res. B. Appl. Biomater.*, **58**, 545（2001）
7) Y. Okumura, and K. Ito, *Adv. Mater.*, **13**, 485（2001）
8) Y. Kakizawa, and K. Kataoka, *Adv. Drug Deliv. Rev.*, **54**, 203（2002）
9) Y. Murakami *et al.*, *J. Biomed. Mater. Res.*, **80A**, 421（2007）
10) Murakami, Y. *et al.*, *J. Biomed. Mater. Res. B. Appl. Biomater.*, **91B**, 102（2009）
11) Murakami, Y. *et al.*, *Colloids Surf. B : Biointerfaces*, **65**, 186（2008）
12) Uchida, Y. and Y. Murakami, *Colloids Surf. B : Biointerfaces*, **79**, 198（2010）

金平糖状コアシェル型複合粒子Silcrusta®シリーズ

日興リカ㈱　白石圭助

　Silcrusta®シリーズの名前の由来は，ラテン語で「皮，殻」を意味する'Crusta'と，シリコーンの'Sil'を合わせ，"シリコーンの殻"を意味するものである。このSilcrusta®シリーズとは，その名のとおり，有機樹脂粒子（PMMA，ポリスチレン，ポリウレタン等）の表面をシリコーンレジンで被覆したコアシェル型複合粒子であり，また，その形状は，有機樹脂粒子表面にシリコーンレジンを突起状に形成させた金平糖状粒子である。

　この内と外で物性が異なるコアシェル型構造と，金平糖という特異な形状から，これまでの微粒子では見られない画期的な特性を示すことが期待される。

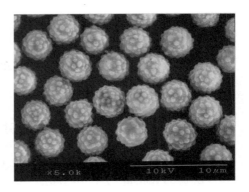

写真1　Silcrusta MK03（コア：PMMA）

1　開発の経緯

　市場には様々な微粒子が存在するが，単独の素材については検討しつくされた感がある。このような微粒子ユーザーからの要望もあり，近年においてはコアシェル型複合粒子の検討も急速に進み，各微粒子メーカーでいろいろなタイプが市販され目に付くことも多くなっている。素材の組み合わせは様々であるが，有機樹脂粒子をシリコーンレジンで被覆したコアシェル型複合粒子については未だ市場に出ているものはない。当社では，以前よりシリコーンレジン微粒子の開発を行っており，これまでの技術の発展系として，このSilcrusta®シリーズの開発に至った。

2　Silcrusta®シリーズの特徴

　シリコーンの一般的特性として，耐候性，耐熱性，耐溶剤性及び撥水性が上げられ，有機樹脂粒子単体ではそれらの特性が十分でない場合も，シリコーンで被覆することで改善され，様々な用途に応用することが可能となる。

　シリコーンレジンの屈折率はおよそ1.42と有機樹脂には見られない低い屈折率であり，コア粒子の素材，粒子径および被覆するシリコーン層の厚みを選択することにより，特異的な光学特性を示すことが期待される。

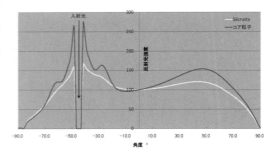

図1　反射光分布

また，その複雑な表面構造，及びシリコーンが従来有している光拡散性から，反射光が複雑に分散され，特に化粧品用途では優れたソフトフォーカス性を示すことが期待される。

ここでSilcrusta®の光拡散性についてのデータを図1に示す。

測定装置は，㈱村上色彩技術研究所製自動変角光度計GP-200を用いた。サンプルを均一に塗付した黒紙に−45℃より光を入射し，その反射光分布を測定した。

図1を見るとSilcrusta®の反射光分布は再帰反射（入射光側の反射），正反射（45°）共にコア粒子に比べて弱くなっており，また，全体の反射光強度の差が少ない。つまり，Silcrusta®は入射した光を全体的に均一に反射するという特性を有しているといえる。この特性は化粧品のしわ隠し，ぼかし，ソフトフォーカス効果に期待ができる。

金平糖状という形状は，接触面積が小さくなることから，従来の真球状粒子よりも滑性あるいは摺動性に優れ，機能材料での滑り性の向上，化粧品用途でも特徴を見出している。

ここでSilcrusta®シリーズの滑り性についてのデータを図2に示す。

測定装置はカトーテック㈱製摩擦感テスターKES-SE-DCを用い，測定条件はスピード：1.0mm/sec，摩擦静荷重：25g，摩擦センサー：

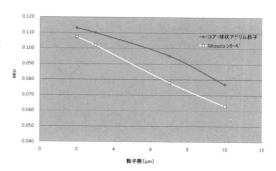

図2　MIUと粒子径の滑り性の比較

シリコーンセンサーで測定した。

図2を見るといずれの粒子径においてもSilcrusta®シリーズはコアのアクリル粒子と比べ，MIU値（摩擦係数）が低くなっていることがわかる。つまり，シリコーンで突起状に被覆することで滑り性が向上したといえる。このことから，Silcrusta®シリーズを添加することで，機能材料あるいは化粧料の滑り性の向上が期待される。

4　まとめ

以上のように，Silcrusta®シリーズは有機樹脂粒子の表面をシリコーンで被覆したコアシェル型複合粒子という特異的な構造を持ち，かつ，シリコーンレジンが突起状に被覆しているという特異的な形状を有している。この特異的な構造，形状から，これまでの粒子にはない画期的な特性が期待される。

お問い合わせ
日興リカ㈱　新事業推進本部
TEL　0276-84-4545

第7章 アフィニティ磁性微粒子と
スクリーニング自動化システム

畠山　士*1，半田　宏*2

1　はじめに

　材料の複合化はそれぞれが単独の場合に持つデメリットを解消するだけでなく，ナノ微粒子の電磁気的・光学的特性を付与することが可能であり，これによってディスプレイなどの表示材料や医療・バイオ分野への応用展開が可能であるとされている。その中でも複合材料の1つである複合微粒子に関する研究は今日の研究による解明・解析方法の発展により近年大きく飛躍してきた。それはその分類の中で，異なる性質のポリマー混合物に属する高分子微粒子と，ポリマー・金属・セラミックス等の大きく性能の異なる材質の混合物が特に多く取り上げられてきている。

　微粒子生成重合から得られる高分子微粒子は大部分が100 nmよりも大きなサイズを有し，いわゆる"ナノ粒子"とは区別され，一部に数nm～数十nmのサイズを持つ高分子微粒子としてはデンドリマーやブロック共重合体からなるミセル等が挙げられる。例えばデンドリマーはその内郭から段階的に電子を集積することが可能であり，制御可能なエネルギー変換材料として期待されている。またブロック共重合体からなる高分子ミセルはドラッグキャリアとして医療・バイオ分野における実用化が検討されている。一般的に微粒子の表面積・溶液中に分散した微粒子の拡散速度は粒子径に反比例する。さらに微粒子中への刺激の伝達速度は粒子径の二乗に反比例する。これらの要素のバランスから，サブミクロンおよびミクロンサイズの高分子微粒子は取り扱い，反応の効率という点で有利であり，粒子表面を最大限活用した生体物質のアフィニティ分離・精製等に見られる優れた特性を示す機能性高分子微粒子の開発が進展してきた。また近年においては，サブミクロンサイズの高分子微粒子が可視光の波長と同程度のサイズを持つため，コロイド結晶をはじめとする可視光との相互作用を意図した微粒子による材料開発にも関心が集まっている。

　一般的に複合微粒子の作製の際に，ポリマーに必要とされる機能としては無機ナノ粒子の安定化もしくは取り扱いの向上等が挙げられる。したがって無機ナノ微粒子の被覆技術は非常に重要

＊1　Mamoru Hatakeyama　東京工業大学　ソリューション研究機構　特任講師
＊2　Hiroshi Handa　東京工業大学　ソリューション研究機構　教授

な技術の一つであり，無機-有機物質コアシェル型粒子の作製には必要不可欠である。本稿ではコアシェル構造を持ったフェライト（磁性酸化鉄）コア・ポリマーシェル型の無機-有機物質コアシェル型微粒子（FG ビーズ）の作製とそれを用いたアフィニティ精製技術への応用例を紹介する。

2　アフィニティ精製技術の歴史

　生体の緻密な反応をつかさどる核酸・タンパク質は，生命現象，あるいは生体機構に根幹から大きく関わっている。ゆえにそれらの現象や機構を分子レベルで解明するためにはその目的物を単離・精製することが必要不可欠である。しかしながらこれらの分子の多くはある特定の環境下で必要とされる時に作用するので，熱や pH などの変化に対しては不安定で，場合によっては活性を失う可能性があるため，その活性を保ったまま単離することは極めて困難なことである。しかも物理化学的性質の差がほとんどない低分子が多数存在するために，その単離には高度な精製技術が必要とされる。そこでこれらの課題を克服するために多種多様な性質を付与できる不溶性の高分子が分離精製用材料として利用されてきた。

　生体成分の分離（バイオセパレーション），特にタンパク質の分離に関しては，これを生化学的に解析する場合，細胞の粗抽出液からイオン交換・ゲル濾過等の多種多様のカラムを用いて，本来の活性を損なうことなく精製することが最も一般的な方法であった。しかしながらこの方法では多くの場合純度が低く，大量に目的のタンパク質のみを精製するには非常に煩雑で，困難な操作が伴い，長時間を要する。

　これを達成する手法として開発されたのがアフィニティ精製技術である。これは生物特異的な結合力，すなわちバイオアフィニティを利用するものであり，アフィニティクロマトグラフィーと呼ばれている。抗原-抗体，酵素-基質，酵素-阻害剤，酵素-補体，ホルモン-レセプター，DNA-DNA，DNA-RNA，DNA-DNA 結合タンパク質といった特定の生体物質間の特異的な親和力は，静電気的引力，水素結合，疎水性相互作用，van der Waals 力などといった物理化学的な分子間力と立体構造が総合的に関与している。この特異性を利用するアフィニティクロマトグラフィーにおいては，ターゲットとする生体分子と特異的に結合する（アフィニティを持つ）物質（リガンド）を不溶性の担体に固定化し，ターゲットとなる分子との吸着力の差により目的分子を分離するものである。

　この担体の性質としては，①不溶性，②化学的および物理的安定性，③リガンド固定化用の官能基の存在，④非特異的吸着が少ない，⑤低コスト等が挙げられる。アフィニティ分離としては 1910 年に Starkenstein らがデンプンとの相互作用を利用してアミラーゼを分離したことに始ま

る[1]。その後リガンドの固定化方法や非特異的吸着に関する研究が長年にわたり行なわれ，1986年に Tjian らによって DNA アフィニティクロマトグラフィー法が報告された[2]。この方法は DNA 結合性タンパク質である転写因子が結合する特異的塩基配列を反復させた DNA を作製し，これを担体であるアガロースゲルに CNBr 法を用いて固定化する。続いて，この DNA 固定化アガロースゲルと細胞粗抽出液を混合後，カラム法で精製した。この方法により数種のタンパク質が精製され，精製物のアミノ酸の一次構造解析の結果から，その遺伝子がクローニングされているという事実からしても，この方法が非常に有用であることは疑いもない[3]。

しかしながらこの方法はゲルカラム内のタンパク質の不均一な拡散・滞留等による悪影響のため，高純度のものを得るのは非常に困難であり，純度を高めるために他の方法の併用が不可欠であること，精製で得られるタンパク質濃度が低いこと，精製にかなりの時間を有する等の問題点が挙げられていた。そこで我々は慶應義塾大学理工学部（現・神奈川大学工学部）川口春馬教授との共同研究により，無孔性で，比表面積が非常に大きいサブミクロンサイズの微粒子（SG ビーズ）を設計し[4]，DNA[5~7] だけではなく，薬剤等の生体にはない物質を微粒子表面に固定化して[8]，これらに結合するタンパク質の同定を長年にわたって研究してきた[9~11]。

3　コア（フェライト）シェル（有機高分子ポリマー）型微粒子（FG ビーズ）の作製

これまでの長年にわたる高分子微粒子を用いたアフィニティ精製に関する研究により，カラム精製で長時間を要するような精製を短時間で行なうことができるようになった。その結果，多くのアフィニティ精製に関する実施例を報告してきたが，ここで新たな問題が生じるようになってきた。それは粒子を遠心分離し，洗浄後，再分散させるという一連の操作が用いる溶液によっては非常に困難で時間を要する場合が多く見受けられるようになってきたことである。そこで，操作の簡便化のために，遠心分離に代わる操作として磁気による微粒子回収が最も効果があるのではないか，と考えた。

そこで，我々は東京工業大学大学院理工学研究科の阿部正紀教授（当時）との共同研究で，酸性アミノ酸がフェライト（磁性酸化鉄）に優先的に結合することを発見し，特にカルボキシル基とチオール基がフェライトと強く結合する官能基であると特定した[12]。したがってアミノ酸だけでなく，カルボキシル基，もしくはチオール基を有し，他の特徴を持つ官能基を併せ持つ化合物はフェライト表面の修飾・加工に利用することができる[13]。我々はこれらの化合物をアダプター分子と名づけた。そこで，磁気応答性に優れている粒子径約 40 nm のフェライト表面への結合能を有するカルボキシル基を持ち，適度に疎水性である 10-ウンデセン酸をアダプター分子として

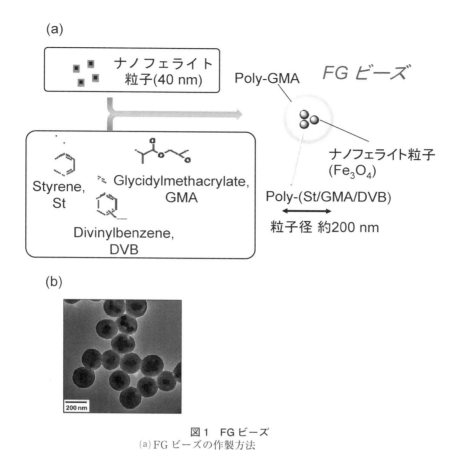

図1　FG ビーズ
(a) FG ビーズの作製方法
(b) FG ビーズの透過型電子顕微鏡写真

用いることで，O/W 型乳化重合法を用いてフェライト表面をスチレン（St）と GMA の共重合体によって被覆し，さらに GMA によるシード重合で完全にポリ GMA で被覆したナノフェライト–高分子ハイブリッド微粒子（FG ビーズ）を構築することに成功した（図1）[14]。

　FG ビーズは磁石による回収が可能で，市販の磁性粒子や SG ビーズには無い特徴を有している。市販の磁性粒子は表面を被覆しているポリマーが磁性体から解離しやすく，粒子径も揃っていないため形状は不均一である。かつ，その表面形状のために生理的条件下では非特異的吸着が多い。そのためアフィニティ精製効率は低く，バックグラウンドノイズが高い。加えて有機溶媒に対する耐性は極めて低い。一方，我々が開発した FG ビーズはポリ GMA で強固に被覆されており，ポリマーが剥離して磁性体が漏洩することはない。表面形状も SG ビーズと同様に均一で，非特異的吸着が極めて少なく，アフィニティ精製用担体として極めて優れている。さらに，FG ビーズは有機溶媒にも耐性があり，有機溶媒中で化合物を固定化することができ[14]，さらに粒子

表面上での化学合成が可能である。

4　リガンド固定化 FG ビーズの作製とアフィニティ精製

　得られた FG ビーズのアフィニティ精製用担体としての評価を行なった。リガンドとして選択した葉酸拮抗剤であるメトトレキセート（MTX）は葉酸の誘導体（図2）で，それを必要とするプリン・ピリミジンヌクレオチドの合成を阻害する。したがって，MTX は細胞増殖の激しい悪性腫瘍に対して抗癌剤として利用されている。MTX は葉酸が Dehydrofolate reductase（DHFR）によって還元されるのを阻害するため，MTX と特異的に結合する標的タンパク質として知られている。

　FG ビーズへの MTX の固定化は，SG ビーズと同様に FG ビーズの表面を改質してリンカーを導入し（FGNEGDE），MTX 誘導体のアミノ基を介してビーズ表面に固定化した。この MTX 固定化 FG ビーズを HeLa 細胞質抽出液と混合し，磁気分離によるアフィニティ精製を行ない，その画分を SDS-PAGE 後，銀染色した。図3にその結果を示す。MTX を固定化していない FG ビーズにはほとんど非特異的吸着がない（レーン3）。一方，MTX を固定化したビーズ粒子には特異的なタンパク質が単一のバンドとして精製されていた（レーン4）。このバンドは抗 DHFR 抗体によるウェスタンブロッティングによって DHFR であることが判明した。このように FG ビーズを用いることで，磁気回収により多種多様なタンパク質を含む細胞質抽出液中から DHFR

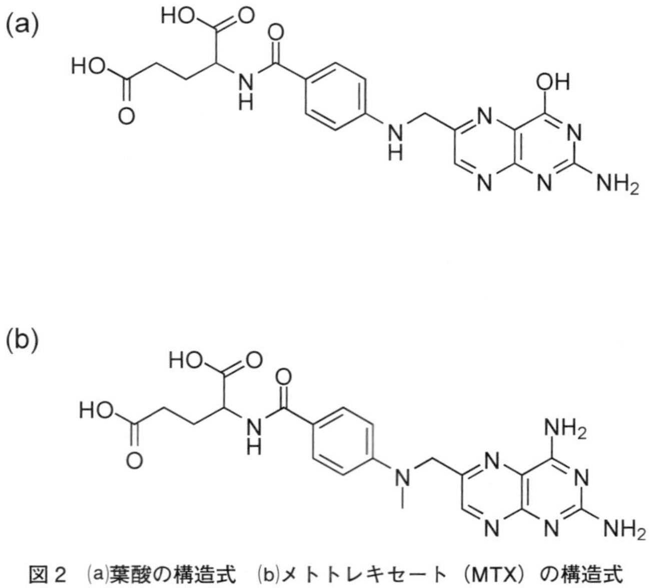

図2　(a)葉酸の構造式　(b)メトトレキセート（MTX）の構造式

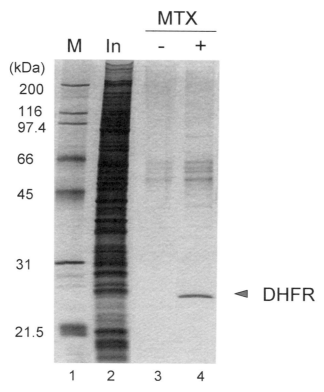

図3　MTX 固定化 FG ビーズを用いた DHFR の精製
レーン1：マーカー
レーン2：HeLa 細胞核抽出液
レーン3：MTX を固定化していない FG ビーズの溶出画分
レーン4：MTX を固定化した FG ビーズの溶出画分

を選択的に精製することができた[14, 15)]。

　また，この FG ビーズを用いて，サリドマイドが作用する分子（細胞内標的分子）がセレブロン（Cereblon，CRBN）というタンパク質であることを突き止めた[16)]。この研究成果より，セレブロンはタンパク質分解に関わる酵素の構成因子であり，胎児の四肢の形成に重要な役割を果たしていること，サリドマイドはこの酵素の働きを阻害することで四肢の形成を阻害していることを明らかにした。さらに，サリドマイドが結合しないように改変したセレブロンの遺伝子を導入したゼブラフィッシュとニワトリはサリドマイドに耐性があることを実証した（図4）。サリドマイドの催奇性を防ぐ方法はただちに人に応用できるものではないが，この知見は催奇性のないサリドマイド型次世代新薬の開発に道を開くものである。この他には唐辛子の主成分であるカプサイシンに結合するタンパク質[17)]，アミノ酸であるロイシンに結合するタンパク質[13)]を精製・同定することにも成功している。

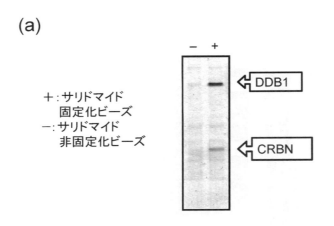

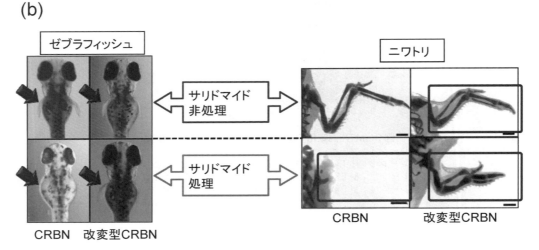

図4 サリドマイド標的因子によるサリドマイド催奇性の解明
(a)FG ビーズを用いたサリドマイド標的因子の単離・同定
(b)動物実験によるサリドマイド催奇性関与タンパク質の証明

5　FG ビーズを用いたアフィニティ精製の自動化

　前述の磁気分離を利用した FG ビーズによるアフィニティ精製は，SG ビーズを用いたアフィニティ精製に比べ操作がより簡便であるため，一度に多くのサンプルをアフィニティ精製できるという利点を持ち，アフィニティ精製が自動化できるレベルにまで達した。このアフィニティ精製技術の自動化の際に問題となるのは，磁石による FG ビーズの回収時間の調整と，磁気回収された粒子の良好な再分散である。これらの点は目視で判断している人の手による精製過程と大き

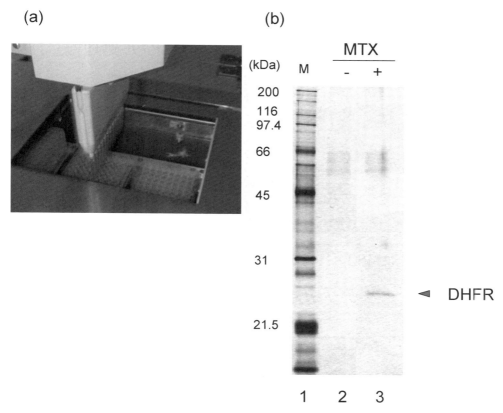

図5　スクリーニング自動化システムによるアフィニティ精製
(a)システムの駆動部分
(b)スクリーニング自動化システムとMTX固定化FGビーズを用いたアフィニティ精製
レーン1：HeLa細胞核抽出液
レーン2：MTXを固定化していないFGビーズの溶出画分
レーン3：MTXを固定化したFGビーズの溶出画分

く異なる点である。また，多検体を全く同条件下で処理することから，システムの自動化には再現性の高い機械装置の駆動性能が必要とされる。例えば，96穴のプレートを利用した場合は，全てのウェル（穴）において全く同じ結果となる精度が要求される。そこで，多摩川精機㈱との共同研究により，アフィニティ精製の自動化に伴うこれらの問題点を解決しながら，自動化装置の開発を検討した。実際にMTX固定化FGビーズをアフィニティ精製用担体として用い，多摩川精機㈱製の自動化装置を用いてアフィニティ精製すると，極めて高い再現性でDHFRが得られることを確認した（図5）。これより，FGビーズを用いたアフィニティ精製による薬剤タンパク質のスクリーニングが自動化でき[19]，2009年よりFGビーズとともに自動化精製装置（図6）の販売を開始した。

Target Angler 96
（96サンプル処理機）

Target Angler 24
（24サンプル処理機）

W605×D460×H480mm   W700×D605×H800mm

Target Angler 8
（8サンプル処理機）

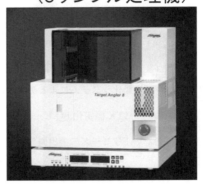

W330×D320×H370mm

図6　スクリーニング自動化システム

6　おわりに

　これまで，薬剤や環境ホルモンに代表される化学物質の作用機構はほとんど解明されていなかった。その理由として，生理活性物質に対するレセプターとなる標的タンパク質を単離・同定することが極めて困難であると予想されていたからである。しかしながら，我々が開発したコアシェル型粒子であるSGビーズ・FGビーズはバイオセパレーターとして非常に有効であり，リ

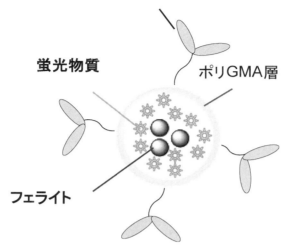

図7　高機能性蛍光・磁性ビーズ

ガンドに対して選択的に結合する生体レセプターを全細胞，あるいは細胞質・核・細胞膜画分の
粗抽出液から，直接高効率で回収し，迅速，かつ簡便に精製することができた。さらに，生体レ
セプターのライブラリー化や臓器・組織特異的な生体レセプターの単離なども可能であるので，
異なる生体レセプター群と薬剤との相互作用の比較検討や，主作用だけでなく副作用に関与する
生体レセプターを単離・同定することが可能である。また，薬剤の多くは最終的には遺伝情報の
発現制御を変換するので，その際DNA固定化アフィニティ微粒子を併用して，転写因子の活性
化機構解明やその活性化を標的とした次世代薬剤の開発に関する研究も盛んに行なわれている。
また，環境ホルモン等に対する生体レセプターを単離・同定できれば，得られた生体レセプター
を遺伝子工学的に改変して，より高い親和性を持つ組み換えタンパク質を合成することができ，
それは環境ホルモン等の物質を高感度に検出・定量するセンサーチップとして有用である。

　さらに，磁性体含有高分子微粒子を用いた高感度アフィニティ精製の自動化が実現したことか
ら，タンパク質を粒子上に固定化し，企業等が所有している数多くの化合物ライブラリーから薬
剤リード化合物候補の創出と構造活性相関による化合物の構造の最適化が迅速，かつ効率よく達
成されるであろう。また，磁性体含有高分子微粒子はアフィニティ精製用担体だけではなく，従
来から研究開発されているMRI造影剤，ハイパーサーミア療法，DNA検出や免疫検査用の担
体としても有用である。近年ではFGビーズに蛍光を付与した画期的な蛍光・磁性ビーズ（図7）
の作製にも成功し[20]，このビーズを用いた迅速・高感度疾患システムに関する研究が進行中であ

る。さらにフェライト1つのみをポリマー被覆する技術の開発にも成功し[21]，医療・バイオへの新たな応用展開が期待される。そしてまた，病巣部位に選択的に薬剤を輸送する DDS 用の新規輸送担体としても有用性が期待される等，生命科学の基礎から医療等に至る幅広い領域に応用展開が可能であり，医療現場における患者の生活の質（Quality of Life，QOL）の向上等に貢献する大きな役割を担うことが期待される。

文　　　献

1) E. Starkenstein, *Biochem. Z.*, **24**, 210 (1910)
2) J. T. Kadonaga *et al.*, *Proc. Natl. Acad. Sci. USA*, **83**, 5889 (1986)
3) P. J. Mitchell *et al.*, *Science*, **245**, 371 (1989)
4) H. Kawaguchi *et al.*, *Nucl. Acids Res.*, **17**, 6229 (1989)
5) Y. Inomata *et al.*, *J. Biomater. Sci. Polymer Edn*, **5**, 293 (1994)
6) Y. Inomata *et al.*, *Anal. Biochem.*, **206**, 109 (1992)
7) T. Tomohiro *et al.*, *Bioconjug. Chem.*, **13**, 163 (2002)
8) N. Shimizu *et al.*, *Nature. Biotechnol.*, **18**, 877 (2000)
9) T. Nishi *et al.*, *J. Biol. Chem.*, **277**, 44548 (2002)
10) H. Uga *et al.*, *Mol. Pharmacol.*, **70**, 1832 (2006)
11) Y. Kabe *et al.*, *J. Biol. Chem.*, **281**, 31729 (2006)
12) K. Nishimura *et al.*, *J. Appl. Phys.*, **91**, 8555 (2002)
13) K. Nishio *et al.*, *Trans. Mater. Res. Soc. Jpn.*, **29**, 1659 (2004)
14) K. Nishio *et al.*, *Colloid and Surfaces B : Biointerfaces*, **64**, 162 (2008)
15) 倉森見典ほか，アフィニティビーズ・テクノロジーの最前線, p3, シュプリンガー・フェアラーク東京 (2005)
16) T. Ito *et al.*, *Science*, **327**, 1345 (2010)
17) C. Kuramori *et al.*, *Biochem. Biophys. Res. Commun.*, **379**, 519 (2009)
18) K. Kume *et al.*, *Genes Cells*, in press
19) N. Hanyu *et al.*, *J. Magn. Magn. Mater.*, **321**, 1625 (2009)
20) M. Hatakeyama *et al.*, *J. Magn. Magn. Mater.*, **321**, 1364 (2009)
21) 半田宏ほか，WO/2009/081700

第8章 酵素と多相系高分子からなる酵素内包コアシェル型ナノ組織体

原田敦史*

1 はじめに

　近年，生体内で機能するナノデバイスに関する研究が盛んに行われているが，その設計においては，自然界のナノデバイスを模倣あるいは，その機能に啓発された試みが多く行われている。自然界では，タンパク質やDNAなど，それ自身がユニークな機能を有する分子が存在するが，その機能発現過程においては，その分子単独ではなく集合体として存在することによって，より巧妙な機能発現が実現されている。生体系において，分子集合体として機能発現するウィルスや酵素複合体は，数十nmオーダーのサイズを有している。サイズの観点から人工（合成）物質を見た場合，自然界で重要な役割を担っている分子集合体と同程度のものを均一につくるには，単一分子としてではなく自然界同様，分子の自己組織化を利用する必要がある。そのためには，原子・分子を精密に加工し，組み立て，機能を持つユニットを形成する技術であるナノテクノロジーが活用される。分子を組み上げる手法のひとつとして，高分子の分子間相互作用による自己組織化を利用する試みがある。単に高分子が自己組織化するだけでなく，組織化した状態において機能発現させるためには，自己組織化を制御し合目的な組織体構造を取らせる必要がある。最も研究されている高分子の自己組織体としては，異種線状高分子が直列に連結したブロック共重合体の自己組織化が挙げられる。ブロック共重合体の各連鎖の溶媒への溶解性が異なる場合に，自己組織化が生じる。つまり，溶媒が水系である場合，一方の連鎖が疎水性，もう一方が親水性であるブロック共重合体は，疎水性相互作用によって多分子会合する。この自己組織化の結果形成される自己組織体は，ブロック共重合体を構成する各連鎖の化学構造や分子量などによって異なり，そのバランスによって球状のナノ微粒子やロッド構造，ラメラ構造を取ることが知られている（図1）。本稿では，水系で荷電連鎖を有する多相系高分子（ブロック共重合体・グラフト共重合体）と酵素が形成する球状ナノ組織体であるポリイオンコンプレックスのナノバイオデバイスへの可能性に関して紹介する。

＊　Atsushi Harada　大阪府立大学　大学院工学研究科　物質・化学系専攻　応用化学分野
　　准教授

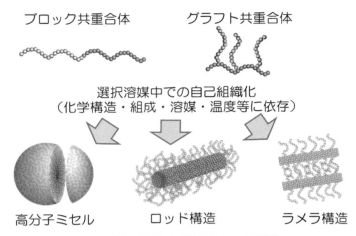

ブロック共重合体　　　　　グラフト共重合体

選択溶媒中での自己組織化
（化学構造・組成・溶媒・温度等に依存）

高分子ミセル　　　　　　ロッド構造　　　　　　ラメラ構造

図1　多相系高分子が形成するナノ組織体

2　ポリイオンコンプレックスミセル

　水系でのブロック共重合体からの高分子ミセルは，親・疎水型ブロック共重合体が疎水性相互作用によって多分子会合することによって形成される。この高分子ミセル形成の原理は，疎水性連鎖が水との界面エネルギーを低下させるために会合し，その凝集過程において親水性連鎖が表層を覆うことによって安定化し，数十 nm 程度のナノ微粒子となるというものである。片岡・原田は，このミセル形成の原理は，凝集の駆動力を他の分子間相互作用にも適用可能であると考え，水溶液中での静電相互作用を形成駆動力とした新しいタイプの高分子ミセルを調製し，ポリイオンコンプレックスミセルと名づけた[1]。具体的には，ポリエチレングリコール（PEG）とカチオン性であるポリリシンからなるブロック共重合体（PEG-P(Lys)）と PEG とアニオン性であるポリアスパラギン酸からなるブロック共重合体（PEG-P(Asp)）を，電荷を中和するように混合することによって，P(Lys) と P(Asp) から形成されるポリイオンコンプレックスの周りを PEG 連鎖が覆ったコアシェル構造を有する高分子ミセルが形成される。このポリイオンコンプレックスミセルは，形成時に，明確な相分離構造を有する高分子ミセルを形成することに起因すると考えられるイオン性連鎖の鎖長認識現象が生じることが確認されている[2]。ポリイオンコンプレックスミセルは，反対荷電を有するブロック共重合体間だけでなく，イオン性連鎖を有するブロック共重合体に対して反対荷電を有するビニルポリマー，界面活性剤，酵素，DNA との間でも形成される[3]。酵素や DNA などの生体高分子を内包したポリイオンコンプレックスミセルは，DDS や診断分野においての有用性が期待されることから，その物理化学的特性や機能に関して検討されている。

3　酵素内包ポリイオンコンプレックスミセル

　酵素は，生物学的触媒であり，生体内の穏和な条件下において数多くの有機反応を驚異的な速度と選択性で触媒することから，その反応に応じて，工業用・治療用・診断用などの目的で利用されている機能性分子である。しかし，酵素の高い機能性分子としての有用性にも関わらず，実用的な利用がなされているものは限られている。これは，酵素の安定性が乏しいことや，利用できる環境（溶媒・温度等）の制限のためである。このような問題点を克服するために，高分子による化学修飾や基板への固定化などが検討され，先天性の疾患の治療を目的としたものについては，高分子による化学修飾することによって，生体内での安定性の著しい向上などが報告されてきている。数多に存在する酵素のうち，実用的な目的で開発されている酵素は限られたものであり，酵素の安定性を向上させ，かつ，その機能を維持あるいは向上させるような技術が開発されることによって，酵素の機能性分子としての活用が広がると期待されている。

　酵素を内包したポリイオンコンプレックスミセルは，等電点 11 のカチオン性酵素である卵白リゾチームと，アニオン性ブロック共重合体である PEG-P(Asp) から形成されることが確認されている[4]。水溶液中において，卵白リゾチームと PEG-P(Asp) の P(Asp) 連鎖間の静電相互作用により形成されるポリイオンコンプレックスを内核のまわりを PEG 連鎖が覆うことによって安定化されたナノ組織体となる（図 2）。卵白リゾチームと P(Asp) ホモポリマーの混合溶液は，白濁し静置すると，沈殿となるが，卵白リゾチームと PEG-P(Asp) の混合溶液は，1 ヶ月経過した後においても透明なままである。卵白リゾチームと PEG-P(Asp) の混合比を最適化したものについて原子間力顕微鏡によってその形態を観察したところ，粒径 50 nm 程度の球状粒子が観察された。また，動的光散乱測定によって，粒径分布を評価したところ，単峰性の分布を有す

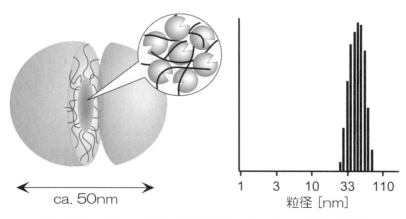

ca. 50nm

粒径 [nm]

図 2　酵素とブロック共重合体から形成されるコアシェル型ナノ組織体

るナノ組織体が形成されていることが確認された。卵白リゾチームを内包したポリイオンコンプレックスミセルの粒径分布の狭さは，天然の分子集合体であるウイルスや電子顕微鏡観察の標準粒子として用いられるポリスチレンのラテックスと同程度のものであり，極めて粒径分布の狭いナノ組織体であることが確認された。また，ゼータ電位測定のより，粒子の表層が電気的に中性なPEG連鎖で覆われたコアシェル構造を有するナノ組織体であることが示唆されている。この50 nm程度のナノ微粒子の内核には，約50個の卵白リゾチームが内包されていることが確認されている[5]。また，グラフト鎖としてPEGを導入したポリアリルアミンとグルコースオキシダーゼからもポリイオンコンプレックスミセルが形成されることが確認されており[6]，酵素をコア部に保持したポリイオンコンプレックスミセルは，ブロック共重合体だけでなく，グラフト共重合体と酵素からも形成される。

4　可逆的なミセル形成に同期した酵素機能の ON-OFF 制御

　酵素内包ポリイオンコンプレックスミセルの特徴のひとつとして非共有結合を介して形成されている集合体であるということが挙げられる。非共有結合は，その周囲の環境によって解離・形成を制御することができる。ポリイオンコンプレックスミセル形成の場合には，主な駆動力が静電相互作用（クーロン力）であるので，溶液のイオン強度を変化させることによって形成の駆動力が遮蔽させるため，解離させることが可能である。また，再度，イオン強度を低下させることによって，クーロン力が働き，ミセルが再形成させることができる。このようなイオン強度変化による可逆的なミセル形成は光散乱測定によって確認されている。NaCl濃度がゼロの条件下では，ミセル溶液の重量平均分子量（Mw）に変化は観察されず，ミセルが卵白リゾチームを安定に内包しているが，NaCl濃度が150 mMに増大すると，ミセルが速やかに解離する（Mwが減少する）。NaCl濃度を低下させると，Mwが増加し，ミセルを形成している状態の初期値とほぼ同程度までMwが回復する。この初期の状態と実験終了時のサンプルの粒径分布に違いは認められず，どちらも単分散な平均粒径50 nm程度のナノ微粒子であった。以上の結果から，卵白リゾチームを内包したポリイオンコンプレックスミセルは，NaCl濃度を変化させることによって，可逆的な形成・解離挙動を示すことが確認された[7]。

　このようなミセルの形成・解離挙動を利用して内包されている卵白リゾチームの機能のON-OFF制御することが可能であることが確認されている（図3）。酵素活性評価の際の卵白リゾチームの基質としてミセルに比べて大きなサイズを有するミクロコッカスルテウス菌体を用いる。菌体の懸濁液に卵白リゾチームを加える菌体表面の糖鎖を分解され菌体が破壊されることによって，懸濁液の透過率が上昇する。この透過率変化を観測することによって，卵白リゾチームの活

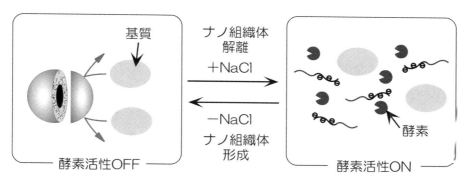

図3　可逆的ナノ組織体形成に同期した酵素活性制御

性評価を行うことができるが，ミセルを形成しているような条件下で，菌体懸濁液と混合しても透過率変化は観測されず，卵白リゾチームの活性は OFF の状態である。これは，ミセルが PEG 層で覆われているため，内核に存在する卵白リゾチームと菌体は相互作用できないためである。NaCl 濃度をミセルが完全に解離する濃度まで増加させると，懸濁液の透過率の増加が観測され，卵白リゾチームが活性を示すことが確認された。これは，NaCl 濃度の増加によってミセルが解離し，卵白リゾチームが放出され菌体と接触することが可能となり活性を示すためである。さらに，NaCl 濃度を減少させてミセルを再形成させると，酵素活性が OFF の状態となる。このようなナノ組織体（ポリイオンコンプレックスミセル）の解離・形成に同期させた酵素機能制御は，酵素を活用した診断あるいは治療システムにおける新しい設計概念である。

5　ナノスコピックな酵素反応場としてのミセル内核

　酵素内包ポリイオンコンプレックスミセルは，ミセルを形成した状態であっても，内核へ拡散することが可能な比較的低分子量の基質に対しては，酵素活性を示す[8]。この場合には，ミセル内核がナノスコピックな酵素反応場として機能していると見ることもできる。卵白リゾチームは，菌体に対してだけでなく，低分子量の糖類に対しても活性を示す。一般的な基質で，N-アセチル-β-D-グルコサミン（NAG）の5量体である p-ニトロフェニルペンタ-N-アセチル-β-キトペンタオシド（NAG5）を用いて，ミセルのナノリアクターとしての機能を評価した結果，ミセル外殻の PEG 層が基質のリザーバーとしての役割を果たすことによって，内核の卵白リゾチーム周辺での基質濃度が見かけ上増加するため酵素反応速度が2倍程度促進されることが確認されている[8]。このことは，基質と外殻層を構成する高分子の親和性を考慮した分子設計を行うことで，より顕著な酵素反応の促進が可能であることを示唆している。

　一般的には卵白リゾチームの酵素活性は，上述した NAG5 あるいは NAG の 4 量体である NAG4 を基質として用いて評価するが，卵白リゾチームの機能としてはより短い基質である NAG の 3 量体（NAG3）や 2 量体（NAG2）に対しても活性を示すことが知られている。卵白リゾチームは，NAG オリゴマーが結合する溝を有していて，その溝に沿って A から F の 6 つの NAG の結合サイトが並んでいる。触媒部位である Glu35 と Asp52 の結合サイト D 近傍にあり，卵白リゾチームが活性を示すためには D サイトへの基質の結合が重要である。しかし，NAG との結合は C サイトが強いため，NAG2，NAG3 は，D サイトへの結合が生じにくく，その結果として酵素反応速度が極めて遅くなる。このような理由から酵素反応速度が著しく遅い基質を用いた場合に，ミセル内核を酵素反応場として利用すると，著しい酵素反応促進効果が生じる。NAG2 に対しては，ミセルへの内包によって約 100 倍の促進効果が観測される[9]。この促進効果の機構に関しては，NAG2，NAG3，NAG4，NAG5 に対する卵白リゾチーム単独とミセル内包卵白リゾチームについて酵素反応定数（ミカエリス定数 K_m，酵素反応最大速度 V_{max}）をそれぞれ決定した結果，上述したような基質分子の長さの違いによる結合の違いはミセルに内包された状態では観測されなくなることが確認された。つまり，NAG2 や NAG3 の卵白リゾチームへの結合特異性がミセル内核において変化することによって，著しい促進効果が誘導されたと考えられる。この結合安定化の分子レベルでの機構に関しては，より詳細な検討が必要であるが，ポリイオンコンプレックスミセルのナノスコピックな内核がユニークな酵素反応場として機能することが確認されている。

6　コア架橋型酵素内包ポリイオンコンプレックスミセル

　4 節で紹介した酵素内包ポリイオンコンプレックスミセルの外部刺激による酵素機能の制御は，外部刺激によってポリイオンコンプレックスミセルを構成する酵素やブロック共重合体が動きうるために実現されたものであるが，集合体の状態が外部刺激によって変化しうるという性質は，酵素機能の安定化という観点では，不利な性質である。また，リゾチームのような安定な酵素についてだけでなく，不安定な酵素に対するポリイオンコンプレックスミセルの有効性について，代表的な自己分解性酵素であるトリプシンを用いて検討した結果，PEG-P（Asp）と混合することによってポリイオンコンプレックスミセルへの内包は可能であったが，自己消化を抑制する効果はなく，トリプシンの分解が進行し，ポリイオンコンプレックスミセルの崩壊も誘導されることが確認された。このような自己分解性酵素を安定化する方法として，ポリイオンコンプレックスミセルへ内包した後，内核に架橋構造を導入し，酵素分子を内核に固定化する手法が開発された[10]。架橋構造を導入するためにグルタルアルデヒドが添加され，グルタルアルデヒドに

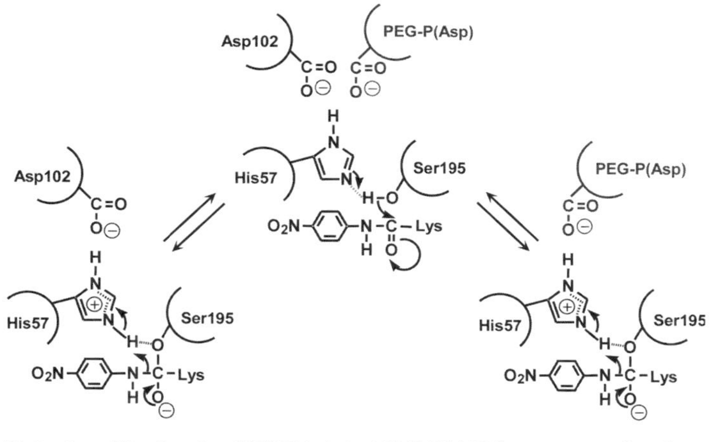

図 4　Asp-His-Ser 3 つ組残基からなる触媒活性部位の PEG-P（Asp）に
よる安定化

よって，酵素—酵素間，酵素—ポリマー間の架橋が導入された。十分な架橋を施すことによって，ポリイオンコンプレックスミセルのその構造的な特徴（コアシェル構造，粒径分布等）を維持したまま，安定化され，数日経過した後にも内包トリプシンの自己消化によるポリイオンコンプレックスミセルの崩壊は完全に抑制された。これは，内核に多数のトリプシン分子が集合した状態であっても，架橋によってその動きが抑制されているため，トリプシン分子同士の接触が生じないためであると考えられる。また，ポリイオンコンプレックスミセルが安定化されるだけでなく，内包されているトリプシンの酵素機能も安定化される。単独の状態では数時間で活性が著しく低下するトリプシンが，1 週間経過した後においては，活性の低下なく，保持されることや，耐熱性が向上し，酵素反応至適温度が 40℃ から 65℃ となることが確認されている[11]。さらに，トリプシンの活性が維持されるだけでなく，活性の向上も確認されている。トリプシンは，セリンプロテアーゼの 1 種で，Asp-His-Ser の 3 つ組残基からなる触媒活性部位を有しているが，PEG-P（Asp）の Asp 残基がトリプシンの本来の触媒機構で重要である His 残基のイミダゾリウムイオンの安定化に関与することによって，触媒活性を増強する[12]（図 4）。つまり，この酵素活性の向上は，前節までのリゾチーム酵素活性の向上が，酵素—基質複合体形成の平衡を複合体形成へシフトさせる効果（ミカエリス定数の変化）であるのに対し，トリプシンの場合には，本質的な触媒活性の増大であるという違いが確認されている。

7　温度応答性高分子ゲルへのコア架橋型酵素内包ナノ組織体の固定化

前節で紹介したように，コア架橋型酵素内包ナノ組織体内では酵素の安定性が著しく向上す

る。安定化された酵素の機能を制御する手法として，温度応答性高分子ゲルへのナノ組織体の固定化が行われている。代表的な温度応答性高分子ゲルであるポリ（*N*-イソプロピルアクリルアミド）（PNIPAAm）を水系のレドックス重合によって調製する際にコア架橋型酵素内包ナノ組織体を共存させることによって，サイズ効果によって高分子ゲル網目に固定化され，コア架橋型ナノ組織体はゲル外へ全くリリースされなくなる。ナノ組織体が固定化された PNIPAAm ゲルは，ゲル架橋密度，ナノ組織体量に依存せず，PNIPAAm ゲルと同様に 32℃付近で体積相転移を示した。また，基質として PNIPAAm ゲル内へ容易に拡散できる比較的低分子量の L-lysine *p*-nitroanilide を用い，基質溶液にゲルを浸漬させゲル外液を一定時間ごとに回収し，*p*-nitroaniline の生成量の時間変化より酵素反応速度が算出された。PNIPAAm ゲルが膨潤状態である場合，相対酵素反応速度は比較的高い値を維持しているが，温度が上昇し PNIPAAm ゲルが体積相転移し収縮状態となると相対酵素反応速度は低下した。この低下は，PNIPAAm ゲルの収縮状態では基質分子の拡散性の低下による見かけの低下である。このゲルの状態変化による酵素反応速度変化が可逆的であれば温度変化を通した酵素反応の ON-OFF 制御が可能となる。この目的のために，PNIPAAm ゲルの体積相転移温度前後（25℃と 35℃）の温度条件で基質溶液に 2 時間ごとにゲルを浸漬させる操作を繰り返し，その間の酵素反応生成物（*p*-nitroaniline）量を定量した。35℃（収縮状態）では酵素反応はほとんど進行していないのに対し，25℃（膨潤状態）では 35℃の 10 倍近い酵素反応生成物量を示し，明らかな酵素反応が確認された。また，この過程は繰り返し可能であり，可逆性も確認された。これは，PNIPAAm ゲルへの固定化前に酵素をナノ組織体内で安定化することによって，その熱安定性を向上させたため熱変性を生じること

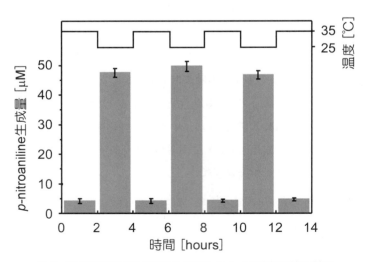

図5　温度応答性高分子ゲルを利用したナノ組織体の機能制御

なく繰り返すことが可能となったためであると考えられる[13]。

8　まとめ

　酵素を内核に保持したコアシェル型ナノ組織体（ポリイオンコンプレックスミセル）の機能について紹介した。内核をナノスコピックな酵素反応場とすることによって，ミカエリス定数あるいは触媒定数の変化を誘導することによって酵素活性が促進される。このような酵素活性の向上は，酵素の触媒活性機構に依存するものであり，すべての酵素について適用されるものではないが，重要なことは酵素の活性を全く損なわないという点である。これまでの合成高分子と酵素から形成されるバイオコンジュゲートでは，酵素活性部位を考慮した分子設計が必要とされてきたが，ポリイオンコンプレックスミセルの場合には，酵素の等電点を考慮して多相系高分子材料を選択し，混合するだけで自発的に形成される簡便な手法であるにも活性や保存安定性の顕著な向上をもたらすことができる有用な手法である。今後，他の酵素への適応性などを検討していくことによって，診断や治療分野において有用なバイオナノリアクターとなると期待される。

文　　　献

1)　A. Harada, K. Kataoka, *Macromolecules*, **28**, 5294 (1995)
2)　A. Harada, K. Kataoka, *Science*, **283**, 65 (1999)
3)　A. Harada, K. Kataoka, *Prog. Polym. Sci.*, **31**, 949 (2006)
4)　A. Harada, K. Kataoka, *Macromolecules*, **31**, 288 (1998)
5)　A. Harada, K. Kataoka, *Langmuir*, **15**, 4208 (1999)
6)　A. Kawamura *et al.*, *J. Polym. Sci. Part A：Polym. Chem.*, **46**, 3842 (2008)
7)　A. Harada, K. Kataoka, *J. Am. Chem. Soc.*, **121**, 9241 (1999)
8)　A. Harada, K. Kataoka, *J. Controlled Release*, **72**, 85 (2001)
9)　A. Harada, K. Kataoka, *J. Am. Chem. Soc.*, **125**, 15306 (2003)
10)　M. Jatsuranpinyo *et al.*, *Bioconjugate Chem.*, **15**, 344 (2004)
11)　A. Kawamura *et al.*, *Bioconjugate Chem.*, **18**, 1555 (2007)
12)　A. Harada *et al.*, *Macromol. Biosci.*, **7**, 339 (2007)
13)　A. Harada *et al.*, *J. Polym. Sci. Part A：Polym. Chem.*, **45**, 5942 (2007)

無機質でコートしたコアシェル型ナノカプセル『ナノエッグ®』

㈱ナノエッグ・聖マリアンナ医科大学　山口葉子

　医療の分野，特に薬を体内の特定の場所に届ける技術である Drug Delivery System（DDS）の研究分野において，薬をカプセル化する技術は必須である。特に皮膚内への薬剤の導入や，従来注射投与が難しかった水難溶性薬剤のナノカプセル化技術の開発は重要である。我々は，新規カプセル化技術の創出として，無機質で薬剤表面を薄膜コートしたナノカプセルを作製し，封入薬剤の薬理効果の劇的向上に成功したので紹介する。

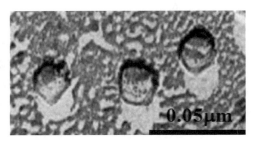

直径約 15 nm（凍結割断 TEM にて撮影）

1　開発の経緯

　本ナノカプセルを作製するため，初めにターゲットにした薬剤は，ビタミン A の細胞内生理活性体であるレチノイン酸（*all-trans* retinoic acid, atRA）である。atRA は分子量約 300 の，分子内にアニオン性解離基であるカルボン酸と疎水性ドメインを持つ両親媒性ホルモンである。本体は，黄色脂溶性粉末で結晶性が高く水には溶解しないが，Na 塩にすることで容易に直径約 12nm の球状ミセルを形成し，水に分散状態となる。その溶液物性を利用して，非イオン界面活性剤と混合ミセルを作製すると，混合ミセル表面は atRA 分子の COOH による anion charge と非イオン性官能基であるポリエチレングリコール（PEG）鎖で覆われている状態である。この状態に 2 価の cation である Ca^{2+} イオンを添加すると混合ミセル表面に瞬時に吸着し，電荷を中和する。COOH の解離度は Ca^{2+} イオンに比較し低いことから，電荷の差分として cation charge が過剰状態になっているため，さらに CO_3^{2-} イオンを添加してミセル表面上の電荷を完全に中和する。その結果，ミセル表面に $CaCO_3$ の薄膜が構築され，コアは atRA の疎水性 domain，シェルは $CaCO_3$ で構築されたいわゆるコアシェル構造になる。シェル部分は，曲率 1/R の高い面にイオンが吸着して形成されているため，結晶構造が形成され

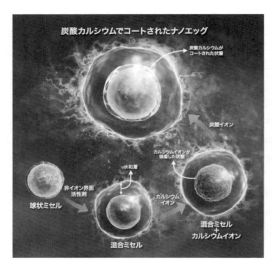

図1　ナノエッグカプセル®作製イメージ図

ずにアモルファス状態にある
と推定される。また，水中で
のカプセルの溶存状態は，イ
メージ図で示したように水和
したPEG鎖で覆われているた
め，鶏の卵の殻のように堅い
状態ではなく，ジェル状態の
ヒキガエルの卵に近いと考え
られる（図1）。atRAミセル
は平衡系から非平衡系にshift
するため，系の状態が変化し
ても（外用剤として皮膚に塗布して皮膚内導入
された場合や，注射剤として投与されて血中で
急激に希釈された場合），カプセルが安定に存
在できることが期待される[1]。

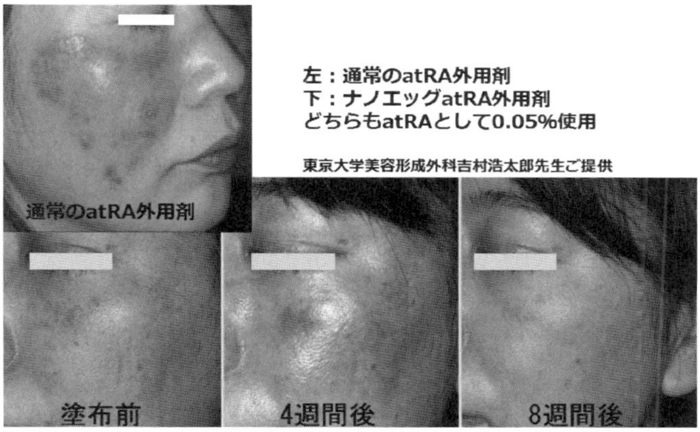

図2　ナノエッグによる色素沈着（肝斑）の治療効果

2　ナノエッグ®カプセルによる薬理効果亢進

　atRAは，外用することで皮膚の色素沈着改
善効果を示すことが知られている[2]。atRAをほ
ぼ100%近く包接したナノエッグ®カプセルを，
女性ホルモン失調が原因で生じる肝斑という色
素沈着に適応した結果を示す。通常のatRA外
用剤を使用すると，非常に強い急性炎症のため
発赤を生じる。ひどい場合には浮腫も発症する
（図2写真上）。しかし，ナノエッグatRAを使
用した場合には，若干炎症は生じるものの，2

カ月という短期間（通常のatRAでは6カ月）
でほぼ改善されていることが分かる（図2写真
下）。ナノカプセル化することでatRAの持つ
色素沈着改善という薬理効果を促進した結果で
ある[3]。

3　その他の薬剤でのナノエッグ®化の可能性

　ナノエッグ®カプセルは，atRAだけでなく
その他の薬剤や物質でも作製可能である。薬剤
もしくは物質の分子構造が両親媒性でイオン性
の解離官能基を保有していれば可能性は高い。
最近では，α-リポ酸（LIPOEGG）や抗炎症薬
であるインドメタシンもナノエッグ®化できる
ことが明らかとなり，atRAと同様に薬理効果
が増強されることが検証された。

文　献
1)　Y. Yamaguchi, *et al.*, *J. Controlled Release*, **104**, 29-40 (2005)
2)　M. A. Livrea, Vitamin A and Retinoids, Birkhauser Verlag (2000)
3)　Y. Yamaguchi, NANOEGG technology for drug delivery, Nanotechnologies for Medical Diagnosis and Therapy, WILEY-VCH Verlag GmbH& Co. KGaA (2006)

お問い合わせ
㈱ナノエッグ　研究開発本部
TEL　044-978-5231
ホームページ
http://www.nanoegg.co.jp/

第9章　コアコロナ型ペプチドナノスフェアの機能

和久友則[*1]，松本匡広[*2]，松崎典弥[*3]，明石　満[*4]

1　はじめに

　高分子ナノスフェアは，高い比表面積を有し，そのサイズや構造を容易に制御可能であることから，塗料や接着剤などとして一般工業分野で広く利用されてきた。特に最近では，ドラッグデリバリーシステム（DDS）担体，医療診断薬，分離担体といった医療材料への応用が注目されている[1]。このような用途に用いるためのナノスフェアを開発する上で，表面と血中や検体中に含まれるタンパク質との相互作用の制御は重要な課題のひとつである。タンパク質の材料表面への非特異的な吸着は，機能的に設計された表面の構造を損なわせるだけでなく，生体中においては免疫反応や血液凝固反応といった生体反応を引き起こし，デバイスの機能・性能の低下の原因となる。そのため，デバイスの高機能化・高性能化のために，タンパク質との相互作用が極めて小さな表面，すなわちバイオイナートな表面を持つ生分解性高分子ナノスフェアの開発が求められている。

　バイオイナートな性質を材料表面に付与するための方法のひとつとして，表面をポリマーブラシにより修飾する手法が知られている[2]。ポリマーブラシとは，固体表面にその一端を固定化されたグラフト鎖が，互いの重なり合いを避けるべく高さ方向に延伸した状態の分子組織を指す。中でも，0.05 chains/nm^2 以上の密度を有する『高密度ポリマーブラシ』は，非特異的なタンパク質吸着を顕著に抑制するなどの，その構造に由来した興味深い性質を有するため，幅広い分野から注目されている[2a]。通常，高密度ポリマーブラシは，開始基が固定化された表面からのリビング重合により合成される。近年，この技術をシリカやポリスチレンなどのナノスフェア表面に応用することでポリマーブラシ構造を有するナノスフェアが合成されている。しかしながら，この手法により合成されるポリマーブラシは非分解性であるために，医療材料としての応用には適さない。これまでに生分解性のコアと生体適合性を有するブラシからなるナノスフェアに関する

＊1　Tomonori Waku　京都工芸繊維大学　大学院工芸科学研究科　生体分子工学部門　助教

＊2　Masahiro Matsumoto　大阪大学　大学院工学研究科　応用化学専攻

＊3　Michiya Matsusaki　大阪大学　大学院工学研究科　応用化学専攻　助教

＊4　Mitsuru Akashi　大阪大学　大学院工学研究科　応用化学専攻　教授

報告例はない。

　近年，著者らはポリアミノ酸の合成法である *N*-カルボキシアミノ酸無水物（NCA）の開環重合をナノスフェア合成に用いることで，ペプチドを主成分とするコアとポリエチレングリコール（PEG）から成るコロナ層を持つ新規なコアコロナ型ペプチドナノスフェアの合成に成功した[3, 4]。また，その詳細な構造解析により，コロナ層の PEG 鎖が高密度ブラシを形成していることを見出すとともに，ブラシ構造に由来するバイオ機能を明らかとした[5, 6]。さらに，このブラシに外部環境応答性を付与することで，ナノスフェア表面特性のスイッチングにも成功した。本稿では，これら一連の研究についてまとめる。

2　コアコロナ型ペプチドナノスフェアの合成

　著者らのグループでは，末端に重合性官能基を持つ親水性マクロモノマーと疎水性ビニルモノマーとを極性溶媒中で分散共重合すると，数百 nm から 1 µm 程度の粒子径を持つコアコロナ型高分子ナノスフェアが生成することを報告している[7, 8]。このコアコロナ型ナノスフェアは，重合の進行とともに生成する両親媒性グラフトコポリマーの自己秩序化により形成すると考えられている。すなわち，疎水性鎖の伸長に伴い生成ポリマーが不溶化する際，極性溶媒と親和性の高い親水性鎖を外側に向けつつ疎水性ポリマー同士が自己集合することで形成するとされている。このような形成機構のため，本法により得られるナノスフェアは，マクロモノマー由来のポリマー鎖がナノスフェア表面に集積化されたコロナ層と，重合により生成した疎水性ポリマー鎖からなるコアを持つコアコロナ型構造を有する。1985 年に初めての報告を行って以来，PEG，ポリ（*N*-イソプロピルアクリルアミド），ポリメタクリル酸，ポリビニルアミンなど種々の親水性ポリマー鎖がコロナ層に導入された様々なナノスフェアの合成に成功するとともに，触媒担体，集積材料素材，ウイルス捕捉担体としての機能を見出してきた[9, 10]。

　しかしながら，DDS 担体やイメージング材料など，特に生体内で用いるためのバイオメディカル材料へと応用するためには，生分解性および生体適合性を持つことが重要であり，ポリスチレンを基盤としたナノスフェアでは限界があった。そこで，著者らはポリアミノ酸の合成法の一つである NCA 重合法に，上述のマクロモノマー法の自己秩序化の概念を応用することで，新規な生分解性コアコロナ型ナノスフェアを開発しようと考えた。NCA 重合には，種々の第 1 級アミンが開始剤として用いられ，そのアミン由来の構造を末端に持つポリアミノ酸が得られる。このことを踏まえて著者らは，末端にアミノ基を有する PEG を親水性マクロイニシエーターとして用いた疎水性アミノ酸 NCA の重合により，ナノスフェアを一段階で合成できるのではないかと考えた。すなわち，マクロモノマー法の場合と同様に，この重合により生成する PEG とペプ

チドのブロックコポリマーが，疎水性ペプチド鎖の伸長に伴って溶媒に不溶化する際に，溶媒中自己秩序化し，ナノスフェアを形成するのではないかと期待した。

　重合開始剤として末端にアミノ基を有する PEG 誘導体（H$_3$CO-PEG-NH$_2$, M_w = 2,000），疎水性モノマーとしてフェニルアラニン NCA（Phe-NCA）をそれぞれ選択した。これらの開始剤とモノマーを混合し，水／ジメチルスルフォキシド（DMSO）混合溶媒中 4℃ で 24 時間重合した。反応終了後には乳白色の分散液が得られ，動的光散乱（DLS）測定よりナノスフェアの形成が示唆された。しかしながら，走査型電子顕微鏡（SEM）により観察したところ，凝集物が観察されたのみでナノスフェアの形成は認められなかった。以上の結果は，本法により何らかのナノスフェアは形成しているが，そのナノスフェアは SEM 観察時の乾燥状態では形態を維持することが困難な安定性の低いものであったことを示唆している。安定な疎水性コアを形成することができなかったのは，得られたポリフェニルアラニンセグメントの重合度が低く，疎水性成分が不十分であったことが原因であると考え，重合度を上げることによる疎水性コアの安定化を検討した。しかしながら Phe-NCA の重合は不均一系であり，開始剤とモノマーの仕込み比率による分子量制御には限界があった。そこで，第 2 の開始剤として n-ブチルアミン（BA）を併用することで疎水性ホモポリマー（PPhe）を同時に合成し，疎水性コアを積極的に形成させることで，安定なナノスフェアを合成することができるのではないかと考えた（図1，図2）。2 種類の開始剤の比率を種々変化させて Phe-NCA の重合を検討した結果，NCA：PEG：BA の比率が 12：1：1 のときに粒子径 300nm の単分散な安定なナノスフェアを形成することが明らかとなった（図 3a）。

　以上の結果から，2 種類の開始剤の仕込み比により，得られるポリマーの親疎水バランスを制御することで，ペプチドナノスフェアを一段階で合成できることが明らかとなった。これは，NCA 重合法を利用してナノスフェアを一段階で合成した初めての報告例である。本ペプチドナ

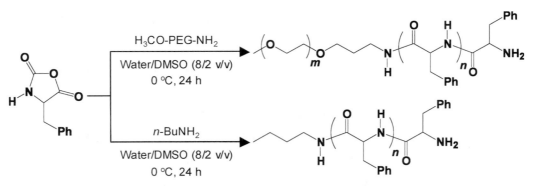

図1　2 種類の開始剤を同時に用いたフェニルアラニン NCA の重合によるコアコロナ型ペプチドナノスフェアの合成

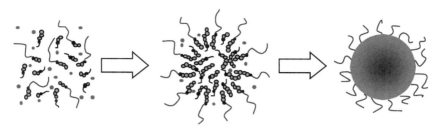

● : L-phenylalanineNCA (Phe-NCA)　　　　　● : phenylalanine unit

〜 : H₂N-PEG-OCH₃ or H₂N-PEG-COOH　　　　● : *n*-butylamine

図2　重合に伴う自己秩序化によるコアコロナ型ペプチドナノスフェア形成の模式図

ノスフェアは，同じく PEG とペプチドのブロック共重合体から成る高分子ミセルとは次の点で異なっている。ペプチドナノスフェアが NCA 重合の一段階で調製されるのに対して，高分子ミセルは高分子合成とミセル形成の2段階により調製される。また高分子ミセルは高度希釈に対する安定性が一般的に低いのに対して，ペプチドナノスフェアのコアは固体であるため安定である。

　次に，他の種類の高分子を開始剤として用いた場合にもナノスフェアの合成が可能であるかどうかについて調べた。まず，分子量が異なる種々の PEG 誘導体（PEG-OMe；M_w＝5,000，10,000，20,000）と BA を開始剤として用いて，Phe-NCA の重合を行った。いずれの場合にもナノスフェアの形成が SEM 観察および DLS 測定により確認された（図3b）。また末端にカルボキシル基を持つ PEG 誘導体（HOOC-PEG-NH₂，M_w＝2,000）を用いた場合も，同様にナノスフェアの合成が可能であり，得られたナノスフェアは表面に PEG 鎖末端由来のカルボキシル基を持つことをζ-電位測定より確認した（図3c）。さらに生成ポリマーとしてグラフト型共重合体を与えるキトサン（CT）を開始剤に用いた Phe-NCA の重合について検討したところ，290nm の粒子径を有する表面カチオン性のナノスフェアが合成可能であることが確認された（図3d）。以上の結果から，NCA 重合を利用した本手法では，開始剤の種類を変えることで，表面グラフト鎖長，表面電荷，組成などの表面構造が異なる種々のナノスフェアを合成可能であることが明らかとなった。

3　コアコロナ型ペプチドナノスフェアの PEG ブラシ構造解析とそのバイオ機能

上述のペプチドナノスフェアは，親水性マクロイニシエーターを用いた NCA 重合の重合過程

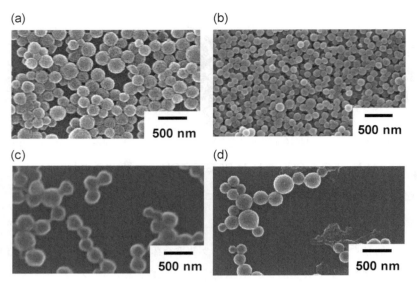

図3　NCA法により得られた種々のペプチドナノスフェアの走査型電子顕微鏡写真
(a)-(c) PEG-*b*-PPhe と PPhe から成るコアコロナ型ペプチドナノスフェア；重合に用いた PEG-NH$_2$ の構造と分子量：(a) H$_3$CO-PEG-NH$_2$, M_w = 2,000；(b) H$_3$CO-PEG-NH$_2$, M_w = 20,000；(c) HOOC-PEG-NH$_2$, M_w = 2,000, (d) CT-*g*-PPhe から成るペプチドナノスフェア

において形成した。一方，一度形成したナノスフェアを有機溶媒に溶解させた後，この溶液を水中に滴下した場合にはナノスフェアは形成しなかった。従って，ペプチドナノスフェアは重合に伴う自己秩序化に由来した特徴的な構造を持っていると考えられ，大変興味深い。そこで，著者らはこのペプチドナノスフェアの詳細な構造解析を行った[5]。

　まず PEG 鎖の表面局在化を，表面から深さ方向およそ 10nm の領域の元素組成を得ることができる X 線光電子分光（XPS）測定により確認した。次に，ナノスフェア重水分散液の ^{1}H NMR 測定を行うことにより，表面 PEG 鎖のグラフト密度を計算した。重水中での ^{1}H NMR 測定では，溶媒和された表面に存在する PEG 鎖のみが検出されるので，濃度既知の内部標準存在下での測定により，ナノスフェア単位重量あたりの表面 PEG 鎖量を定量することが可能である[11]。この手法により，分子量が 2,000 の PEG マクロイニシエーターを用いて合成したナノスフェアの単位重量あたりの表面 PEG 鎖量を算出した。さらに，この結果と DLS 測定から求めたナノスフェアの粒子径および固体密度（1.05g/cm^3 と仮定）を用いて，表面 PEG 鎖密度を計算した。その結果，PEG 鎖密度は 1.8chains/nm^2 であり，極めて高密度に表面に集積化されていることが分かった。同様に，分子量 3,500 または 4,500 の PEG を用いて合成したナノスフェアの PEG 鎖密度を求めたところ，それぞれ 0.91，0.21 chains/nm^2 であった。さらに，平均 PEG 鎖間距離（D_{PEG}）と各分子量の PEG の回転二乗半径（R_g）を比較することで，表面 PEG 鎖のコンフォ

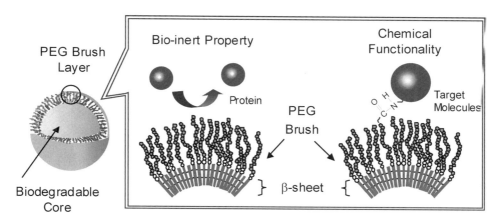

図4　β-sheet 構造形成を駆動力として形成した表面 PEG ブラシ構造の模式図
PEG ブラシによるタンパク質の非特異的吸着抑制と表面官能基を用いたターゲット分子の固定化

メーションを推定した。一般に，PEG 鎖間の平均距離がその回転二乗半径の2倍より小さい場合，すなわち $D_{PEG}/2R_g$ の値が1以下となる場合に，その PEG 鎖はブラシ型コンフォメーションをとることが知られている。^{1}H NMR 測定の結果と水中での回転二乗半径を与える理論式（R_g = 0.181$N^{0.58}$（nm）[12]）に基づき，$D_{PEG}/2R_g$ の値を計算したところ，その値は合成に用いた PEG の分子量に関わらず1以下であった。このことからマクロイニシエーターとして用いた PEG は，ブラシ型のコンフォメーションでナノスフェア表面に高密度に集積されていることが明らかとなった（図4）。

　次に，この PEG 鎖の高密度集積化のメカニズムを考察するために，ナノスフェアのコアを主に構成するポリフェニルアラニン（PPhe）の2次構造を FT-IR および広角X線回折（WAXD）測定により評価した。その結果，コアの PPhe は β-sheet 構造を有していることが分かった。これより，コアを形成する PPhe 鎖の β-sheet 構造に由来する密なパッキングが，ブロックコポリマーを構成するもうひとつのセグメントである PEG 鎖の高密度集積化を誘起し，その結果としてブラシ層を形成していることが示唆された（図4）。

　高分子ナノスフェアを DDS キャリアや医療診断薬として応用するためには，ナノスフェア表面がバイオイナートな性質を持つことに加えて，運搬対象である薬物やタンパク質を固定化，もしくは機能性ユニットを化学修飾するための表面反応性を有することが重要である。片末端にカルボキシル基を有する PEG アミン（HOOC-PEG-NH$_2$，M_w = 2,000）を用いて合成したナノスフェアは，表面カルボキシル基と PEG ブラシ層を有していることから，これら2つの性質をあわせ持つことが期待される。そこでペプチドナノスフェアの表面特性の評価として，タンパク質の吸着試験および化学固定化について検討した。モデルタンパク質として卵白アルブミン

（OVA）を用い，縮合剤である 1-エチル-3-（3-ジメチルアミノプロピル）カルボジイミド（WSC）存在下での化学固定化を行ったところ，$15ng/cm^2$ の固定化が認められた。一方，WSC 非存在下では OVA を含む種々のタンパク質のナノスフェア表面への吸着は認められなかった。以上の結果からナノスフェア表面へのタンパク質の非特異的な物理吸着は PEG ブラシにより抑制されるが，一方で，その末端カルボキシル基を利用したタンパク質の化学固定化が可能であることが明らかとなった（図4）。

ナノスフェアの生体への応用を実際に考えた場合，滅菌処理に対する耐性を有することが必要条件のひとつとなる。しかしながら，オートクレーブ処理，エタノール処理，UV 照射などの滅菌操作はしばしばナノキャリアの形態や特性を喪失させる。従って，滅菌処理耐性を有する生分解性キャリアの開発は，実用化の観点から極めて重要である。そこで，著者らはオートクレーブ処理がペプチドナノスフェアの形態や性質に及ぼす影響について調査した[6]。その結果，ペプチドナノスフェアはオートクレーブ処理後も，水分散安定性，サイズ，形態を維持していることが確認された。この安定性は主に，コアを形成する PPhe の β-sheet 構造に由来していると考えられる。更に，処理後のナノスフェアは 10%FBS を含む培地中においても 1 週間凝集することなく分散安定であることが認められ，オートクレーブ処理後もバイオイナートな性質を有することが確認された。

4 環境応答性ユニットの導入による PEG ブラシ構造制御

次に著者らは，外部環境に応答して可逆的に結合開裂／形成するユニットをブラシ層に導入したペプチドナノスフェアを合成し，ブラシ層の脱着に基づいた表面制御について検討した。具体的には，コアとブラシの連結点にジスルフィド結合を導入し，酸化還元反応による表面制御について検討した。得られたナノスフェアは，還元環境下においてバイオイナートな PEG ブラシ表面から疎水性表面へと，劇的な表面特性変化を示した。また，ナノスフェアのブラシ層は，チオール−ジスルフィドの交換反応により自在に『付け替え』が可能であることを明らかとした（図5）。

末端にジスルフィド基を有するマクロイニシエーター（MeO-PEG-SS-NH$_2$）と 2-エチル（チオエチルアミン）の 2 種類の開始剤を用いた Phe-NCA の重合により目的とする SS-ペプチドナノスフェア（粒子径；およそ 430nm）を合成した。得られたペプチドナノスフェアの表面 PEG 鎖密度は，従来のペプチドナノスフェアと同程度の $1.8chain/cm^2$ であった。これより，当初の設計通り，ジスルフィド基がコアとブラシ層の界面に集積化した構造をもつナノスフェアが形成していることが示唆された。

まず，還元剤としてジチオスレイトール（DTT）を用いて，PEG 鎖のナノスフェア表面から

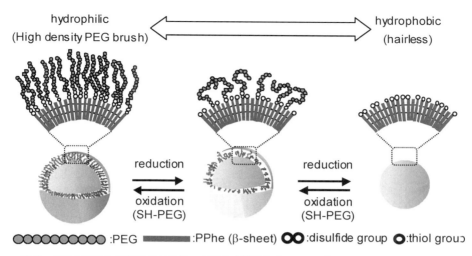

図5　コアとブラシの間にジスルフィド結合を導入した SS-ペプチドナノスフェアの模式図
チオール-ジスルフィド交換に基づく表面構造制御

の解離を検討した。SS-ペプチドナノスフェアの分散液に，PEG 鎖に対して 100 等量の DTT を添加し，室温で 6 時間攪拌した。DTT 添加後，即座にナノスフェアの凝集が観察された（図 6b）。得られた凝集物を水で十分に洗浄することで，解離した PEG および DTT を除去した後，SEM，DLS，^{1}H NMR により分析した。興味深いことに，ナノスフェアは還元反応後も，その形態およびサイズを保持していることが明らかとなった。また，^{1}H NMR より，還元反応前のナノスフェアに含まれる PEG 鎖量を 100 としたときの相対 PEG 鎖量を評価したところ，72％まで減少していることが分かった（図 6g，h）。さらにこの状態では，ほとんど表面には PEG 鎖が存在しないことを NMR などの分光法により確認した。次に，このときの PEG 鎖量を 0，還元前の PEG 鎖量を 100 としたときの相対量を『表面 PEG 比率』として定義し，還元反応時の DTT 濃度が表面 PEG 比率に与える効果について検討した。その結果，DTT 濃度の増加に伴って，PEG 鎖の解離量が増加することが確認された（図 7a）。以上より，還元剤の量により PEG 鎖の解離量を調節することで，SS-ペプチドナノスフェアの形態を損なうことなく，表面 PEG 鎖密度を制御できることが明らかとなった。

　もし，ジスルフィド結合の開裂に伴って生成した表面チオール基を利用して，ナノスフェアにポリマーを固定化することが出来れば，ブラシ層の成分を自在に交換することが可能な "着せ替え" ブラシナノスフェアとして有用であると期待できる。そこで，過剰の DTT と反応させることで表面 PEG 鎖を解離させたペプチドナノスフェア（"hairless" ナノスフェア）の表面再化学修飾について検討した。"hairless" ナノスフェア分散液に，チオール基を持つ PEG 誘導体（MeO-PEG-SH，$M_w = 2,000$）を添加し，種々の濃度の酸化剤存在下，室温で 24 時間攪拌した。面白い

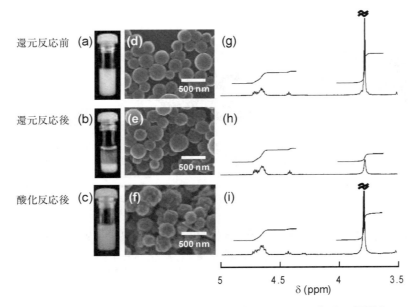

還元反応前 (a)　(d)　(g)

還元反応後 (b)　(e)　(h)

酸化反応後 (c)　(f)　(i)

図6　還元による PEG ブラシ層の解離と酸化による PEG ブラシの再形成
（a, b, c）SS-ペプチドナノスフェアの写真，（d, e, f）SS-ペプチドナノスフェア
の走査型電子顕微鏡写真，（g, h, i）SS-ペプチドナノスフェアの ^{1}H NMR スペク
トル（トリフルオロ酢酸-d/クロロホルム-d 混合溶媒中，25℃）

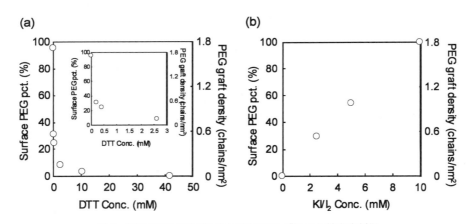

図7　酸化還元反応に基づく表面 PEG グラフト鎖密度制御
（a）還元反応に伴う PEG 鎖の解離；反応後の表面 PEG 比率に与える還元剤濃度の効果，
（b）酸化反応を利用した PEG-SH の表面固定化；表面 PEG 比率に与える酸化剤濃度の効果

ことに，反応開始時にはナノスフェアは水中に分散せずに凝集していたが，時間の経過に従い水
に分散する様子が確認され，PEG 鎖の固定化が示唆された（図6c）。PEG 鎖の固定化量を ^{1}H
NMR により算出したところ，適切な PEG-SH 濃度の場合に，還元反応前と同程度まで固定化で
きることが明らかとなった（図7b）。以上より，ジチオール—ジスルフィドの交換反応により，

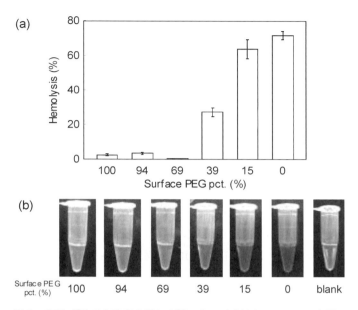

図8 PEGグラフト密度の異なる種々のペプチドナノスフェアを用い
た赤血球膜破壊活性試験
(a) 赤血球膜破壊活性に与えるPEGグラフト密度の影響
(b) 試験終了後サンプルの上清の写真

表面ブラシ層を可逆的に脱着させることが可能な新規な機能性ナノスフェアとしての有用性が示唆された。

　DDS担体やイメージング材料への応用を考えた場合，細胞膜とナノスフェア表面とのアフィニティはキャリアの生体内動態に大きく影響を及ぼすことから，これを制御することは大変重要である。そこで次に，表面PEG鎖密度の違いが，ナノスフェア表面と細胞膜との間の相互作用に及ぼす影響について検討することを目的として，上述の方法により作製した異なるグラフト密度を持つ種々のペプチドナノスフェアを用いて，赤血球膜を細胞膜のモデルとした赤血球膜破壊活性試験を行った。その結果，表面PEG比率が100-69%のナノスフェアでは，ほとんど膜破壊活性を示さなかったことよりバイオイナートな性質を有することが示唆された。一方で，表面PEG比率が39-0%のナノスフェアは，高い溶血活性を示した（図8）。これは，表面PEG鎖がかなりな程度解離したナノスフェア表面は，その疎水性のために，赤血球膜とより強い相互作用をしたことを示している。以上の結果から，ブラシ密度を制御することで，ナノスフェア表面と細胞膜との相互作用を制御できることが示された。この結果は，エンドソーム内でジスルフィド結合が開裂することを考え併せると[13]，SS-ペプチドナノスフェアはエンドサイトーシス経路で細胞に取り込まれた後，エンドソーム内で，PEG鎖の解離に伴って表面特性を切り替えること

で，効率よくエンドソームから脱出する可能性を示唆している。

5 まとめ

　著者らは，ポリアミノ酸の合成法である NCA 法をナノスフェアの合成に応用することで，高密度 PEG ブラシを有するペプチドナノスフェアの合成に成功した。得られたナノスフェアの表面は，PEG ブラシ構造に由来してバイオイナートな性質を持つとともに，薬物や標的指向性分子を固定化するための化学反応性を持つことを明らかとした。さらに環境応答性ユニットをブラシ層に導入することで，外部環境に応答して表面特性を大きく切り替えることのできるスイッチング能を賦与することにも成功した。本研究で開発した PEG ブラシペプチドナノスフェアは，新規な機能性生分解性ナノスフェアとして，DDS 担体，イメージング材料，分離担体などの医療材料分野において有用であることが期待される。

文　　　献

1) a) Y. Bae *et al.*, *Adv. Drug Deliv. Rev.*, **61**, 768 (2009)；b) M. Matsusaki *et al.*, *Expert Opin. Drug Deliv.*, **6**, 1207 (2009)
2) a) Y. Tsujii *et al.*, *Adv. Polym. Sci.*, **197**, 1 (2006)；b) M. Motornov *et al.*, *Prog. Polym. Sci.*, **35**, 174 (2010)
3) M. Matsusaki *et al.*, *Langmuir*, **22**, 1396 (2006)
4) T. Waku *et al.*, *Chem. Lett.*, **37**, 1262 (2008)
5) T. Waku *et al.*, *Macromolecules*, **40**, 6385 (2007)
6) M. Matsusaki *et al.*, *J. Biomater. Sci. Polymer Edn.*, in press
7) M. Akashi *et al.*, *Angew. Makromol. Chem.*, **132**, 81 (1985)
8) T. Serizawa *et al.*, *Macromolecules*, **33**, 1759 (2000)
9) M. Akashi *et al.*, *Bioconjugate Chem.*, **7**, 393 (1996)
10) C. -W. Chen *et al.*, *Chem. Commun.*, 831 (1998)
11) S. Kawaguchi *et al.*, *Macromolecules*, **29**, 4465 (1996)
12) S. Kawaguchi *et al.*, *Polymer*, **38**, 2885 (1997)
13) a) S. Takae *et al.*, *J. Am. Chem. Soc.*, **130**, 6001 (2008)；b) J. Yang *et al.*, *Pro. Natl. Acad. Sci. U. S. A.*, **103**, 13872 (2006)

第10章 ニトロキシルラジカル含有コアシェル型ナノ粒子の作製と機能

吉冨　徹[*1]，長崎幸夫[*2]

1　はじめに

　近年，非侵襲的に生体内の疾患部位をイメージングするための高機能性プローブの研究・開発が大きな注目を集めている。通常，疾患部位では，正常組織とは異なる環境を示すことがあり，例えば，癌組織周辺では，pH が低下していることが知られている。また生体内では，癌組織だけでなく，炎症組織や虚血組織においても pH が低下しており，癌組織周辺においては pH が6.5-7.0[1)]，炎症組織や虚血組織においては pH が6.0以下[2)] になるということが報告されている。この原因は，組織が低酸素状態（ハイポキシア）になると，解糖系が亢進し，糖が代謝される過程でピルビン酸が乳酸に変化することにより生じるアシドーシスが要因の一つとして考えられている。従って，このような組織の pH 変化に応じてシグナルを制御し，バックグラウンドを低減することでシグナルとノイズの比率（S/N 比）を高めることができれば，非侵襲的に生体内酸性環境の画像化を行うことできる。筆者らは，生体内イメージングプローブとして，ニトロキシルラジカルに着目してきた。このニトロキシルラジカルは，分子中に安定な不対電子を一つ有している有機化合物であり，電子常磁性共鳴（EPR）イメージングや磁気共鳴（MR）イメージングの造影剤として使用されている[3, 4)]。低分子ニトロキシルラジカルプローブの中には，pH 応答性を有するプローブも開発されてきたが，従来用いられてきた低分子ニトロキシルラジカルプローブは，腎臓での濾過作用により，ほとんどのプローブが体外に急速に排泄されてしまうだけでなく，生体内還元環境において容易に還元されてシグナルを消失するといった問題点を有している[5, 6)]。そこで著者らは，このニトロキシルラジカルをナノ粒子に封入することによって，低

＊1　Toru Yoshitomi　筑波大学大学院　数理物質科学研究科　物性・分子工学専攻；学際物質科学研究センター　博士研究員

＊2　Yukio Nagasaki　筑波大学大学院　数理物質科学研究科　物性・分子工学専攻　教授；学際物質科学研究センター；先端学際領域研究センター；人間総合科学研究科　フロンティア医科学専攻；物質材料研究機構　国際ナノアーキテクトニクス研究拠点

分子ニトロキシルラジカルプローブの問題を解決し，さらに生体内の酸性環境をイメージングすることが可能なプローブの開発を行ってきた。本稿では，この生体内酸性環境のイメージングを目指したニトロキシルラジカル含有コアシェル型ナノ粒子の設計と機能評価を筆者らの研究を中心に紹介する。

2　ニトロキシルラジカル含有コアシェル型ナノ粒子とは

　親―疎水性ブロック共重合体は水中で自己組織化し，高分子ミセルを形成する。1980年代後半に片岡[7]・Kabanov[8]らのグループによって，高分子ミセルをドラッグデリバリーシステム（DDS）に利用する試みが提案され，近年，臨床にまで展開しつつある。生体内でナノ粒子を用いる利点として，数十から百ナノメートル程度のナノ粒子は，腎臓からの急速な排泄を抑制し，また生体親和性を高度に作り上げることにより，肝臓や肺などに存在する貪食細胞の認識を回避することで，血中を長期に滞留することが挙げられる。また大変興味深いことに，先に挙げた癌組織[9]，炎症組織[10]や虚血組織では，ナノ粒子の血管透過性が亢進しているため，ナノサイズの粒子がこれらの組織へ優先的に集積することが知られている。これまで筆者らは，ポリ[メタクリル酸2-（ジメチルアミノエチル）]（PEAMA）のような疎水性ポリアミンを利用し，内核にポリアミンを有し，外殻を生体適合性の高いポリエチレングリコール（PEG）鎖が覆うというコア（内核）―シェル（外殻）型のナノデバイスを作製してきた[11]。内核に存在するポリアミンは，生理条件下では疎水場を形成している。外殻は，片末端が自由であるフレキシブルな親水性かつ電荷をもたないPEG鎖が密集して存在している。この密集したPEG鎖は，そのフレキシブルな性質に起因するゴムのようなエントロピー弾性により立体反発効果が働くため，水溶液中や血液中における分散安定性を向上させるとともに，生体内組織との非特異的相互作用を著しく抑制することが知られている。さらに，このPEG鎖の自由末端に細胞表面レセプターへの特異的結合可能なリガンド分子を導入することで，標的指向性機能を付与することも可能になる。一方，疾患部位に集積した後，酸性環境であれば，内核のポリアミンがプロトン化することで親水性に変化し，粒子の形態変化を生じる。これまでにコアを架橋したナノデバイスを作製し，そのコアの膨潤―収縮挙動を利用した薬物リリース[12]やMRIシグナルのpHに応答したON-OFF制御[13]を可能にしてきた。上述したように，ニトロキシルラジカルはEPRやMRに高い活性を有しているため，このようなpH応答性のナノ粒子に封入できれば，ニトロキシルラジカルの特性を生かしたナノシステムの構築が期待される。そこで，我々は，PEGをシェル層に，ニトロキシルラジカルの一種である2,2,6,6-テトラメチルピペリジン-1-オキシル（TEMPO）がアミノ基を介して結合した疎水性セグメントをコア層に有するニトロキシルラジカル含有コアシェル型ナノ粒子

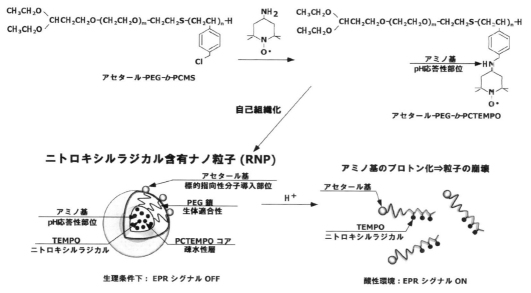

図1　pH 応答性ニトロキシルラジカル含有ナノ粒子（RNP）

（RNP）の設計を行ってきた[14, 15]。この RNP は，疎水性セグメント側鎖にニトロキシルラジカルを有する親—疎水型ブロック共重合体の自己組織化により形成する。ニトロキシラジカルを疎水性セグメントに有するブロック共重合体は，片末端にアセタール基，もう片末端にメルカプト基を有する PEG（アセタール-PEG-SH）をテローゲンとして用いたクロロメチルスチレン（CMS）のラジカルテロメリゼーションにより，まず片末端にアセタール基，もう一方の末端に反応性セグメントであるポリクロロメチルスチレン（PCMS）を有するブロック共重合体を合成し（アセタール-PEG-*b*-PCMS），さらに 4-アミノ-TEMPO を用いてクロロメチル基のアミノ化反応を行い，アミノ基を介して TEMPO が導入された疎水性セグメント（PCTEMPO セグメント）を有するブロック共重合体を得ることができる（アセタール-PEG-*b*-PCTEMPO）。この PEG-*b*-PCTEMPO を DMF に溶解させた後，透析法によりコアシェル型のナノ粒子を調製することができる（図1）。

　透析法により得られるナノ粒子は，平均粒径 40nm の単峰性の粒子を形成する。図2に，透析後における RNP の EPR スペクトルを示す。図2右に示すように，通常，低分子 TEMPO 誘導体（4-ヒドロキシ-TEMPO：TEMPOL）は希薄溶液中において，窒素核と不対電子の相互作用により三本線のスペクトルを示すものの，アセタール-PEG-*b*-PCTEMPO を用いて調製した RNP はブロードな一本線のスペクトルを示す。これは，疎水性の PCTEMPO セグメントが粒子コアとして凝集した固体相を形成し TEMPO 同士が隣接することで，強いスピン—スピン相互

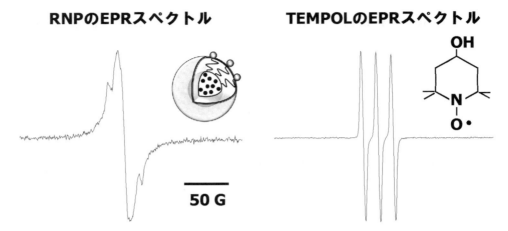

図2　RNP の EPR スペクトル
（アメリカ化学会より許可を得て引用，*Biomacromolecules*, 10 (3), 596-601 (2009)）

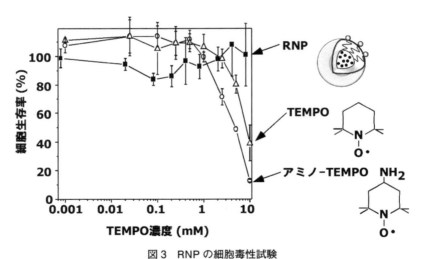

図3　RNP の細胞毒性試験
（アメリカ化学会より許可を得て引用，*Bioconjugate Chemistry*, 20, 1792-1798 (2009)）

作用を生じスペクトルの線幅が増大した結果，スペクトルが三本線から一本線に変化したものである。この EPR スペクトルから，疎水性コア内に TEMPO ラジカルが高濃度で存在し，ナノ粒子がコアシェル型構造を形成していることが示される。

　このRNPは，TEMPOを内核に封入し，外核にはPEG層が位置するため，生体適合性が高い。実際，図3に示すように低分子TEMPOや低分子アミノ-TEMPOは高濃度領域において毒性を示すが，RNPは，同程度の高濃度領域においても細胞生存率が，ほぼ100％である（細胞生存率が50％になるTEMPOラジカルの濃度（IC$_{50}$）は，TEMPOが8.3mM，アミノ-TEMPOが

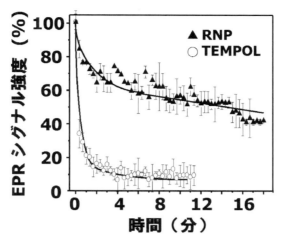

図 4　アスコルビン酸に対する還元耐性
（アメリカ化学会より許可を得て引用，*Biomacromolecules*,
10（3），596-601（2009））

4.8mM である）。また，これまでの報告から，ポリアミンは，生体内で非常に強い毒性を示すことが知られており，例えば，ポリリジン（分子量：28,000-40,000）は，72.5-145 μ mol（アミン数）/kg[16) で LD$_{50}$（半数致死量）に達することが報告されているのに対し，RNP の LD$_{50}$ は 600mg/kg 以上（アミン数に換算すると，960 μ mol（アミン数）/kg 以上，ICR マウス尾静脈投与）であり，極めて低毒性である。これらの結果は，RNP がコアシェル型ナノ粒子の疎水性コア内にニトロキシルラジカルとアミノ基を封入しているため，高濃度条件においても毒性を抑制することを示している。

　通常，生体内は還元環境であり，ニトロキシルラジカルは生体内に投与された後，アスコルビン酸などの生体内還元剤によって急速に還元されて，ラジカルを持たないヒドロキシアミン体の状態になるため，長時間の測定が困難であるといった問題点が知られている。一方，RNP は，生理条件下において疎水性コア内にニトロキシルラジカルを封入しているため，低分子ニトロキシルラジカルに比べて非常に高い還元耐性を有している。図 4 は，3.5mM のアスコルビン酸溶液を RNP と低分子 TEMPOL 溶液に添加した後の EPR シグナルの減衰挙動を示す。図に示されるように，低分子 TEMPOL 溶液は，急激にシグナル強度が低下するものの，RNP は，疎水性コア内に TEMPO ラジカルを封入しているため，急激なシグナル低下を抑制している。実際に低分子 TEMPOL と RNP の半減期は，20 秒以下と 15 分（45 倍以上）であり，ナノ粒子の疎水性コア内にニトロキシルラジカルを封入することにより，高い還元耐性を有することが示される。さらにマウス尾静脈から RNP もしくは TEMPOL を投与した後の TEMPO ラジカルの血中滞留性を図 5 に示す。低分子 TEMPOL そのものの血液中の EPR シグナルは，投与後 2 分でもほとんど観測

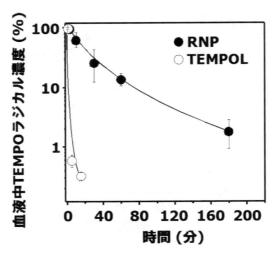

図5 TEMPO ラジカルの血中滞留性
（アメリカ化学会より許可を得て引用，*Bioconjugate Chemistry*, **20**, 1792-1798（2009））

することができないものの，RNP の EPR シグナルは数時間血液中で観測することができる。これは，図4に示したように，ニトロキシルラジカルをナノ粒子の疎水性コア内に封入することによって，アスコルビン酸やグルタチオンなどによる還元を抑制したことに加え，ナノ粒子を用いることで腎臓からの急速な排泄を抑制したため，RNP が EPR シグナルを保持したままの状態で血液中を長時間滞留することが可能となったと解釈できる。

3 ニトロキシルラジカル含有ナノ粒子による酸性環境のイメージング

　適度な疎水性骨格を有するポリアミンは，pH に応答した相転移を示すことが知られている。例えば，PEAMA のホモポリマーを酸性の溶液に溶解させ，pH を徐々に上げていくとアミノ基が脱プロトン化し，約 pH7.5 で沈殿する[17]。また PEG と PEAMA のブロック共重合体は，pH を変化させることにより会合―非会合状態を制御することができる[18]。今回作製した RNP も同様に，疎水性セグメント中にアミノ基を有しており，pH 変化によりプロトン化―脱プロトン化が生じ，pH に応答したナノ粒子の形態変化やニトロキシルラジカルのシグナル変化を示す。図6に RNP の滴定曲線と pH-α 曲線を示す。コントロールとして用いたアミノ基を持たない PEG-*b*-PCMS から調製されたナノ粒子（CNP）は緩衝作用を示さないものの，アミノ-TEMPO を導入した後の PEG-*b*-PCTEMPO から成るナノ粒子 RNP は，pH6-8 において緩衝作用を示し，この滴定曲線から RNP の pKa は約 6.5 であると求められている。また図6右に示した pH-α 曲線

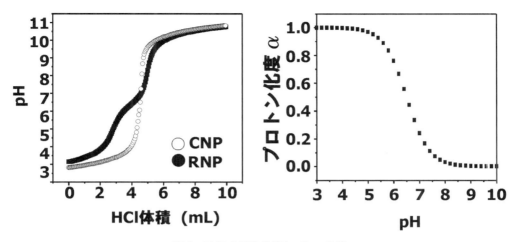

図6　RNP の滴定曲線と pH-α 曲線
（アメリカ化学会より許可を得て引用，*Bioconjugate Chemistry*，**20**，1792-1798（2009））

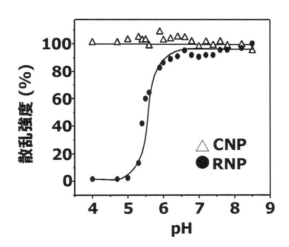

図7　pH 変化に対する光散乱強度
（アメリカ化学会より許可を得て引用，*Bioconjugate Chemistry*，**20**，1792-1798（2009））

から，pH5.0 において RNP 中のアミノ基は，ほぼ 100％プロトン化していることがわかる。このように RNP は，pH6-7 付近でプロトン化—脱プロトン化するため，その自己組織化挙動に変化が表れる。図7に RNP 溶液の光散乱強度を pH に対してプロットした結果を示す。アミノ基を持たない CNP ではどの pH においても散乱強度は一定であるものの，RNP は，酸性条件下（pH6.0 以下）において著しい散乱強度の低下を示し，これは粒子が崩壊していることを示している[19]。このように RNP は，PCTEMPO セグメントのアミノ基のプロトン化により，疎水性コ

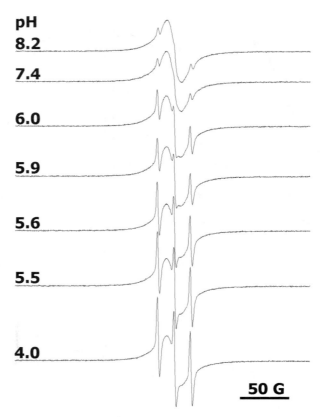

図 8　pH 変化に対する EPR スペクトル
（アメリカ化学会より許可を得て引用，*Bioconjugate Chemistry*,
20, 1792-1798（2009））

ア層の凝集力が低下し，RNP の相転移が誘起される。

　このように pH により自己組織化の相転移を誘起する RNP は，EPR スペクトルの形状をも同時に変化させる。図 8 に示すように中性から塩基性条件下では，透析後と同様にブロードな一本線のシグナルを示すものの，pH が低下するほどシャープな三本線のシグナルが増加していく。このスペクトルから求められた回転相関時間[20] の pH 依存性を図 9 に示す。pH6 から 7 にかけて回転相関時間の値が大きく変化しており，RNP の凝集構造が回転相関時間に大きく影響を与えることがわかる。さらに図 10 に示すように，酸性条件（pH6.0 以下）において，相転移に伴い EPR シグナルの高さが著しく向上することがわかる。図 11 には，通常マウスなどの画像化に用いられる L-band EPR 装置を用いた RNP のスペクトル観測結果を示す。図に示すように酸性条件下でのシグナルは優位に高く，ファントム画像で至適閾値を用いることにより，pH による ON-OFF が可能である（図 11 右）。このように，コアシェル型ナノ粒子の疎水性コア内にニト

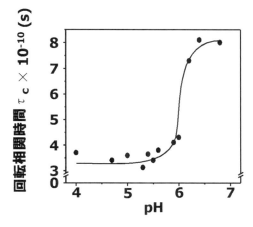

図 9　pH 変化に対するラジカルの相関回転時間
（アメリカ化学会より許可を得て引用，*Bioconjugate Chemistry*, **20**, 1792-1798（2009））

図 10　pH 変化に対するシグナルの高さ
（アメリカ化学会より許可を得て引用，*Bioconjugate Chemistry*, **20**, 1792-1798（2009））

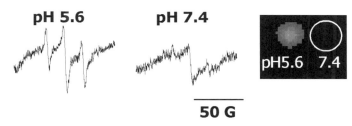

図 11　L-band EPR 装置を用いた酸性環境に応答したシグナル制御
（アメリカ化学会より許可を得て引用，*Bioconjugate Chemistry*, **20**, 1792-1798（2009））

ロキシルラジカルを封入し，その粒子の形態変化を利用することで，酸性環境を画像化することができる。

4　おわりに

　本稿では，ニトロキシルラジカル含有コアシェル型ナノ粒子の設計とその機能評価について述べた。コアシェル型構造のナノ粒子を用いることにより，低分子ニトロキシルラジカルの問題点を解決するだけでなく，その形態変化により pH に応答したシグナルの制御を可能にする。このように高度に設計された材料が，生体内で上手に制御され機能することで，現代の医療技術をさらに大きく向上させることができると期待している。

コアシェル微粒子の設計・合成技術・応用の展開

文　　献

1) L. E. Gerweck *et al.*, *Cancer Res.*, **56**, 1194 (1996)
2) P. W. Reeh *et al.*, *Progress in brain research*, **113**, 143 (1996)
3) H. Utsumi, *Proc. Natl. Acad. Sci. U.S.A.*, **103**, 1463 (2006)
4) B. Soule *et al.*, *Free Radical Biology & Medicine*, **42**, 1632 (2007)
5) B. Gallez *et al.*, *Magn. Reson. Med.*, **36**, 694 (1996)
6) K. Saito *et al.*, *Biosci. Biotechnol. Biochem.*, **65**, 787 (2001)
7) M. Yokoyama *et al.*, *Cancer Res.*, **50**, 1693 (1990)
8) A. V. Kabanov *et al.*, *FEBS Lett.*, **258**, 343 (1989)
9) Y. Matsumura *et al.*, *Cancer Res.*, **46**, 6387 (1986)
10) H. Maeda *et al.*, *International Immunopharmacology*, **3**, 319 (2003)
11) H. Hayashi *et al.*, *Macromolecules*, **37**, 5389 (2004)
12) M. Oishi *et al.*, *J. Mater. Chem.*, **17**, 3720 (2007)
13) M. Oishi *et al.*, *Bioconjugate Chem.*, **18**, 1379 (2007)
14) T. Yoshitomi *et al.*, *Biomacromolecules*, **10**, 596 (2009)
15) T. Yoshitomi *et al.*, *Bioconjugate Chem.*, **20**, 1792 (2009)
16) G. Stefano *et al.*, *Biochemical Pharmacology*, **49**, 1769 (1995)
17) S. Asayama *et al.*, *Bioconjugate Chem.*, **8**, 833 (1997)
18) P. Xu *et al.*, *Biomacromolecules*, **7**, 829 (2006)
19) K. Huh *et al.*, *Journal of Controlled Release*, **126**, 122 (2008)
20) H. Yoshioka *et al.*, *Biosci. Biotechnol. Biochem.*, **70**, 395 (2006)

コアシェル微粒子の設計・合成技術・応用の展開 《普及版》 （B1175）

2010 年 7 月 23 日　初　版　第 1 刷発行
2016 年 8 月 8 日　普及版　第 1 刷発行

監　修　　川口春馬　　　　　　　　　　　Printed in Japan
発行者　　辻　賢司
発行所　　株式会社シーエムシー出版
　　　　　東京都千代田区神田錦町 1-17-1
　　　　　電話 03 (3293) 7066
　　　　　大阪市中央区内平野町 1-3-12
　　　　　電話 06 (4794) 8234
　　　　　http://www.cmcbooks.co.jp/

〔印刷　株式会社遊文舎〕　　　　　　　　Ⓒ H. Kawaguchi, 2016

ISBN978-4-7813-1117-3 C3043 ¥4000E